Fredo 3

Mathematik

Schulbuch

Erarbeitet von
Rita Dürr
Nicole Franzen-Stephan
Ute Plötzer
Anne Strothmann
Margot Torke

Unter Beratung von
Christian Bussebaum,
Mathematisch-
Lerntherapeutisches
Institut Düsseldorf,
ILSA-Lernentwicklung

Illustriert von
Friederike Ablang
Cleo-Petra Kurze
Martina Theisen
Irina Zinner

Cornelsen

Gemeinsamer **Einstieg** in ein neues Thema

Wortspeicher: wichtige **Mathe-Wörter**

einfache Aufgabe

mittelschwere Aufgabe

schwierige Aufgabe

Offene Aufgabe für das **Lerntagebuch**

Geometrische Körper untersuchen

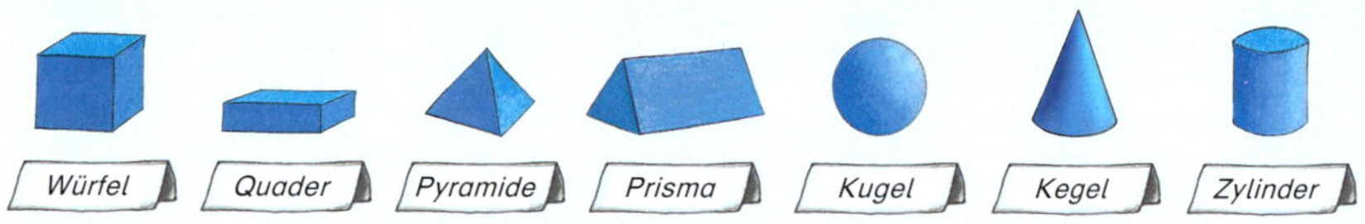

1 Welche Körper meint Jette und welche Justus?

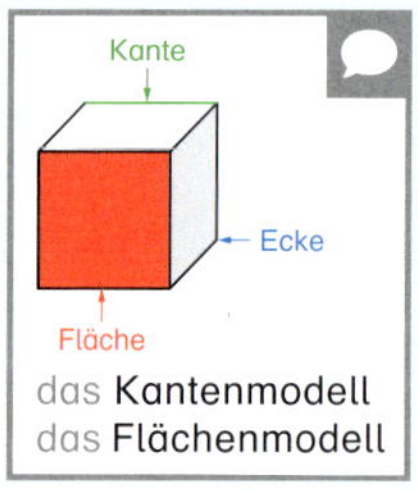

2 Baut Kantenmodelle von geometrischen Körpern. Bevor ihr mit dem Bauen beginnt, überlegt, wie viele Trinkhalme und Knetkügelchen ihr für den jeweiligen Körper braucht. Sind alle Kanten gleich lang?

3 Tobis Quader hat drei verschiedene Kantenlängen und Janas nur zwei. Wer hat welchen Körper gebaut?

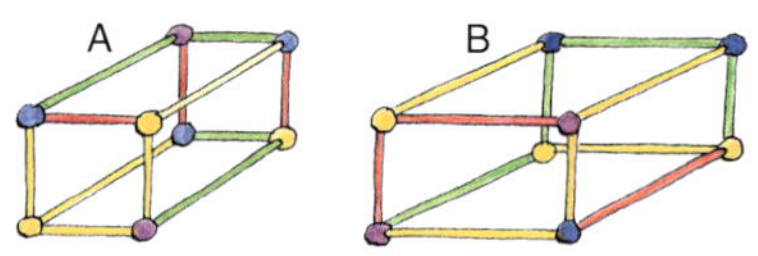

4 Justus und Jette haben begonnen Kantenmodelle zu bauen. Welche Kantenmodelle können entstehen?

5 Welchen Körper wollen die Kinder bauen? Immer ein Teil fehlt.

Robin baut ...
Ihm fehlt ...

46

Sprachförderung und Medienkompetenz:

- Wortspeicher
- Klassengespräch
- Spiel
- Gruppenarbeit
- Partnerarbeit
- Partnerübung mit Trainingsplan im AH
- Hier geht es um Medien. Du lernst z. B. erste Grundlagen des Programmierens kennen.

6 a) Untersuche die sieben geometrischen Körper. Erstelle eine Tabelle.

Körper	Anzahl der Ecken	Anzahl der Kanten	Anzahl der Flächen
Würfel			
Quader			

b) Vergleicht eure Eintragungen.

7 Welcher Körper ist gemeint? Ergänze den Text.

Eine ... hat keine Ecken und Kanten.

Ein ... hat keine Ecken, aber 2 Kanten.

Ein ... hat eine Ecke und eine Kante.

Ein ... hat 8 Ecken und 12 Kanten. Alle 6 Flächen sind Quadrate.

Ein ... hat 6 Flächen, davon sind 2 Quadrate und 4 Rechtecke.

Eine ... hat 5 Flächen.

Ein ... hat 8 Ecken und 12 Kanten. Alle 6 Flächen sind Rechtecke.

8 Ein Käfer krabbelt auf den Kanten eines Würfels entlang.

a) Er startet an der Ecke A.
Er geht nach rechts – nach oben – nach hinten – nach unten.
Bei welcher Ecke landet er?

b) Er startet bei H.
Er geht nach unten – nach vorne – nach oben – nach hinten.
Bei welcher Ecke landet er?

c) Stellt euch gegenseitig solche Aufgaben.

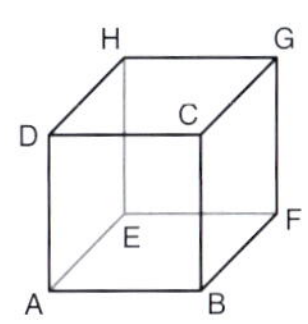

9 Ein Käfer krabbelt auf den Kanten eines Würfels entlang.

a) Er startet an der Ecke G und will auf kürzestem Weg die Ecke A erreichen.
Wie kann er gehen? Notiere einen Weg.

b) Wie viele verschiedene Möglichkeiten hat er die Ecke A zu erreichen?

Finde in deiner Umgebung Gegenstände, die den sieben Körpern ähneln.
Klebe Bilder auf oder notiere.

(...regung: Digitale Steckbriefe mit Fotos zu d... ...ren und Präsentieren)

Blaue Aufgaben bereiten dich auf gelbe Aufgaben vor.

Mit **gelben** Aufgaben übst du alle wichtigen Inhalte.

Orange Aufgaben sind manchmal knifflig und du musst ein bisschen nachdenken.

Zeichenerklärung:

- Benutze Material.
- Markiere.
- Zeichne mit Lineal.
- Schneide aus.
- Kreise ein.
- Arbeite in deinem Lerntagebuch.

Sachrechenstrategien:

- Skizzieren
- In Schritten lösen
- Tabelle anfertigen
- Markieren
- Stichworte notieren

Inhaltsverzeichnis

* Alternative zum Abziehverfahren (S. 108–111)

Zahlen | Rechnen | Geometrie | Größen und Sachrechnen | Daten und Zufall

Daten aus der Schule

AH S. 3

Unser neuer Stundenplan

Uhrzeit	Montag	Dienstag	Mittwoch	Donnerstag	Freitag
8.15 – 9.00		Sachunterricht	Englisch	Deutsch	Religion
9.00 – 9.45	Deutsch	Mathematik	Deutsch	Mathematik	Deutsch
10.00 – 10.45	Sachunterricht	Deutsch	Mathematik	Kunst	Mathematik
10.45 – 11.30	Mathematik	Englisch	Kunst	Kunst	Musik
11.45 – 12.30	Sport	Religion	Sport	Sachunterricht	Förderunterricht Deutsch
12.30 – 13.15	Sport	Theater-AG	Förderunterricht Mathematik	Chor	

1 Jette und Justus sind jetzt in der 3. Klasse.
Erzähle: Was kannst du aus ihrem neuen Stundenplan ablesen?

2 Vervollständige die Aussagen.

a) Der Unterricht beginnt dienstags um … Uhr.
b) Wir haben … Stunden Sport in der Woche.
c) Wir haben … Stunden Englisch in der Woche.

3 Stimmt das? Überprüfe die Aussagen.
Verbessere falsche Aussagen.

a) Justus hat am Montag 6 Stunden Unterricht.
b) Die Kinder haben 2 Stunden Religion in der Woche.
c) Jette hat 26 Stunden Unterricht in der Woche.
d) Justus hat am Mittwoch bis 12.30 Uhr Unterricht.
e) Jette hat am Freitag bis 12.30 Uhr Unterricht.

4 Beantworte die Fragen.

a) Wie viele Unterrichtsstunden hat Justus in der Woche?
b) Wer hat am Mittwoch früher Schule aus, Justus oder Jette?
c) Wer hat mehr Stunden Deutsch in der Woche, Jette oder Justus?
d) Hat Justus mehr Unterrichtsstunden in der Woche als Jette?

5 Vergleicht euren Stundenplan mit dem von Jette und Justus.
Was ist gleich? Was ist anders?

Lieblingsfächer	3a	3b
Deutsch	1	0
Mathematik	6	3
Sachunterricht	0	0
Englisch	0	0
Religion	0	0
Kunst	5	4
Musik	1	2
Sport	13	15

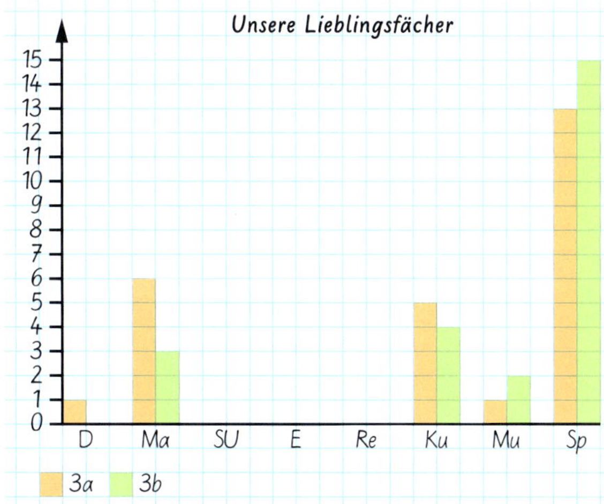

6 Hier siehst du die Ergebnisse einer Umfrage.
Welche Informationen kannst du schneller aus der Tabelle, welche schneller aus dem Diagramm ablesen?

die Umfrage
die Tabelle
die Zeile
die Spalte
das Diagramm
die Säule

7 Beantworte die Fragen.

a) Wie viele Kinder der Klasse 3b haben als Lieblingsfach Sport?
b) Wie viele Kinder der Klasse 3a haben als Lieblingsfach Mathematik?
c) Wie viele Kinder der Klassen 3a und 3b haben als Lieblingsfach Englisch?

8 Haben Jungen dieselben Lieblingsfächer wie Mädchen?

a) Macht in eurer Klasse eine Umfrage. Erstellt gemeinsam eine Tabelle.
b) Stelle das Ergebnis in einem Diagramm dar.

Lieblingsfächer	Jungen	Mädchen
Deutsch		
Mathematik		

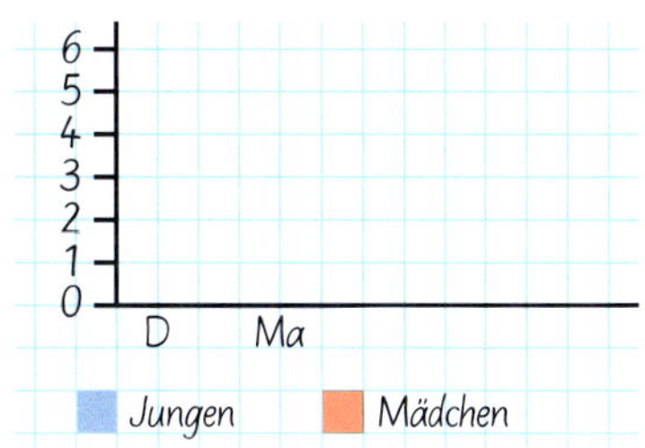

9 Richtig oder falsch? Verbessere falsche Aussagen.

a) In der Klasse 3b hat ein Kind mehr das Lieblingsfach Kunst als in der 3a.
b) Insgesamt haben gleich viele Kinder Mathematik und Kunst als Lieblingsfach.
c) Die Klasse 3a besuchen zwei Kinder weniger als die Klasse 3b.

10 Führt selbst Umfragen durch. Wie geht ihr vor?
Stellt eure Ergebnisse in einem Diagramm dar.

Anregung zu Aufgabe 10: Fragebogen und Auswertung digital erstellen (*Produzieren und Präsentieren*)

Rechenwege (+)

47 + 28

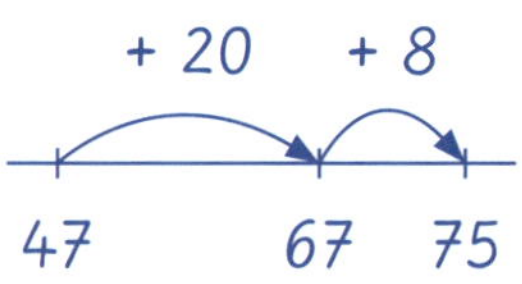

4 7 + 2 0 + 8 = 7 5

4 7 + 3 0 − 2 = 7 5

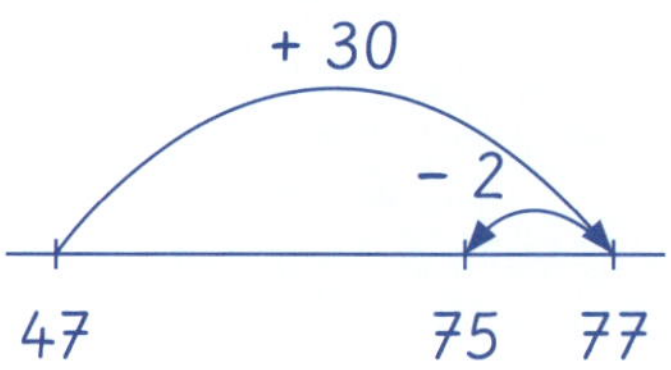

4 0 + 2 0 = 6 0
7 + 8 = 1 5
6 0 + 1 5 = 7 5

1 Erkläre die Rechenwege.

2 Rechne. 

a) 38 + 16 b) 27 + 25
c) 46 + 35 d) 47 + 24
e) 68 + 13 f) 35 + 28

Schreibe so:

a) 3 8 + 1 0 + 6 = ▢

Oder so:

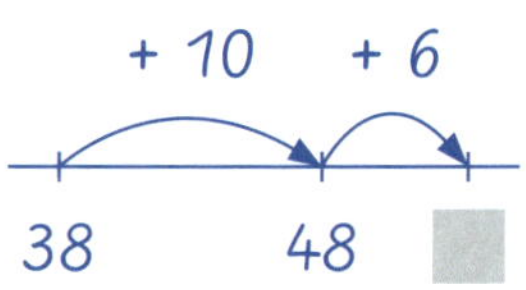

3 Entscheide, wie du rechnen möchtest. 

a) 47 + 36 b) 27 + 35 c) 46 + 39 d) 67 + 26
e) 24 + 29 f) 55 + 38 g) 34 + 27 h) 58 + 25

4 Welche Zahlenkarten passen? 17 28 35 46 55

a) ▢ + ▢ = 90 b) ▢ + ▢ = 45 c) ▢ + ▢ = 74
d) ▢ + ▢ = 52 e) ▢ + ▢ = 83 f) ▢ + ▢ = 101

5 Markiere im Heft: Was verändert sich von Aufgabe zu Aufgabe? Rechne.

a)	b)	c)	d)
24 + 18	37 + 27	46 + 29	58 + 37
34 + 18	37 + 37	46 + 28	57 + 37
44 + 18	37 + 47	46 + 27	56 + 37

6 Von der einfachen zur schwierigen Aufgabe: Rechne.

a)	b)	c)	d)
26 + 34	34 + 46	35 + 55	27 + 23
26 + 37	34 + 48	35 + 58	27 + 28

7 Bilde mindestens fünf Aufgabenpaare wie bei Aufgabe 6.

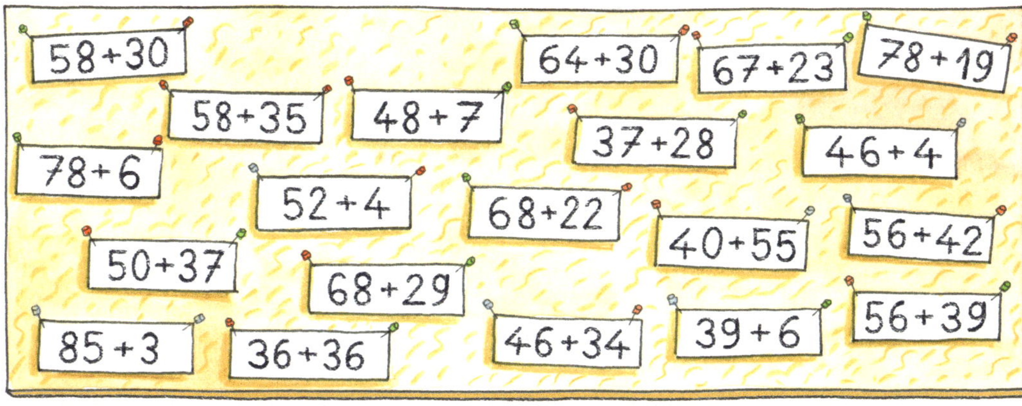

8 Rechne.

a) Welche Aufgaben kannst du im Kopf lösen?
b) Bei welchen Aufgaben notierst du deinen Rechenweg?
Welchen Koffer verwendest du? Notiere.

9 Rechne im Kopf.

a)	b)	c)
35 + 50	57 + 8	64 + 20
78 + 6	35 + 7	43 + 50
26 + 70	85 + 8	75 + 6

10 Im Kopf oder mit einem Werkzeugkoffer? Rechne.

a)	b)	c)	d)	e)
32 + 46	64 + 28	43 + 40	79 + 5	35 + 47
68 + 5	29 + 57	62 + 15	64 + 18	38 + 55
74 + 22	17 + 65	43 + 50	54 + 29	23 + 28

11 Schau dir die Aufgaben an. Rechne nur die Aufgaben, deren Ergebnis …

a) kleiner als 70 ist.
b) größer als 80 ist.

45 + 37	46 + 28	44 + 29	13 + 49	37 + 36
36 + 28	57 + 17	35 + 48	76 + 18	47 + 25
47 + 24	35 + 29	28 + 53	38 + 37	27 + 49
24 + 37	69 + 29	29 + 26	56 + 15	56 + 38

12 Löse die Zahlenrätsel.

a) Welche Zahl muss ich zu 46 dazuzählen, um 83 zu erhalten?
b) Welche Zahl muss ich zu 37 dazuzählen, um 94 zu erhalten?
c) Welche Zahl muss ich zu 28 dazuzählen, um 71 zu erhalten?

Rechenwege −

43 – 38

43 − 30 − 8 = 5

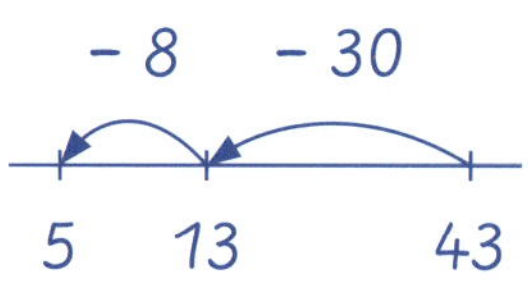

43 − 40 + 2 = 5

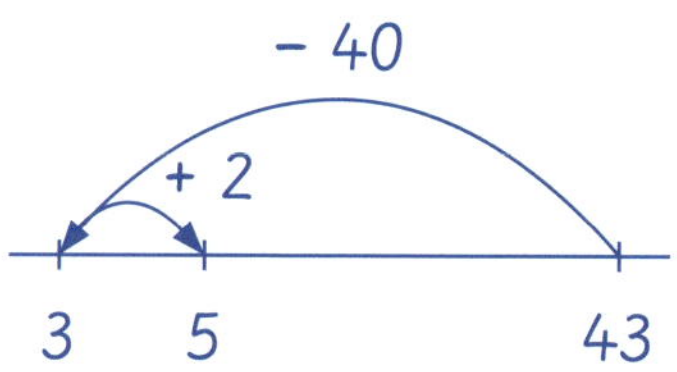

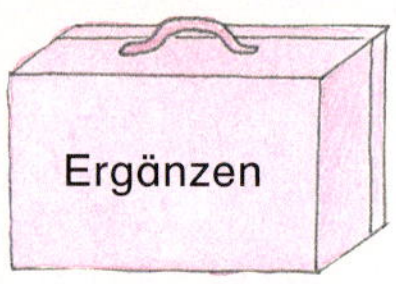

38 + 5 = 43

1 Erkläre die Rechenwege.

2 Rechne.

a) 73 – 24 b) 82 – 33
c) 85 – 17 d) 46 – 28
e) 62 – 37 f) 51 – 33

Schreibe so:

a) 73 − 20 − 4 = ▢

Oder so:

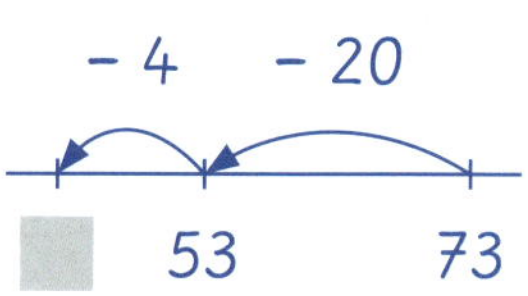

3 Entscheide, wie du rechnen möchtest.

a) 43 – 39 b) 71 – 29 c) 61 – 57 d) 61 – 25
e) 62 – 16 f) 83 – 45 g) 96 – 78 h) 52 – 48

4 Welche Zahlenkarten passen? 27 35 63 72 84

a) ▢ – ▢ = 28 b) ▢ – ▢ = 36 c) ▢ – ▢ = 49
d) ▢ – ▢ = 37 e) ▢ – ▢ = 57 f) ▢ – ▢ = 45

---

5 Markiere im Heft: Was verändert sich von Aufgabe zu Aufgabe? Rechne.

a)	b)	c)	d)
82 – 24	94 – 45	63 – 36	57 – 28
82 – 25	84 – 45	62 – 36	57 – 38
82 – 26	74 – 45	61 – 36	57 – 48

6 Von der einfachen zur schwierigen Aufgabe: Rechne.

a)	b)	c)	d)
56 – 36	64 – 24	95 – 25	83 – 33
56 – 38	64 – 27	95 – 28	83 – 36

7 Bilde mindestens fünf Aufgabenpaare wie bei Aufgabe 6.

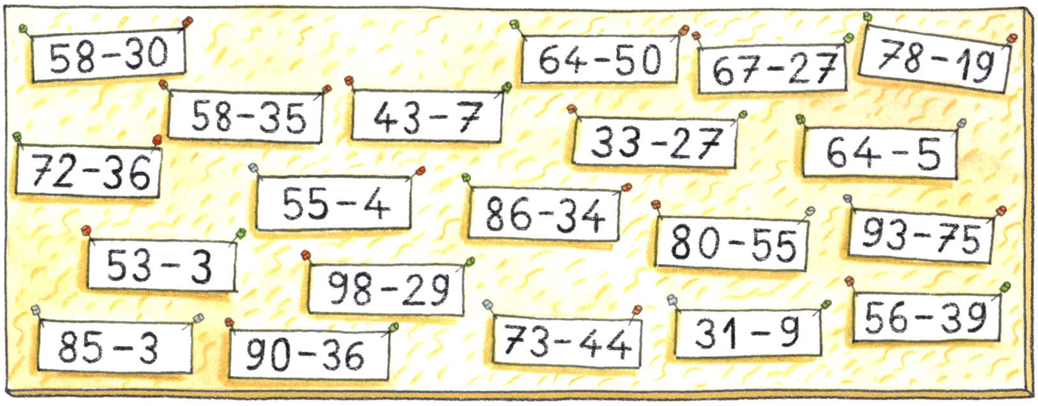

8 Rechne.

a) Welche Aufgaben kannst du im Kopf lösen?
b) Bei welchen Aufgaben notierst du deinen Rechenweg?
Welchen Koffer verwendest du? Notiere.

9 Rechne im Kopf.

a)	b)	c)
80 – 25	67 – 5	46 – 20
78 – 7	90 – 49	77 – 22
85 – 8	57 – 30	62 – 31

10 Im Kopf oder mit einem Werkzeugkoffer? Rechne.

a)	b)	c)	d)	e)
67 – 39	85 – 23	70 – 34	33 – 17	56 – 8
94 – 50	92 – 37	86 – 5	61 – 45	50 – 37
75 – 42	74 – 56	47 – 6	83 – 50	95 – 68

11 Schau dir die Aufgaben an. Rechne nur die Aufgaben, deren Ergebnis …

a) kleiner als 30 ist.
b) größer als 50 ist.

81 – 26	74 – 35	94 – 46	63 – 27	96 – 28
62 – 35	53 – 26	82 – 39	76 – 18	91 – 58
72 – 46	94 – 27	43 – 25	86 – 47	75 – 37
52 – 27	86 – 38	74 – 18	81 – 53	51 – 33

12 Löse die Zahlenrätsel.

a) Welche Zahl muss ich von 73 abziehen, um 37 zu erhalten?
b) Welche Zahl muss ich von 82 abziehen, um 57 zu erhalten?
c) Welche Zahl muss ich von 91 abziehen, um 33 zu erhalten?

Entdeckungen an Rechenmauern

44			
4	5	6	7

52			
5	6	7	8

60			
6	7	8	9

Die Zahlen in der 1. Reihe werden immer um ...

Die Zahlen in der 2. Reihe ...

Die Zahlen ...

1 a) Löse die Mauern in deinem Heft.
b) Vergleicht die Mauern miteinander. Wie verändern sich die Zahlen?
c) Wie verändern sich die Zielsteine?
d) Welchen Zielstein hat die Mauer mit den Grundsteinen 7 8 9 10 ?

2 Löse die Mauern in deinem Heft.

2	3	4	5

3	4	8	10

92			
50			
30			
15	15	5	17

3 a) Löse die Mauern in deinem Heft.

40			
16			
6			
2			

56			
	32		
		18	
			10

32			
	18	22	
6			

88			
18	22		
		12	

b) Vergleiche die Mauern miteinander. Wie verändern sich die Zahlen?

4 a) Löse die erste Mauer in deinem Heft. Wie geht es weiter?

3	6	9	12

6	9	12	

...

b) Vergleiche die Mauern miteinander. Wie verändern sich die Zahlen?

1 Kannst du Jette helfen? Es fehlt eine **Innenzahl**.
Übertrage in dein Heft. Probiere.

2 Es fehlt eine **Innenzahl**. Probiere in deinem Heft.

a) 7 8 ? ~~15~~ 16 ~~17~~

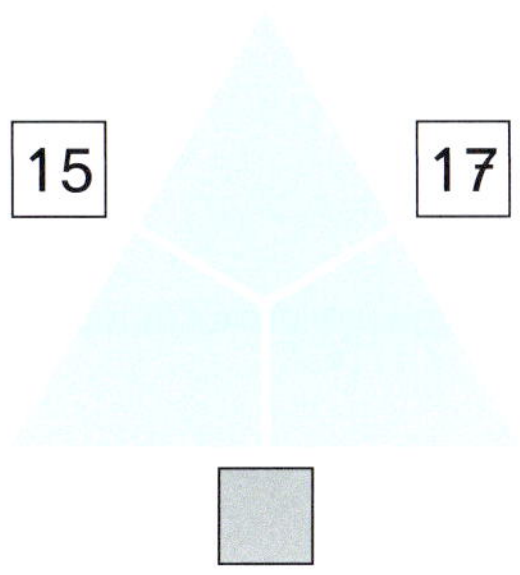

b) ? 10 ~~12~~ ~~18~~ 20 22

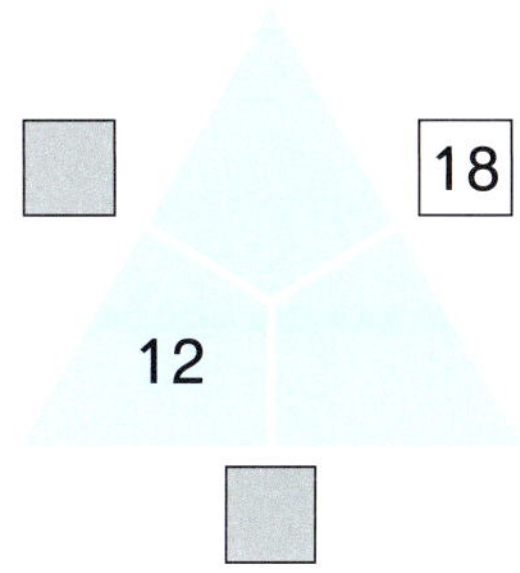

3 Es fehlt eine **Innenzahl**. Probiere in deinem Heft.

a) 14 ? 32 40 46 58

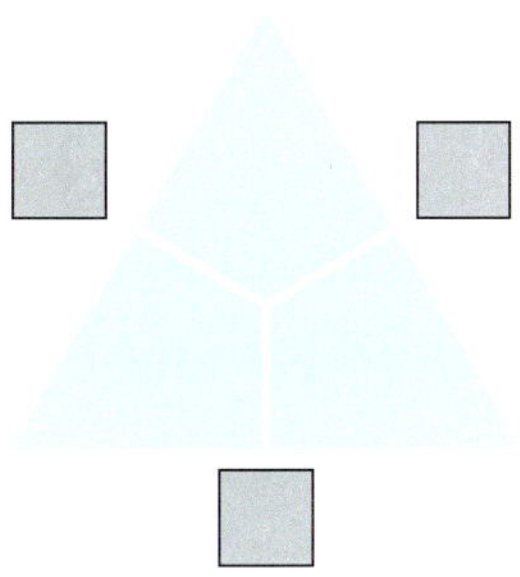

b) 14 21 ? 35 46 53

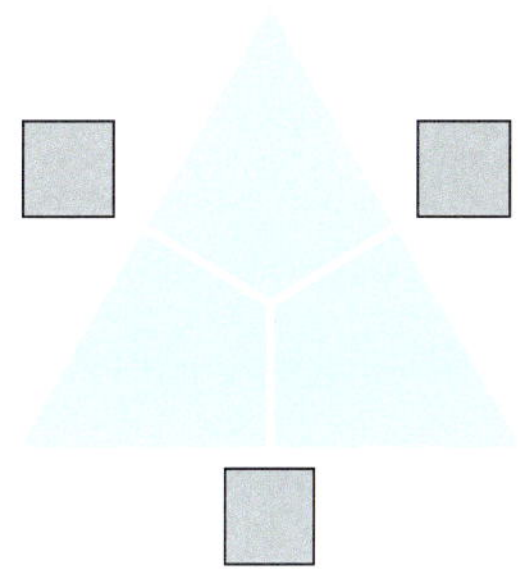

4 Es fehlt eine **Innenzahl**. Probiere in deinem Heft.

a) 10 ? 25 30 40 45

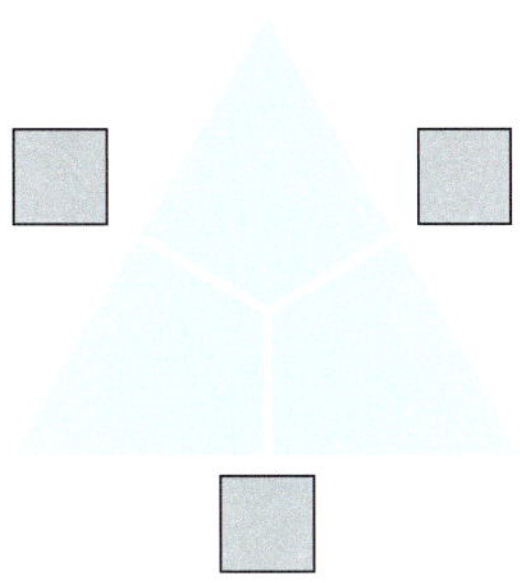

b) ? 17 31 35 49 52

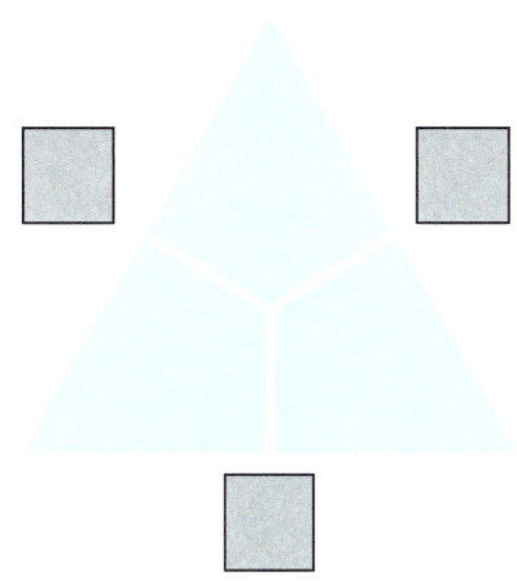

Aufgaben mit Ziffernkarten (+)

AH S. 6

0 1 2 3 4 5 6 7 8 9

Die kleinere Summe gewinnt

Jedes Kind hat einen Stapel mit den Ziffernkarten von 0–9 verdeckt vor sich liegen.
Ziehe 4 Ziffernkarten von deinem Stapel und bilde 2 zweistellige Zahlen.
Addiere die beiden Zahlen.
Wer die kleinere Summe hat, erhält einen Punkt.

die Summe:
Ergebnis einer Plusaufgabe

addieren:
plus rechnen (+)

die Ziffer:
(34) Zahl (3)(4) Ziffern

zweistellige Zahl:
eine Zahl mit 2 Ziffern

1 Kann Justus noch gewinnen?

2 Spielt das Spiel mit euren Ziffernkarten.

3 Bilde Plusaufgaben mit zweistelligen Zahlen.
1 2 3 4
Finde möglichst viele Aufgaben.

12 + 34 = ☐
23 + 41 = ☐

4 Bilde Plusaufgaben mit zweistelligen Zahlen. 2 3 4 5
Die Summe soll …

a) 24 + 35 < 60

a) kleiner als 60 sein.
b) größer als 80 sein.
c) genau 59 (68, 77, 86) sein.
d) zwischen 60 und 80 liegen.

5 a) Plusaufgaben mit vertauschten Ziffern: Rechne.

53 + 35   32 + 23   43 + 34   51 + 15   71 + ☐   41 + ☐   25 + ☐

b) Was fällt dir auf? Erkläre.
c) Bilde Aufgaben mit vertauschten Ziffern zu dem Ergebnis 99.
Hast du einen Trick, wie du schnell passende Aufgaben finden kannst?

6 Kommen bei Aufgaben mit vertauschten Ziffern immer Ergebnisse mit gleichen Ziffern heraus? Probiere aus. Was stellst du fest?

Beilagen zum Schulbuch: Ziffernkarten

Aufgaben mit Ziffernkarten (–)

AH S. 6

Die kleinere **Differenz** gewinnt.

6 4   5 2

> **die Differenz/ der Unterschied:** !
> Ergebnis einer Minusaufgabe
>
> **subtrahieren:**
> minus rechnen (–)

1 a) Wie haben Jette und Justus die Spielregeln verändert?
b) Überprüfe: Findest du mit den Ziffernkarten von Justus noch eine kleinere **Differenz**?

2 Bilde Minusaufgaben mit zweistelligen Zahlen. 2 3 4 5
Beachte: Die größere Zahl steht immer vorne.
Finde möglichst viele Aufgaben.

45 – 23 =

3 Bilde möglichst viele Minusaufgaben mit zweistelligen Zahlen. 8 4 6 3

4 Finde die Minusaufgabe mit der kleinsten **Differenz**.

a) 9 4 7 5   b) 9 2 7 3   c) 8 3 6 5

5 Minusaufgaben mit vertauschten Ziffern: Rechne.

a) 74 – 47	b) 73 – 37	c) 72 –	d) 71 –
85 – 58	84 – 48	83 –	82 –
96 – 69	95 – 59	94 –	93 –

> Der Unterschied zwischen 7 und 4 beträgt 3.
>
> 7 4 Unterschied: 3

Was fällt dir bei den Aufgaben und den Ergebnissen auf?

Wenn der Unterschied zwischen den Ziffern 3 beträgt, kommt bei der Aufgabe immer ... heraus.

Wenn der Unterschied zwischen den Ziffern ... beträgt, ...

6 Suche Aufgaben mit vertauschten Ziffern zu den Ergebnissen 9 und 18.
Hast du einen Trick, wie du schnell passende Aufgaben finden kannst?

7 a) Wie viele Aufgaben mit vertauschten Ziffern gibt es insgesamt?
b) Wie viele unterschiedliche Ergebnisse gibt es insgesamt?

Beilagen zum Schulbuch: Ziffernkarten

Nase vorn

Würfel | Quader | Kugel | Zylinder | Kegel | Pyramide | Prisma

1 a) Fredo geht durchs Geoland.
Er startet bei N.
Seine Nase zeigt in Richtung J.
Welches Startbild hat er gemacht?

Anweisung (Befehl)	Symbol (Code)
geradeaus zur Kreuzung	↑
nach rechts drehen	↻
nach links drehen	↺

b) Fredo hat seinen Weg notiert.
Bei welchem Buchstaben kommt er an?
Welchen Körper sieht er links vor sich?

N > J	↑	↻	↑	↺	↑

2 Fredo ist diesen Weg gegangen. Bei welchem Buchstaben kommt er an?

a) M > N ↑ ↑ ↺ ↑

b) J > F ↑ ↻ ↑ ↺ ↑

Anregung: Das analoge Codieren digital anwenden (*Problemlösen und Handeln*)

3 Fredo ist diesen Weg gegangen. Bei welchem Buchstaben kommt er an?
Welche Körper sieht Fredo rechts vor sich?

a) P > O ↑ ↻ ↑ ↺ ↑ ↑ ↻ ↑

b) A > B ↑ ↻ ↑ ↑ ↺ ↑

4 Folge Fredos Wegbeschreibung.

a) Notiere den Weg mit Pfeilen.
b) Bei welchem Buchstaben kommt er an?
c) Welchen Körper sieht er links vor sich?
d) Aus wie vielen Einzelteilen ist dieser Körper zusammengesetzt?

- Start bei D
- Nase zeigt in Richtung H
- geradeaus zur Kreuzung
- nach rechts drehen
- geradeaus zur Kreuzung
- nach links drehen
- geradeaus zur Kreuzung
- nach rechts drehen
- geradeaus zur Kreuzung

5 Zeige Fredos Weg und beschreibe ihn in Worten.

D > C ↑ ↺ ↑ ↑ ↻ ↑

- *Start bei ...*
- *Nase in ...*
- *...*

6 Fredos Startbild:  Fredos Zielbild: 

Notiere verschiedene Wege mit Pfeilen.

7 Fredos Startbild:  Fredos Zielbild: 

Notiere verschiedene Wege mit Pfeilen.

Überlege selbst Wege für Fredo. Notiere den Weg mit Pfeilen oder beschreibe ihn in Worten. Ein Partnerkind zeigt den Weg. Ist es an der richtigen Stelle angekommen?

Einmaleins – Kernaufgaben

1 Rechne.

a) 2 · 2	b) 2 · 3	c) 2 · 4	d) 2 · 5
5 · 2	5 · 3	5 · 4	5 · 5
10 · 2	10 · 3	10 · 4	10 · 5
e) 2 · 6	f) 2 · 7	g) 2 · 8	h) 2 · 9
5 · 6	5 · 7	5 · 8	5 · 9
10 · 6	10 · 7	10 · 8	10 · 9

2 Rechne.

a) 5 · 7	b) 5 · 9	c) 2 · 8	d) 10 · 2	e) 10 · 8	f) 5 · 10
2 · 9	2 · 6	5 · 4	2 · 5	5 · 8	5 · 5
5 · 6	10 · 4	10 · 6	2 · 2	2 · 4	2 · 3
10 · 3	2 · 7	5 · 3	10 · 5	5 · 2	10 · 10

3 Malaufgabe und Tauschaufgabe: Rechne.

a) 2 · 6	b) 5 · 7	c) 5 · 8	d) 2 · 9	e) 5 · 3	f) 2 · 7
6 · 2	7 · 5	8 · 5	9 · 2	3 · 5	7 · 2
g) 5 · 6	h) 2 · 10	i) 5 · 4	j) 2 · 8	k) 5 · 9	l) 2 · 4
6 · 5	10 · 2	4 · 5	8 · 2	9 · 5	4 · 2

4 Welche Kernaufgaben passen zu den Ergebnissen?
Zu manchen Ergebnissen gibt es mehrere Möglichkeiten.

20 | 12 | 40 | 16 | 25 | 10 | 30 | 50 | 18

20 = 2 · 10
20 = ▢ · ▢

5 Übt die Kernaufgaben.

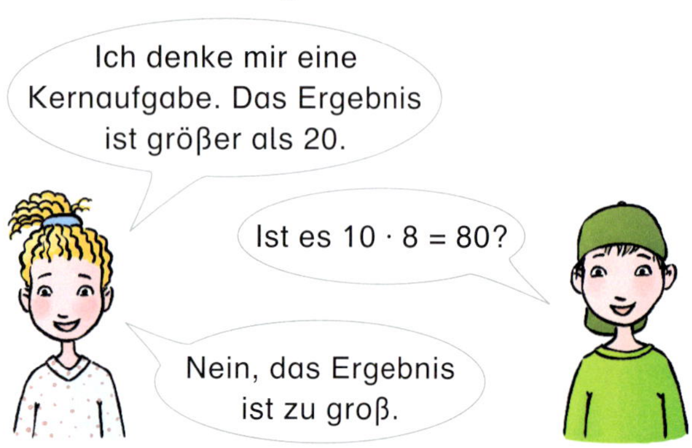

6 Welche Kernaufgaben können es sein?

Ihr Ergebnis ist …
a) um 6 größer als 2 · 7.
b) um 35 kleiner als 7 · 10.
c) um 5 · 4 kleiner als 50.
d) um 6 · 2 größer als 28.

7 Rechne.

a) 2 · □ = 8	b) 10 · □ = 40	c) 5 · □ = 10	d) 2 · □ = 6
2 · □ = 12	10 · □ = 90	5 · □ = 25	5 · □ = 15
2 · □ = 20	10 · □ = 60	5 · □ = 50	10 · □ = 70
2 · □ = 16	10 · □ = 20	5 · □ = 5	2 · □ = 14

8 Rechne.

a) 2 · □ = 16	b) 5 · □ = 20	c) □ · 2 = 10	d) □ · 10 = 100
5 · □ = 35	2 · □ = 18	□ · 5 = 30	□ · 5 = 25
10 · □ = 100	2 · □ = 8	□ · 5 = 5	□ · 2 = 14
5 · □ = 40	5 · □ = 45	□ · 2 = 12	□ · 5 = 15

9 Rechne.

a) 35 = □ · 5	b) 40 = □ · 5	c) 8 = □ · 2
20 = 10 · □	50 = 5 · □	18 = 2 · □
12 = □ · 2	16 = □ · 2	30 = □ · 5
10 = 2 · □	25 = 5 · □	45 = □ · 5

10 Rechne.

a) 6 · 5 = □ · 10	b) □ · 2 = 1 · 10	c) 4 · 10 = □ · 5
2 · 10 = □ · 5	4 · 5 = □ · 10	10 · □ = 2 · 5

11 Auf dem Bauernhof sind 10 Kühe und 5 Hühner.

Wie viele Beine haben die Kühe insgesamt?
Wie viele Beine haben die Hühner insgesamt?

12 a) Auf dem Bauernhof sind 5 Hühner und 2 Hunde.
Wie viele Beine haben die Tiere insgesamt?
b) Wie viele Beine haben 5 Kühe, 2 Schweine und 7 Hühner insgesamt?
c) Wie viele Beine haben 4 Schweine, 8 Hühner und 6 Kühe insgesamt?

13 Wie viele Finger haben die rechten Hände aller Kinder deiner Klasse insgesamt?

Denke dir selber eigene Rechengeschichten
zu den Aufgaben 10 · 5 und 6 · 2 aus.

Mit Kernaufgaben rechnen

AH S. 8

1 Rechne mithilfe der Kernaufgaben.

a)	b)	c)	d)	e)
3 · 4	3 · 6	6 · 4	6 · 6	7 · 8
⊕ 2 · 4	⊕ 2 · 6	⊕ 5 · 4	⊕ 5 · 6	⊕ 5 · 8
1 · 4	1 · 6	1 · 4	1 · 6	2 · 8

2 Rechne mithilfe der Kernaufgaben.

a)	b)	c)	d)	e)
9 · 4	9 · 6	4 · 4	4 · 6	4 · 8
⊖ 10 · 4	⊖ 10 · 6	⊖ 5 · 4	⊖ 5 · 6	⊖ 5 · 8
1 · 4	1 · 6	1 · 4	1 · 6	1 · 8

3 Rechne mithilfe der Kernaufgaben. Notiere, wie du rechnest.

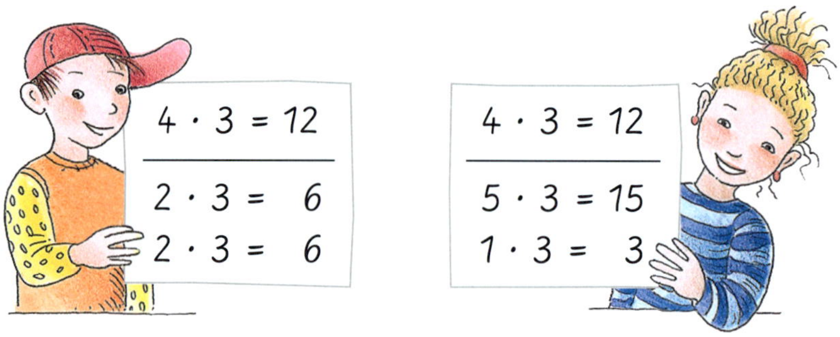

a)	b)	c)	d)	e)	f)
3 · 3	4 · 3	6 · 3	7 · 3	8 · 3	9 · 3
3 · 4	4 · 4	6 · 4	7 · 4	8 · 4	9 · 4
3 · 6	4 · 6	6 · 6	7 · 6	8 · 6	9 · 6
3 · 7	4 · 7	6 · 7	7 · 7	8 · 7	9 · 7
3 · 8	4 · 8	6 · 8	7 · 8	8 · 8	9 · 8
3 · 9	4 · 9	6 · 9	7 · 9	8 · 9	9 · 9

4 Nachbaraufgaben: Löse zuerst die Kernaufgaben.

a)	b)	c)	d)	e)
5 · 3	4 · 4	3 · 6	4 · 7	5 · 8
6 · 3	5 · 4	4 · 6	5 · 7	6 · 8
7 · 3	6 · 4	5 · 6	6 · 7	7 · 8

f)	g)	h)	i)	j)
8 · 6	2 · 7	9 · 9	8 · 3	2 · 8
9 · 6	3 · 7	10 · 9	9 · 3	3 · 8
10 · 6	4 · 7	11 · 9	10 · 3	4 · 8

Einmaleins üben

AH S. 9

1 Schreibe die Einmaleinsaufgaben der Reihen 3, 4, 6, 7, 8 und 9 auf einzelne Kärtchen. Schreibe die Ergebnisse auf die Rückseite.

Übt wie Jette und Justus.

Wie viele Aufgaben schaffst du in 1 Minute?

2 Rechne Aufgabe und Tauschaufgabe.

a) 2 · 8   b) 5 · 9   c) 2 · 6
d) 5 · 7   e) 2 · 9   f) 5 · 8

a) 2 · 8 = □
8 · 2 = □

3 Aufgabe oder Tauschaufgabe: Welche Aufgabe rechnest du? Schreibe auf und vergleiche mit einem Partnerkind.

a) 9 · 3   b) 6 · 4   c) 3 · 8
d) 4 · 7   e) 8 · 6   f) 6 · 3
g) 4 · 8   h) 9 · 6   i) 8 · 7

Ich rechne lieber 3 · 9.

4 Welche Aufgaben passen zu den Ergebnissen? Notiere.

12   18   24   36   48

12 = 2 · □
12 =

5 Rechne.

a) □ · 3 = 12
3 · □ = 24
4 · □ = 32

b) □ · 9 = 36
8 · □ = 8
10 · □ = 70

c) □ · 8 = 48
7 · □ = 28
□ · 6 = 36

d) 8 · □ = 16
□ · 9 = 36
□ · 4 = 16

e) □ · 9 = 27
7 · □ = 0
9 · □ = 54

f) 7 · □ = 21
□ · 7 = 56
3 · □ = 15

g) □ · 7 = 42
□ · 3 = 18
5 · □ = 25

h) 3 · □ = 9
□ · 9 = 45
4 · □ = 40

6 Rechne.

a) 3 · 6 = □ · 2   b) 6 · 4 = 3 · □   c) 9 · □ = 6 · 6
d) 3 · 8 = 4 · □   e) 2 · □ = 6 · 3   f) 4 · 4 = □ · 8

Übungen zum Einmaleins

1 Zahlenrätsel

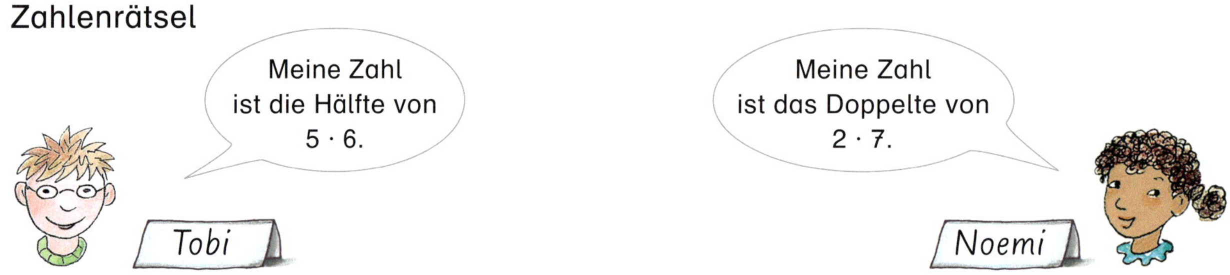

2 Zahlenrätsel

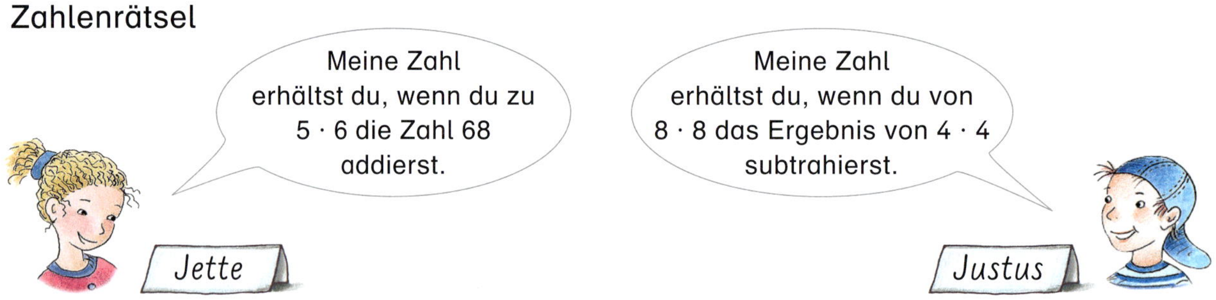

3 Zahlenrätsel

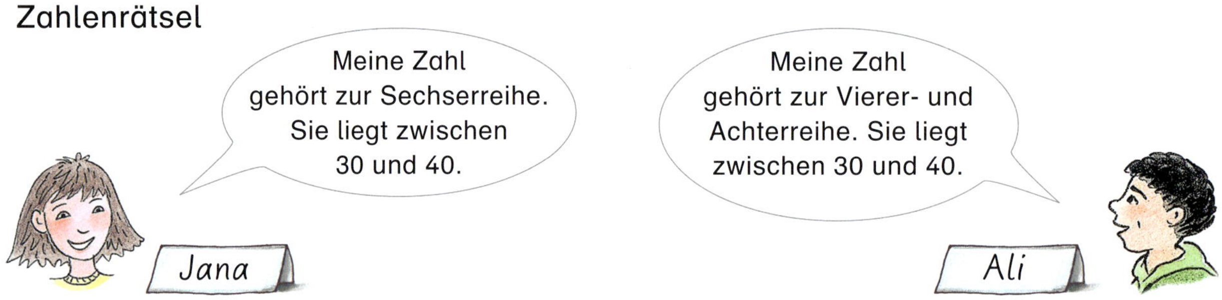

Finde Malaufgaben, …
a) deren Ergebnisse größer sind als 8 · 6.
b) deren Ergebnisse kleiner sind als 4 · 6.

a) 8 · 7 = 56

Spiele zum Einmaleins

Glücksschweinchen

2 Spieler, 2 Würfel mit den Zahlen 0 bis 9

- Jeder Spieler würfelt mit zwei Würfeln und rechnet die Malaufgabe.
- Wer das größere Ergebnis hat, malt einen Teil des Schweinchens.
- Wer als erster sein Glücksschwein vollständig hat, gewinnt.

Einmaleins-Memo

2–4 Spieler, Memokarten mit Malaufgaben und Memokarten mit den Ergebnissen

- Gespielt wird nach den bekannten Regeln von Memospielen.

Malgeschichten

1 Jette hat dazu eine Malgeschichte erzählt. Erzähle eine eigene Malgeschichte.

2 Erfinde zu drei Malaufgaben eine eigene Malgeschichte.
Ein Partnerkind soll sie lösen.

4 · 8	5 · 5	4 · 10	5 · 4	8 · 8

3 Tobi kauft im Supermarkt Eier. In jeder Packung sind 6 Eier.
Wie viele Eier kauft Tobi, wenn er …

a) 2 Packungen kauft? b) 4 Packungen kauft? c) 6 Packungen kauft?

4 Finde eine passende Frage und rechne.

a) Ali kauft 4 Packungen Kaugummi. In jeder Packung sind 8 Stück.
b) Opa backt 3 Kuchen. Für jeden Kuchen braucht er 4 Eier.
c) Jana liest jeden Tag 7 Seiten im Buch. Nach 6 Tagen ist sie fertig.

5 Malgeschichte ja oder nein? Rechne und antworte.

a) Noemi sammelt Sticker. Auf einem Bogen sind 8 Sticker. Noemi hat 4 Bogen.
b) Emilio bekommt von Oma 5 Päckchen Fußballbilder.
Von seinem Taschengeld kauft er sich noch 2 Päckchen.
c) Jana sammelt Murmeln. In jedem Säckchen sind 10 Murmeln.
Die Tante schenkt ihr 5 Säckchen.

6 Tim liest ein Buch. Es hat 78 Seiten.

a) Er überlegt: „Wie viele Tage brauche ich, wenn ich jeden Tag 8 Seiten lese?“
b) Er überlegt: „Wenn ich samstags und sonntags immer 12 Seiten lese,
wie viele Seiten muss ich dann an den anderen Wochentagen lesen,
damit ich in 2 Wochen fertig bin?“

Malnehmen und Teilen

20 : 5 = ___
___ · 5 = 20

20 : 2 = ___
___ · 2 = 20

1 Wie viele 5er-Türme kann Jette bauen?
Wie viele 2er-Türme kann Justus bauen?

die **Aufgabe**
die **Umkehraufgabe**

2 Baue 5er-Türme. Schreibe und rechne Aufgabe und Umkehraufgabe.

a) mit 25 Würfeln b) mit 15 Würfeln c) mit 30 Würfeln

3 Aufgabe und Umkehraufgabe:
Entscheide selbst, welche Aufgabe du zuerst rechnest.

a) 10 : 2 = ___
___ · 2 = 10

b) 12 : 2 = ___
___ · 2 = 12

c) 45 : 5 = ___
___ · 5 = 45

d) 70 : 10 = ___
___ · 10 = 70

e) 35 : 5 = ___
___ · 5 = 35

f) 15 : 5 = ___
___ · 5 = 15

g) 14 : 2 = ___
___ · 2 = 14

h) 25 : 5 = ___
___ · 5 = 25

i) 60 : 10 = ___
___ · 10 = 60

j) 30 : 5 = ___
___ · 5 = 30

k) 18 : 2 = ___
___ · 2 = 18

l) 20 : 5 = ___
___ · 5 = 20

4 Rechne Aufgabe und Umkehraufgabe.

a)	b)	c)	d)
15 : 5	14 : 7	35 : 7	8 : 4
12 : 2	16 : 8	8 : 2	25 : 5
20 : 5	40 : 5	30 : 6	14 : 2
16 : 4	45 : 9	18 : 9	49 : 7
15 : 3	9 : 3	36 : 6	100 : 10

a) 15 : 5 = 3
3 · 5 = 15

5 Verteile gerecht.
Wie viele Dinge bekommt jedes Kind?

a) 50 : 10 = ☐
Jedes Kind bekommt ☐ Sticker.

a) 50 Sticker an 10 Kinder
b) 20 Nüsse an 2 Kinder
c) 30 Bonbons an 5 Kinder
d) 12 Stifte an 6 Kinder
e) 25 Luftballons an 5 Kinder
f) 8 Äpfel an 4 Kinder

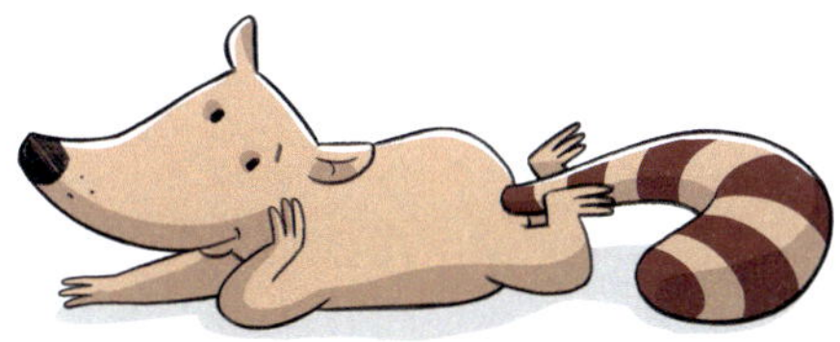

6 Rechne.

a)	b)	c)	d)
35 : ☐ = 7	12 : ☐ = 6	30 : ☐ = 6	18 : ☐ = 9
70 : ☐ = 10	100 : ☐ = 10	45 : ☐ = 5	60 : ☐ = 10
25 : ☐ = 5	16 : ☐ = 8	9 : ☐ = 3	40 : ☐ = 5
81 : ☐ = 9	36 : ☐ = 6	16 : ☐ = 4	64 : ☐ = 8

7 Rechne. Die Umkehraufgabe hilft.

a)	b)	c)	d)
☐ : 5 = 7	☐ : 8 = 2	☐ : 10 = 3	☐ : 5 = 2
☐ : 2 = 9	☐ : 5 = 6	☐ : 6 = 2	☐ : 4 = 4
☐ : 5 = 3	☐ : 2 = 7	☐ : 5 = 4	☐ : 2 = 3
☐ : 10 = 4	☐ : 5 = 10	☐ : 2 = 10	☐ : 5 = 9

8 Finde zu den Zahlen Geteiltaufgaben. Das Ergebnis soll …

a) größer als 8 sein.
b) gleich 5 sein.
c) möglichst klein sein.

20 15 35 25
90 18 45

a) 20 : 2 = ☐

9

a)	b)	c)
25 : 5 = 40 : ☐	☐ : 10 = 40 : 5	64 : 8 = 40 : ☐
☐ : 10 = 12 : 2	☐ : 5 = 20 : 10	☐ : 10 = 50 : 5
36 : ☐ = 60 : 10	45 : ☐ = 18 : 2	16 : ☐ = 20 : 5

Finde viele Geteiltaufgaben zu diesen Zahlen. 30 16 20 12 40 18
Schreibe sie auf und rechne.

Teilen

1 Rechne. Überprüfe mit der Umkehraufgabe.

a)	b)	c)	d)
12 : 4	20 : 5	9 : 3	35 : 7
15 : 5	40 : 5	30 : 3	12 : 6
18 : 6	30 : 6	16 : 4	36 : 6
14 : 7	25 : 5	20 : 4	45 : 9

a) 12 : 4 = ▢
▢ · 4 = 12

2 Rechne. Überprüfe mit der Umkehraufgabe.

a)	b)	c)	d)	e)
81 : 9	24 : 3	54 : 9	21 : 3	45 : 5
64 : 8	28 : 4	56 : 8	32 : 4	72 : 9
49 : 7	42 : 6	42 : 7	36 : 9	35 : 7
36 : 6	48 : 8	63 : 9	28 : 7	0 : 6

3 Rechne. Die Umkehraufgabe hilft.

a)	b)	c)	d)
▢ : 4 = 7	▢ : 8 = 8	▢ : 4 = 8	▢ : 9 = 8
▢ : 6 = 8	▢ : 7 = 6	▢ : 9 = 3	▢ : 6 = 9
▢ : 3 = 9	▢ : 4 = 9	▢ : 6 = 5	▢ : 7 = 4
▢ : 7 = 7	▢ : 3 = 7	▢ : 7 = 8	▢ : 8 = 6

4 Teile in Gruppen ein.

a) 24 Kinder in 6 Gruppen
b) 20 Kinder in 4 Gruppen
c) 27 Kinder in 3 Gruppen
d) 32 Kinder in 8 Gruppen
e) 21 Kinder in 7 Gruppen
f) 30 Kinder in 5 Gruppen
g) 36 Kinder in 6 Gruppen

a) 24 : 6 = ▢
In jeder Gruppe sind ▢ Kinder.

5 Finde zu den Zahlen Geteiltaufgaben. Das Ergebnis soll …

a) gleich 9 sein.
b) größer als 3 sein.
c) möglichst groß sein.

36 72 45 27
9 63 90

a) 9 : 1 = ▢

Finde viele Geteiltaufgaben zu diesen Zahlen. 48 24 36 60
Schreibe sie auf und rechne.

Teilen mit Rest

AH S. 12

23 : 5 = ▢

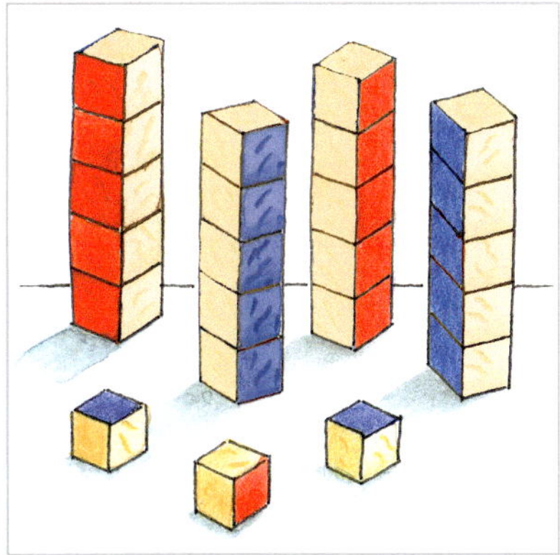

23 : 5 = 4 R 3

1 Wie viele 5er-Türme kann Nico bauen?

2 Baue aus 17 Würfeln …

a) 17 : 3 = ▢ R ▢

a) 3er-Türme. b) 4er-Türme. c) 5er-Türme.

Schreibe die Aufgaben auf.

3 Rechne. Was fällt dir auf?

a)	b)	c)
20 : 4	21 : 3	40 : 8
21 : 4	22 : 3	42 : 8
22 : 4	23 : 3	44 : 8
23 : 4	24 : 3	46 : 8
24 : 4	25 : 3	48 : 8
25 : 4	26 : 3	50 : 8

4 Rechne.

a)	b)	c)
32 : 5	62 : 9	44 : 6
26 : 7	51 : 8	32 : 9
43 : 5	21 : 6	34 : 7
62 : 6	19 : 8	74 : 9
57 : 6	94 : 9	31 : 4
45 : 7	66 : 8	48 : 9

5 Finde zu den Zahlen Geteiltaufgaben. Das Ergebnis soll …

a) mit Rest 2 sein.
b) mit möglichst großem Rest sein.

7 | 42 | 17 | 56 | 38 | 30 | 20

Finde Geteiltaufgaben mit dem Rest 2.

6 Bleibt ein Rest? Was können die Kinder tun?

a)

b) 17 Kinder warten an der Geisterbahn. In einem Wagen können sechs Personen fahren.

c) Im Sportunterricht sollen 25 Kinder vier Mannschaften bilden.

Teilen üben

1 Löse die Zahlenrätsel.

2 Schreibe Aufgabe und Umkehraufgabe. Rechne.

a)	b)	c)	d)
☐ : 4 = 6	☐ : 7 = 6	☐ : 8 = 9	☐ : 7 = 7
6 · 4 = ☐	6 · 7 = ☐	9 · 8 = ☐	7 · 7 = ☐

3 Rechne.

a) ☐ : 8 = 7	b) 25 : ☐ = 5	c) 18 : ☐ = 3	d) ☐ : 7 = 4
e) ☐ : 7 = 9	f) 27 : ☐ = 3	g) ☐ : 9 = 4	h) 54 : ☐ = 9

4 Löse die Aufgaben. Was fällt dir auf? Finde selbst ein weiteres Aufgabenpaar.

a) 20 : 2	32 : 4	24 : 3	40 : 4	12 : 2	☐ : ☐
20 : 4	32 : 8	24 : 6	40 : 8	12 : 4	☐ : ☐
b) 25 : 5	12 : 3	21 : 7	18 : 6	32 : 8	☐ : ☐
50 : 5	24 : 3	42 : 7	36 : 6	64 : 8	☐ : ☐
c) 54 : 6	36 : 4	48 : 6	56 : 8	90 : 10	☐ : ☐
27 : 3	18 : 2	24 : 3	28 : 4	45 : 5	☐ : ☐

5 Schreibe in dein Heft und setze ein: (>), (<), (=).
Musst du überall rechnen? Erkläre.

a) 12 : 3 ◯ 12 : 6	b) 32 : 4 ◯ 32 : 8	c) 18 : 3 ◯ 36 : 6
d) 24 : 8 ◯ 40 : 8	e) 30 : 6 ◯ 60 : 10	f) 100 : 10 ◯ 50 : 5

6 Richtig oder falsch? Finde es heraus.

a) Wenn du die Zahlen von 10 bis 20 durch 6 teilst, bleibt nur einmal der Rest 5.
b) Es gibt mehr als fünf Geteiltaufgaben mit dem Ergebnis 1 R 1.
c) Wenn du durch 2 teilst, bleibt bei manchen Aufgaben der Rest 3.

7 Welche Zahl ist es?

a) Du kannst die Zahl durch 3 und 4 teilen. Sie ist größer als 10 und kleiner als 20.

b) Du kannst die Zahl durch 4 und 6 teilen. Sie ist größer als 30 und kleiner als 40.

c) Du kannst die Zahl durch 9 und 6 teilen. Sie ist größer als 50 und kleiner als 60.

d) Die Zahl ist größer als 20, aber kleiner als 30. Die Zahl ist gerade. Du kannst die Zahl durch 8 teilen.

e) Die Zahl ist größer als 60, aber kleiner als 70. Die Zahl ist ungerade. Du kannst die Zahl durch 7 teilen.

f) Die Zahl ist kleiner als 50, aber größer als 40. Die Zahl ist ungerade. Du kannst die Zahl durch 7 teilen.

8 Welche Zahl ist es?

a) Du kannst die Zahl durch 7 teilen. Sie hat einen Einer mehr als Zehner.

b) Du kannst die Zahl durch 3 und 6 teilen. Die Zahl liegt zwischen 30 und 40.

c) Du kannst die Zahl durch 6 und 8 teilen. Sie hat doppelt so viele Einer wie Zehner.

d) Du kannst die Zahl durch 7 und 6 teilen. Sie hat doppelt so viele Zehner wie Einer.

---

9 Schreibe die Mal-Geteilt-Rechenketten in dein Heft und rechne.

a)	b)	c)
24 : 6 = ☐	18 : 3 = ☐	30 : 5 = ☐
☐ · 9 = ☐	☐ · 4 = ☐	☐ · 2 = ☐
☐ : 6 = ☐	☐ : 8 = ☐	☐ : 3 = ☐
☐ · 5 = ☐	☐ · 4 = ☐	☐ · 9 = ☐
☐ : 10 = ☐	☐ : 6 = ☐	☐ : 6 = ☐
☐ · 7 = 21	☐ · 9 = 18	☐ · 7 = 42

10 Schreibe selbst eine Mal-Geteilt-Rechenkette. Welche Kette wird am längsten? Es darf sich keine Aufgabe wiederholen. Beginne mit diesen Aufgaben.

a) 20 : 5 b) 18 : 6 c) 36 : 6

Fredo spielt mit Fips und Frida „Regenschirm-Weitfliegen".
Von einer Startlinie aus lässt er sich vom Wind ein Stück durch die Luft tragen. Beim ersten Versuch fliegt er 1 m 34 cm. Fips fliegt 10 cm weniger weit als Fredo. Frida schafft 2 m 60 cm. Beim zweiten Versuch fliegt Fredo schon 2 m 70 cm. Fips schafft 2 m 25 cm und Frida fliegt 1 m und 20 cm weiter als bei ihrem ersten Versuch.

Fragen:
1. Wie weit fliegt Frida beim ersten Versuch?
2. Wie weit fliegt Fips beim ersten Versuch?
3. Wer macht mit beim Regenschirm-Weitfliegen?
4. Wie weit fliegt Fredo bei seinem zweiten Versuch?
5. Wo findet das Regenschirm-Weitfliegen statt?
6. Wie viele Zentimeter weiter fliegt Fredo bei seinem zweiten Versuch?
7. Wie viele Zuschauer gibt es?

die Rechenfrage
die Rechnung
die Antwort

1 a) Zu welchen Fragen findest du die Antwort im Text? Beantworte sie.
b) Bei welchen Fragen musst du rechnen? Rechne und schreibe die Antwort auf.
c) Bei welchen Fragen findest du keine Antwort im Text? Notiere die Nummern.
d) Finde weitere Fragen und schreibe sie auf.

2 Überlege, welche Antworten nicht stimmen können. Begründe.

A

Frida schläft jeden Tag 10 Stunden. Wie viele Stunden schläft sie in einer Woche?

a) Sie schläft in einer Woche 7 Stunden.
b) Sie schläft in einer Woche 10 Stunden.
c) Sie schläft in einer Woche 70 Stunden.
d) Sie schläft in einer Woche 24 Stunden.

Die Antwort stimmt. *Die Antwort kann nicht stimmen, weil …*

B

Fredos Haustiere brauchen neue Pantoffeln. Er hat 10 Marienkäfer und 5 Spinnen. Wie viele Pantoffeln muss er kaufen?

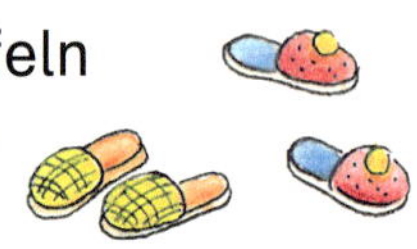

a) Er muss 15 Pantoffeln kaufen.
b) Er muss 30 Pantoffeln kaufen.
c) Er muss 60 Pantoffeln kaufen.
d) Er muss 100 Pantoffeln kaufen.

3 Vorsicht! Nicht alle Aufgaben sind lösbar.

A
Frida singt jeden Morgen vor dem Schlafengehen ein Lied. Dafür braucht sie 5 Minuten. Danach schläft sie 10 Stunden. Wann beginnt sie mit dem Singen?

B
Fredo läuft 5 Minuten, um Fips zu Hause zu besuchen. Er besucht Fips jeden Morgen um 9.00 Uhr und jeden Abend um 18.00 Uhr. Dann spielen sie zusammen. Wie viele Minuten läuft Fredo jeden Tag insgesamt bei seinen Besuchen?

C
Fips isst gerne Würstchen. Jeden Tag kauft er sich ein Würstchen. Wie viel Euro muss er in einer Woche dafür bezahlen?

4 Löse die Rechengeschichten.

A
Fredo, Frida und Fips gehen einkaufen. Sie haben aber nur 10 € dabei. Fredo hätte gerne vier Äpfel, Frida möchte zwei Käfer am Stiel und Fips will zwei große Würstchen kaufen. Ein Apfel kostet 50 ct, ein Käfer kostet 1,50 € und ein Würstchen kostet 2 €. Reicht das Geld?

B
Fredo, Frida und Fips möchten sich aus Stoffresten eine Hängematte nähen. Sie soll 2 m 50 cm lang sein. Fridas Stück ist 1 m 50 cm lang, Fredos Stück ist 76 cm lang. Wie lang muss das dritte Stück Stoff sein?

5 Was gehört zusammen?
Schreibe die angefangenen Rechengeschichten zu Ende. Vergiss die Frage nicht.

Frida hat eine Woche Zeit, um für das Radfahrabzeichen zu üben ...

Fips hat schon 63 Knochen in seiner Sammlung ...

Fredo hat ein dickes Buch über Nasenbären geschenkt bekommen ...

$91 - 63 = 28$ $63 + 28 = 91$ $7 \cdot 9 = 63$

Jetzt hat Fips 91 Knochen.

Fredo muss noch 28 Seiten lesen.

Frida übt insgesamt 63 Stunden.

Schreibe zu den Aufgaben selbst Rechengeschichten mit Fredo, Frida und Fips. Gib sie einem Partnerkind zum Lösen.

Bündeln

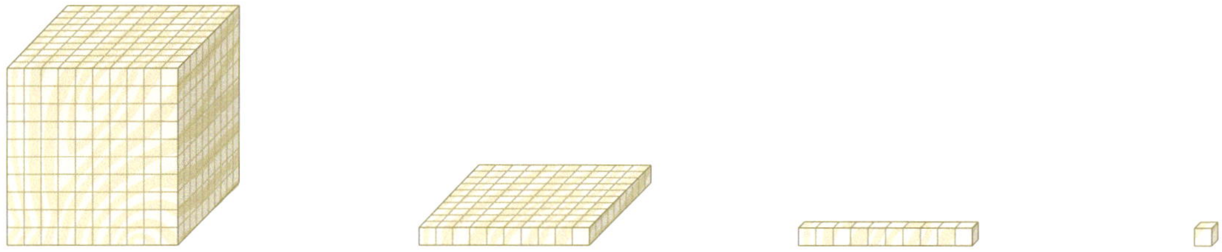

10 Hunderterplatten = 1 Tausenderwürfel	10 Zehnerstangen = 1 Hunderterplatte	10 Würfel = 1 Zehnerstange	1 Würfel
Tausender	Hunderter	Zehner	Einer

1 Wie hat Justus gebündelt?

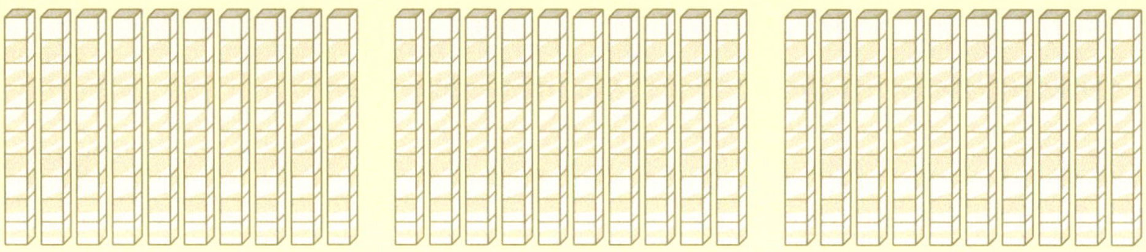

2 Lege und wechsle.

a) 10 E = ▢ Z

a) 10 E = ▢ Z b) 20 E = ▢ Z
c) 10 Z = ▢ H d) 20 Z = ▢ H

der Tausender T
der Hunderter H
der Zehner Z
der Einer E
wechseln

3 Wechsle. Wie viele Hunderterplatten sind es?

a) 30 Z = 3 H

a) 30 Z b) 50 Z
c) 40 Z d) 70 Z

4 Wie viel sind es zusammen?
Wie heißt die Zahl?

a)  b)  c)  d) 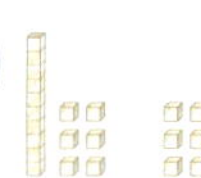

5 Wechsle.

a) 13 E = 1 Z 3 E

a) 13 E b) 19 E c) 22 E d) 36 E
e) 13 Z f) 19 Z g) 22 Z h) 36 Z

6 Wechsle.

a) 12 Z 6 E b) 25 Z 6 E c) 13 H 2 Z d) 12 Z 22 E

Beilagen zum Schulbuch: Dienes-Material

Hunderter – Zehner – Einer

1 Legt und schreibt Zahlen wie Justus und Jette.

2 Lege nach. Schreibe die Zahlen auf.

a) 

b) 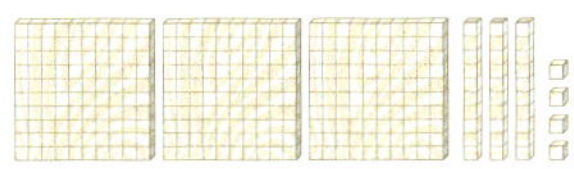

c) 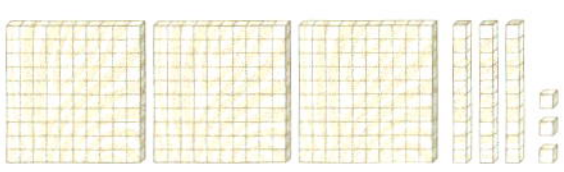

d) 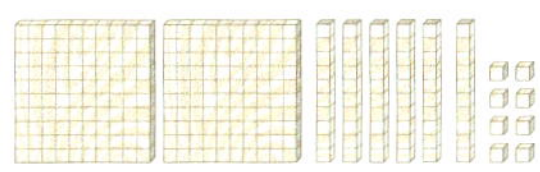

a) 2 H + 4 Z + 5 E
200 + 40 + 5 =

3 Lege nach. Schreibe die Zahlen auf.

a) 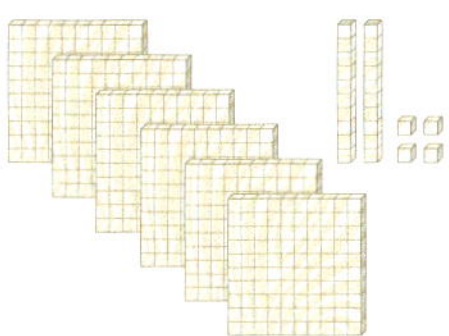

b) 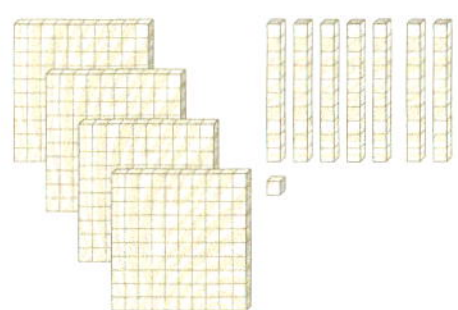

c) 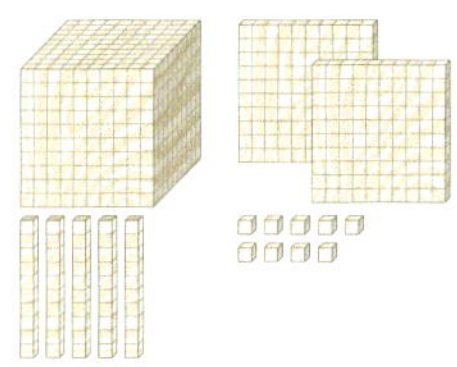

d) 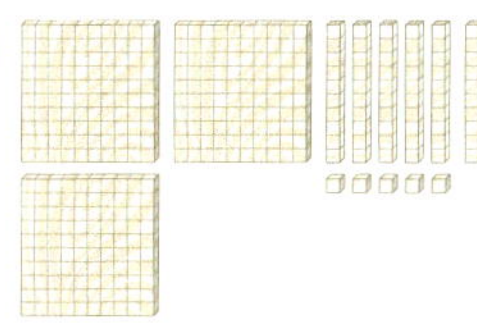

e) 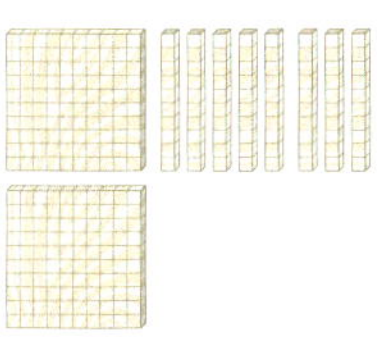

f) 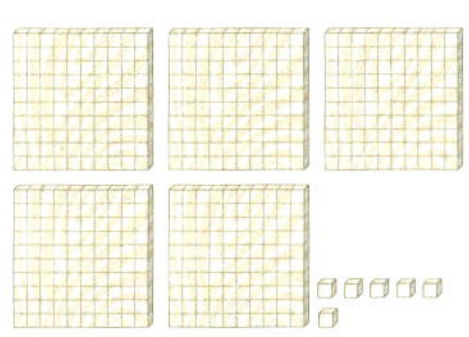

g) 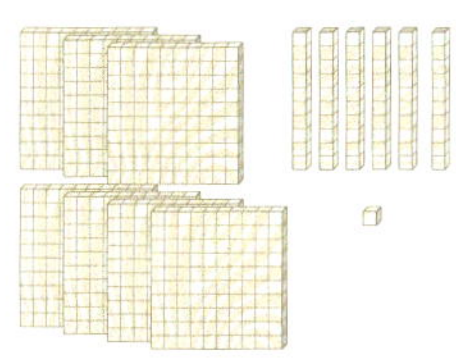

h) 

4 Welche Zahl ist es? Meine Zahl hat …

a) 3 Hunderter, 2 Zehner und 7 Einer.
b) 5 Hunderter, 2 Zehner und keine Einer.
c) 4 Hunderter, keine Zehner und 9 Einer.
d) 7 Hunderter und 6 Einer.
e) 3 Hunderter, 6 Zehner und genauso viele Einer wie Zehner.

5 Welche Zahl ist es? Meine Zahl hat …

a) 5 Hunderter, 6 Zehner und halb so viele Einer wie Zehner.
b) 2 Einer, 4 Hunderter und doppelt so viele Zehner wie Hunderter.
c) 6 Zehner, halb so viele Einer wie Zehner und 7 Hunderter.
d) 4 Einer, doppelt so viele Zehner wie Einer und 6 Hunderter.

Beilagen zum Schulbuch: Dienes-Material

Zahlen sprechen und schreiben

die Zahl
die Ziffer
357 Zahl
3 5 7 Ziffern

1 Sagt und legt Zahlen wie Justus und Jette.

2 Lege mit den Zahlenkarten und schreibe als Zahlen.

a) zwei und sechzig   b) acht und vierzig   c) drei und neunzig

d) fünfhundert   e) siebenhundert   f) neunhundert   g) zweihundert

3 Lege mit den Zahlenkarten und schreibe als Zahlen.

a) fünfhundert zwei und sechzig   b) siebenhundert acht und vierzig

c) dreihundert drei und fünfzig   d) neunhundert sechs und siebzig

e) vierhundert siebzig   f) achthundert drei

g) achthundert ein und dreißig   h) vierhundert fünf und achtzig

i) zweihundert vier und neunzig   j) sechshundert sieben und zwanzig

k) fünfhundert achtzig   l) fünfhundert acht

4 Lege mit Zahlenkarten eine Zahl. Sage sie.
Ein Partnerkind schreibt die Zahl auf. Vergleicht.

5 Schreibe als Zahlen.

a) dreihundertachtundvierzig
b) sechshundertzweiundneunzig
c) zweihundertdreiundfünfzig
d) vierhundertsiebenundzwanzig
e) siebenhundertsechzig
f) neunhundertsiebzig
g) dreihundertfünfzehn
h) achthundertzwölf
i) vierhundertacht
j) zweihundertzwei

Beilagen zum Schulbuch: Seguin-Karten

Zahlen zerlegen

AH S. 18

1 Legt Zahlen mit den Zahlenkarten und zerlegt wie Jette und Justus.

2 Lege mit den Zahlenkarten. Zerlege in Hunderterzahlen, Zehnerzahlen und Einerzahlen.

2 5 7 → 2 0 0 | 5 0 | 7

a) 257, 248, 219, 286, 238
b) 467, 732, 963, 538, 816

a) 2 5 7 = 2 0 0 + 5 0 + 7

3 Zerlege in Hunderterzahlen, Zehnerzahlen und Einerzahlen.

a) 472, 586, 913, 148, 394
b) 999, 496, 246, 189, 682

a) 4 7 2 = 4 0 0 + 7 0 + 2

4 Zerlege.

a) 470, 290, 620 b) 307, 906, 205 c) 690, 704, 580, 108

5 Lege dreistellige Zahlen mit diesen Karten und schreibe sie auf. Wie viele verschiedene Zahlen findest du? Schreibe sie mit der Zerlegung auf.

4 3 9 = 4 0 0 + 3 0 + 9

400 | 200 | 10 | 2 | 50 | 30 | 9 | 900 | 6

6 Welche Zahlen können es sein?

a) Die Zahl ist gerade. Die Zahl hat halb so viele Hunderter wie Einer. Die Zahl hat 5 Zehner mehr als Hunderter.
b) Die Zahl ist ungerade. Die Zahl hat doppelt so viele Zehner wie Hunderter. Die Zahl hat einen Zehner weniger als Einer.

Beilagen zum Schulbuch: Seguin-Karten

Zahlen darstellen

357

1 Wie haben Justus und Jette die Zahl 357 dargestellt? Beschreibe.

das Zahlbild
der Hunderter
der Zehner
der Einer

2 Zeichne das Zahlbild.

a) 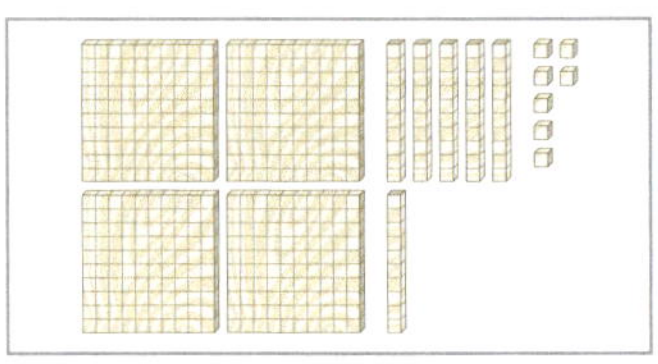

b) 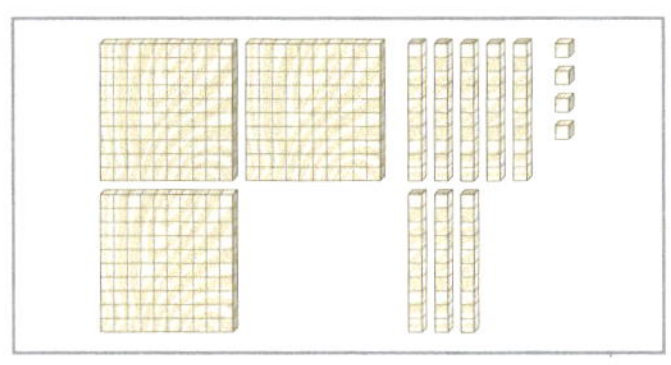

c) 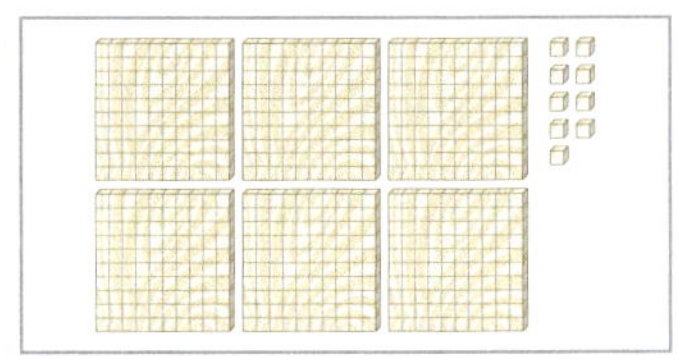

3 Zeichne das Zahlbild.

a) 5 H 2 Z 4 E   b) 3 H 4 Z 7 E
c) 6 H 3 Z 5 E   d) 8 H 5 Z 2 E

4 Zeichne das Zahlbild.

a) 4 H 6 Z 3 E   b) 7 H 5 Z 1 E   c) 6 H 8 Z 9 E
d) 7 H 0 Z 2 E   e) 9 H 4 Z 0 E   f) 4 H 1 Z 6 E

5 Zeichne das Zahlbild.

a) 567   b) 348   c) 460   d) 409   e) 78   f) 210

6 Spielt „Schnellblick“ wie Justus und Jette.

AH S. 19

8 H 0 Z 4 E

das Zahlbild

T	H	Z	E

die Stellenwerttafel
die Tausenderspalte
die Hunderterspalte
die Zehnerspalte
die Einerspalte

1 Wie haben Jette und Justus die Zahl notiert? Vergleiche.

2 Welche Zahlen sind das? Notiere in die Stellenwerttafel.

a) 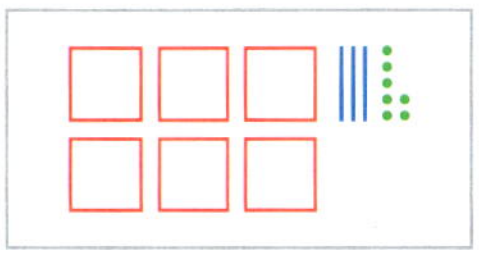 b) 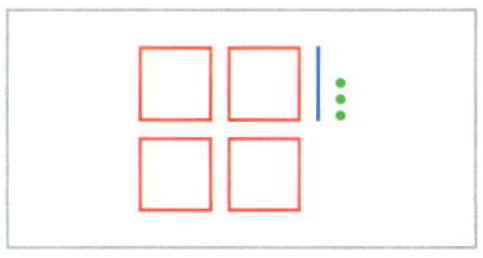 c) 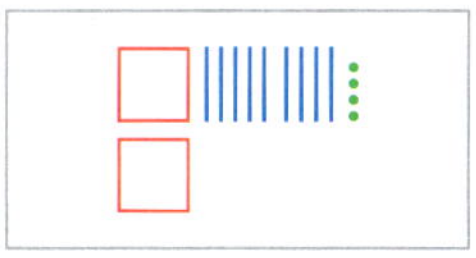 d) 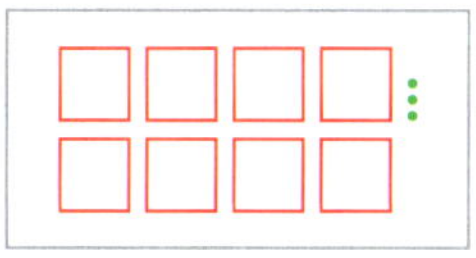

3 Welche Zahlen sind das? Notiere in die Stellenwerttafel.

a) 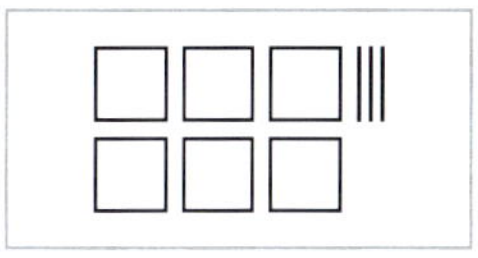 b)  c) 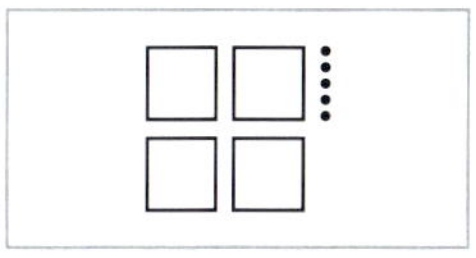 d) 

4 Notiere die Zahlen in die Stellenwerttafel.

a) 1 H 4 Z 5 E
b) 5 H 8 Z 7 E
c) 5 H 1 Z
d) 9 E 7 H
e) 4 Z 9 E 1 H
f) 8 H 2 Z 7 E
g) 3 H 7 Z 5 E
h) 6 H 4 Z
i) 2 E 4 H
j) 3 Z 5 H 1 E

5 Notiere die Zahlen in die Stellenwerttafel. Achtung: Du musst zuerst wechseln.

a) 2 H 9 E 1 E b) 3 H 9 Z 1 Z c) 9 H 1 H 2 E d) 15 E e) 25 Z f) 10 H

6 Jette und Justus spielen das Spiel „Hohe Hausnummer". Erkläre.

Zahlen in der Stellenwerttafel verändern

1 Was machen Justus und Jette? Beschreibe.

die Einerstelle
die Zehnerstelle
die Hunderterstelle
die Tausenderstelle

2 Welche Zahlen sind in der Stellenwerttafel gelegt? Schreibe die Zahlen auf.

a)

T	H	Z	E
	●●●	●●	●●●●●

b)

T	H	Z	E
	●●		●●●

c)

T	H	Z	E
	●	●●	●●●●●

d)

T	H	Z	E
	●	●●●●	

3 Fredo hat mit Plättchen die Zahl 224 gelegt.

T	H	Z	E
	●●	●●	●●●●

a) Fredo nimmt immer von 224 ein Plättchen weg.
Welche Zahlen können es jetzt sein?

b) Fredo legt immer zu 224 ein Plättchen dazu.
Welche Zahlen können es jetzt sein?

4 Fredo hat mit Plättchen die Zahl 428 gelegt.

a) Fredo nimmt immer von 428 ein Plättchen weg.
Welche Zahlen können es jetzt sein?

b) Fredo legt immer zu 428 ein Plättchen dazu.
Welche Zahlen können es jetzt sein?

5 Fredo hat zwei Plättchen.

a) Welches ist die kleinste Zahl, die Fredo damit legen kann?

b) Welches ist die größte Zahl, die Fredo damit legen kann?

c) Welche Zahlen kann Fredo noch legen?

6 Welche Zahlen kannst du mit drei Plättchen legen?

Anregung: Die Arbeit mit der Stellenwerttafel am Computer/Tablet vertiefen (*Problemlösen und Handeln*)

7 Was machen Justus und Jette? Beschreibe.

8 a) Justus hat die Zahl 213 gelegt.
Er hat ein Plättchen verschoben.
Wie heißt die neue Zahl?
b) Lege immer die Zahl 213.
Verschiebe ein Plättchen.
Wie heißen die neuen Zahlen?

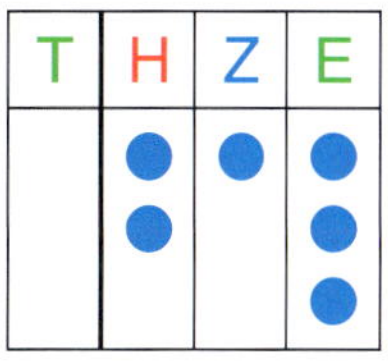

213

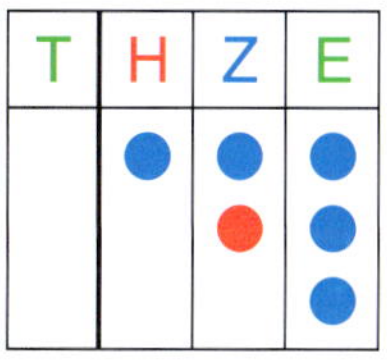

?

9 Justus hat die Zahl 453 gelegt. Verschiebe immer ein Plättchen.
Welche Zahlen können es dann sein?

10 Jette hat die Zahl 324 gelegt. Verschiebe immer ein Plättchen.

a) Die Zahl soll größer werden. Schreibe alle möglichen Zahlen auf.
b) Die Zahl soll kleiner werden. Schreibe alle möglichen Zahlen auf.

11 Fredo legt eine Zahl. Er legt ein Plättchen immer an einer anderen Stelle dazu.
Schreibe die Aufgaben auf.

a)

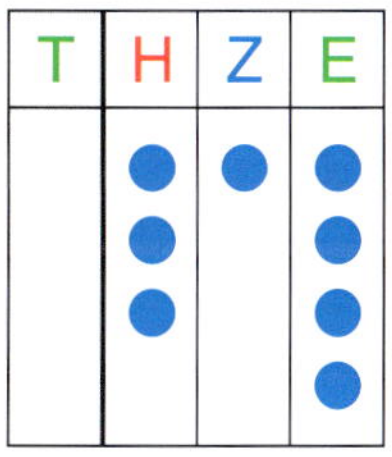

a) 314 + 1 = ___
314 + 10 = ___
314 + ___ = ___

b) 637 c) 470 d) 777 e) 888 f) 31

12 Was passiert, wenn du bei 999 ein Plättchen dazulegst?
Schreibe die Aufgaben auf.

Rechnen im Kopf

AH S. 20, 21

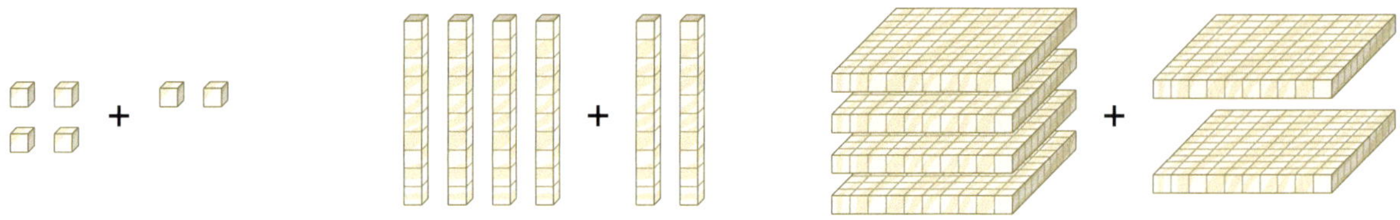

4 + 2 = 6	40 + 20 = 60	400 + 200 = 600
	4 Z + 2 Z = 6 Z	4 H + 2 H = 6 H

1 Wie kannst du die Eineraufgabe für die Zehneraufgabe und Hunderteraufgabe nutzen? Beschreibe.

> die Eineraufgabe
> die Zehneraufgabe
> die Hunderteraufgabe

2 Lege und rechne.

a) 5 + 3	b) 7 + 2	c) 9 − 4	d) 8 − 6
5 Z + 3 Z	7 Z + 2 Z	9 Z − 4 Z	8 Z − 6 Z
50 + 30	70 + 20	90 − 40	80 − 60

3 Lege und rechne.

a) 3 + 4	b) 6 + 3	c) 7 − 5	d) 9 − 6
3 H + 4 H	6 H + 3 H	7 H − 5 H	9 H − 6 H
300 + 400	600 + 300	700 − 500	900 − 600

4 Rechne.

a) 400 + 300	b) 500 + 400	c) 900 − 300	d) 500 − 100
600 + 200	200 + 300	600 − 200	700 − 400
700 + 100	300 + 600	800 − 400	400 − 300

5 Rechne.

a) 8 + 5	b) 7 + 4	c) 9 + 3	d) ☐ + ☐	e) ☐ + ☐
8 Z + 5 Z	7 Z + 4 Z	9 Z + 3 Z	☐ + ☐	☐ + ☐
80 + 50	70 + 40	90 + 30	60 + 50	70 + 60

6 Rechne.

a) 12 − 4	b) 14 − 8	c) ☐ − ☐	d) ☐ − ☐
12 Z − 4 Z	14 Z − 8 Z	☐ Z − ☐ Z	☐ Z − ☐ Z
120 − 40	140 − 80	130 − 50	150 − 70

Denke dir weitere Päckchen wie bei den Aufgaben 5 und 6 aus.

7 Markiere im Heft: Welche Stelle ändert sich im Ergebnis? Rechne.

a)	b)	c)	d)
600 + 3	400 + 5	666 – 1	555 – 3
600 + 30	400 + 50	666 – 10	555 – 30
600 + 300	400 + 500	666 – 100	555 – 300

8 Markiere im Heft: Welche Stelle ändert sich im Ergebnis? Rechne.

a)	b)	c)	d)
672 + 2	354 + 3	987 – 5	865 – 4
672 + 20	354 + 30	987 – 50	865 – 40
672 + 200	354 + 300	987 – 500	865 – 400

9 Markiere im Heft: Welche Stelle hat sich im Ergebnis geändert? Rechne.

a)	b)	c)
231 + ☐ = 236	645 + ☐ = 675	428 + ☐ = 928
231 + ☐ = 261	645 + ☐ = 845	428 + ☐ = 468
231 + ☐ = 431	645 + ☐ = 648	428 + ☐ = 429

d)	e)	f)
958 – ☐ = 938	679 – ☐ = 379	752 – ☐ = 751
958 – ☐ = 957	679 – ☐ = 639	752 – ☐ = 742
958 – ☐ = 358	679 – ☐ = 672	752 – ☐ = 552

g)	h)	i)
867 – ☐ = 367	594 – ☐ = 592	485 – ☐ = 455
867 – ☐ = 864	594 – ☐ = 394	485 – ☐ = 385
867 – ☐ = 847	594 – ☐ = 524	485 – ☐ = 483

10 Denke dir Additionsaufgaben mit der Zahl 687 aus.
Im Ergebnis sollen sich nur Zehnerstelle und Einerstelle ändern.
Wie viele Aufgaben findest du?

11 Bilde Plusaufgaben.
Das Ergebnis soll zwischen 600 und 750 liegen.

480 | 560 | 70 | 390 | 180
120 | 240 | 360 | 90

12 Bilde Minusaufgaben.
Das Ergebnis soll zwischen 200 und 550 liegen.

410 | 760 | 250 | 380 | 890 | 170

AH S. 22

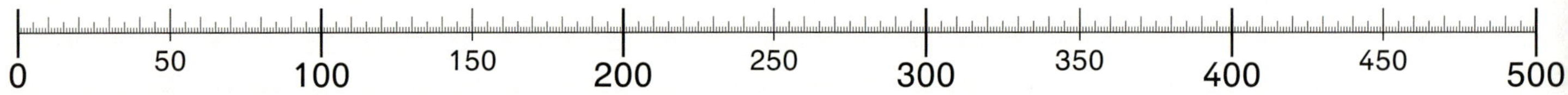

der Zahlenstrahl
der Hunderterstrich
der Fünfzigerstrich
der Zehnerstrich
der Fünferstrich
der Einerstrich

1 Beschreibe den Zahlenstrahl.

2 Welches Zahlen sind es?

A: 50

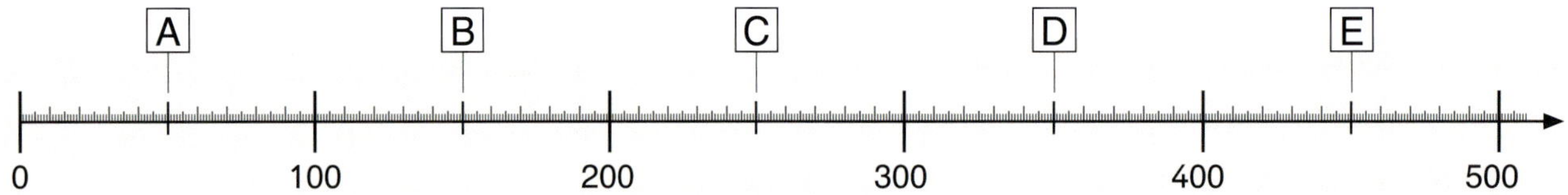

3 Welche Zahlen sind es?

a) A: 80

a)

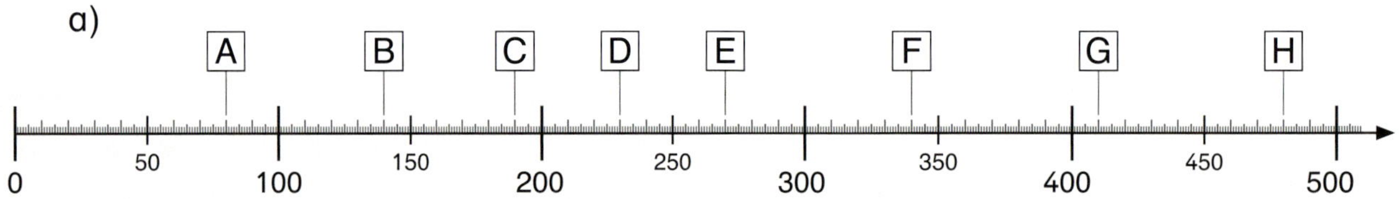

b)

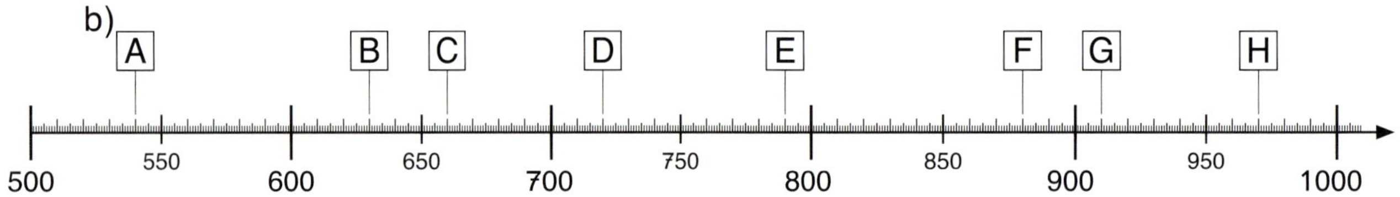

c)

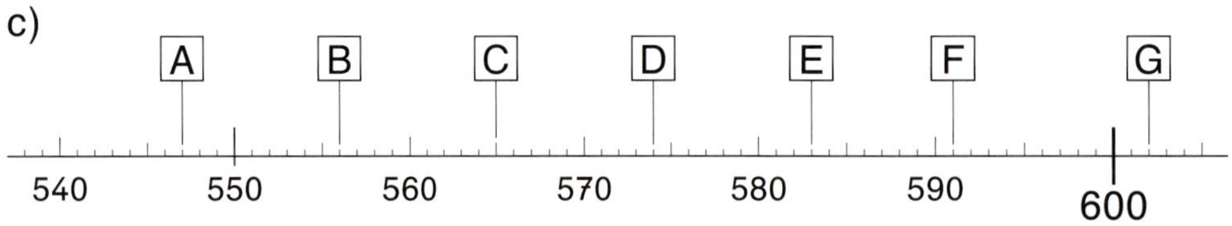

4 Welche Zahlen liegen zwischen …

a) 567 und 573? b) 334 und 343? c) 797 und 809?

5 Welche Zahlen sind es?

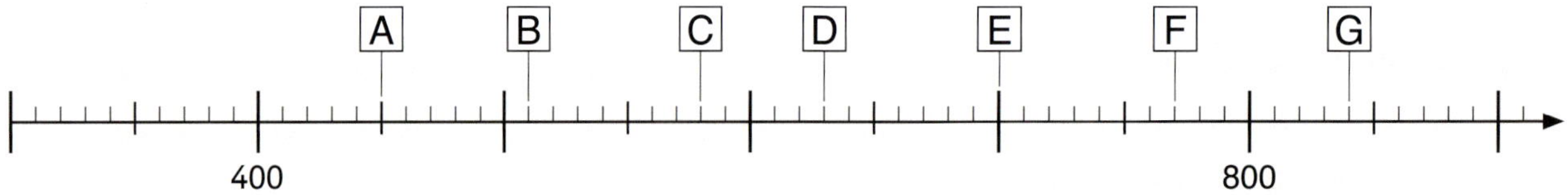

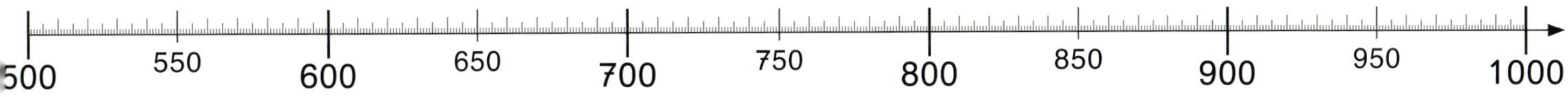

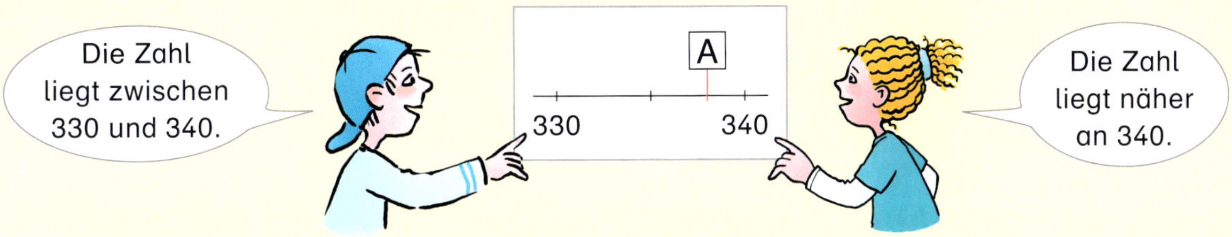

6 Was überlegt Justus? Was überlegt Jette?
Welche Zahl könnte es sein? Begründe.

die Zahl genau in der Mitte
liegt nahe bei
liegt zwischen

7 Welche Zahl könnte es sein? Erkläre.

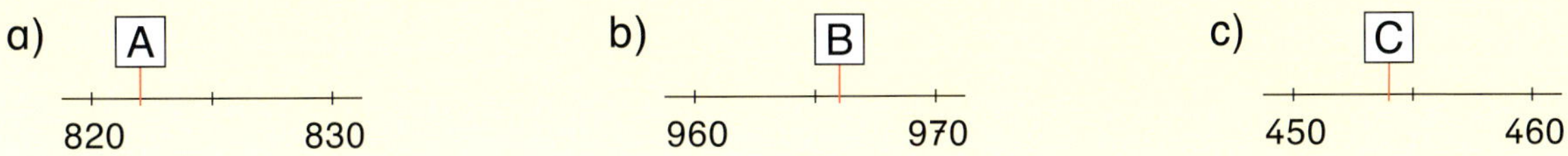

8 Wie heißt die Zahl genau in der Mitte?

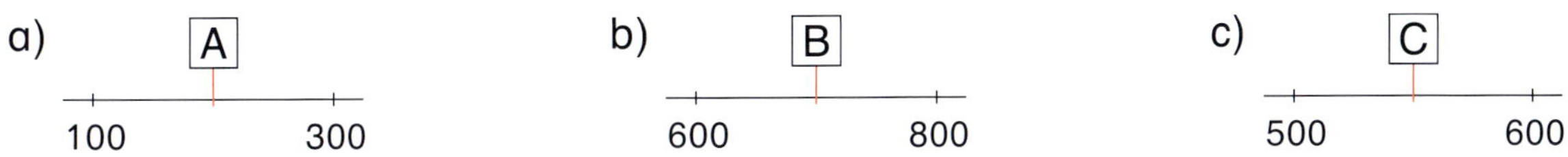

9 Wie heißt die Zahl genau in der Mitte?

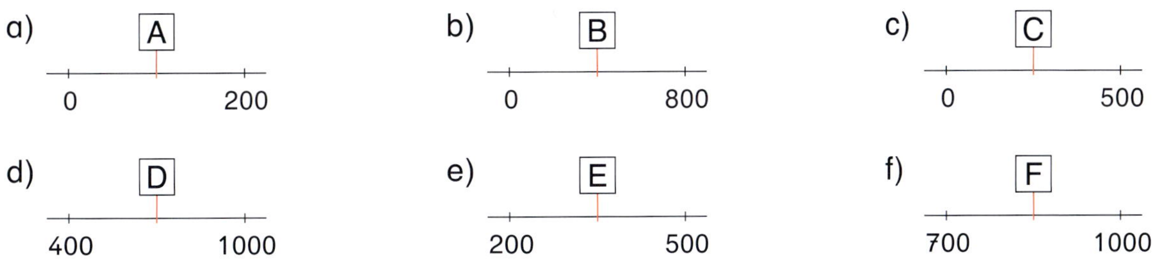

10 Welche Zahl könnte es sein? Erkläre.

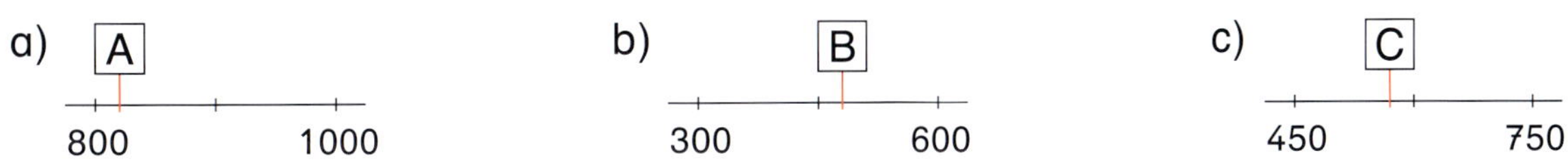

Vergleicht eure Zahlen. Erklärt eure Überlegungen.

11 Welche Zahl ist es?

a) Die Zahl liegt genau in der Mitte von 546 und 552.
b) Die Zahl liegt näher an 450 als an 470. Sie hat 8 Einer.

Nachbarzahlen

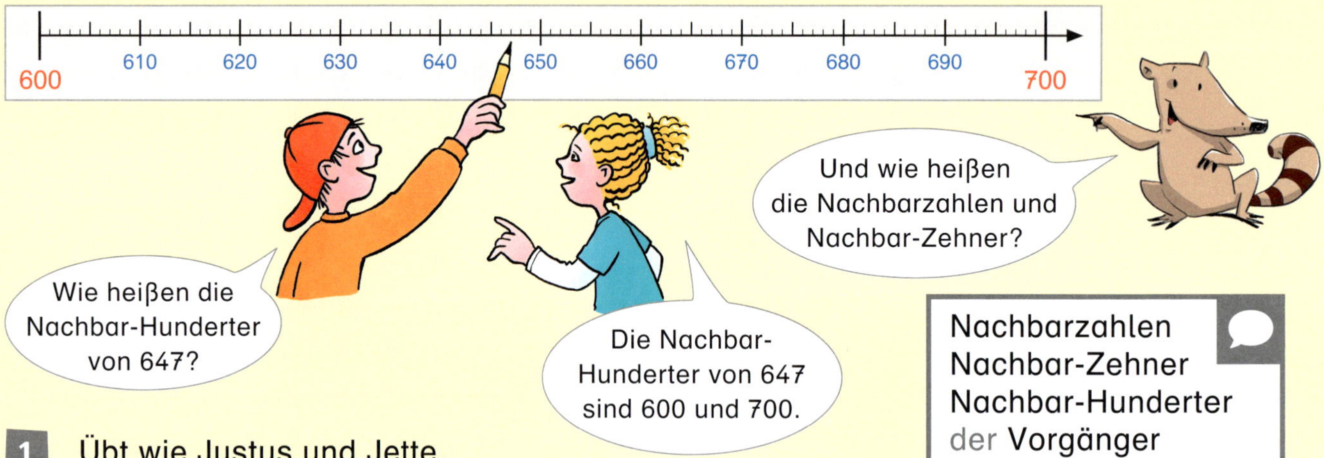

Nachbarzahlen
Nachbar-Zehner
Nachbar-Hunderter
der Vorgänger
der Nachfolger

1 Übt wie Justus und Jette.

2

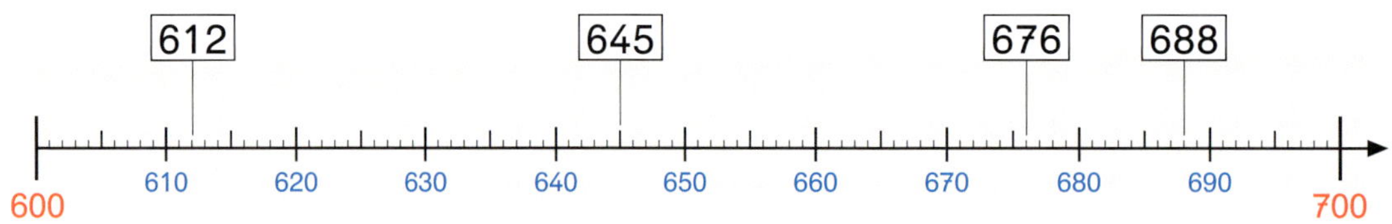

a) Wie heißen die Nachbarzahlen?
b) Wie heißen die Nachbar-Zehner?
c) Wie heißen die Nachbar-Hunderter?

a) 611, 612, 613

3 a) Wie heißen die Nachbarzahlen?
b) Wie heißen die Nachbar-Zehner? Kreise den Zehner ein, der näher an der Zahl liegt.
c) Wie heißen die Nachbar-Hunderter? Kreise den Hunderter ein, der näher an der Zahl liegt.

4 Zeichne die Tabelle in dein Heft und trage die fehlenden Zahlen ein.

Nachbar-Hunderter	Nachbar-Zehner	Nachbar-zahl	Zahl	Nachbar-zahl	Nachbar-Zehner	Nachbar-Hunderter
			400			
			550			
			701			
			900			
			999			

Zählen und Zahlen vergleichen

1 Zähle vorwärts, zähle rückwärts. Schreibe die Zahlen auf.

a) 150, 151 … 159
b) 541, 542 … 550
c) 378, 379 … 387
d) 279, 278 … 270
e) 480, 479 … 471
f) 623, 622 … 614

2 In Schritten **vor** und **zurück** …

a) Hunderterschritte:
150, 250 … 950
1000, 900 … 100

b) Zehnerschritte:
490, 500 … 580
920, 910 … 830

c) Fünferschritte:
775, 780 … 820
895, 890 … 850

3 In Schritten vor und zurück: Finde die nächsten fünf Zahlen.

a) Siebenerschritte:
350, 357, 364 …

b) Elferschritte:
622, 633, 644 …

c) Neunerschritte:
999, 990, 981 …

---

4 Übertrage in dein Heft und vergleiche: (>), (<), (=)

a) 200 ○ 500
500 ○ 200

b) 350 ○ 250
450 ○ 450

c) 400 ○ 350
200 ○ 150

d) 300 ○ 150
150 ○ 300

5 Übertrage in dein Heft und vergleiche: (>), (<), (=)

a) 300 ○ 400
540 ○ 450
870 ○ 780

b) 121 ○ 221
799 ○ 699
278 ○ 278

c) 917 ○ 917
421 ○ 411
743 ○ 734

d) 546 ○ 456
786 ○ 867
453 ○ 345

6 Ordne die Zahlen nach der Größe.

a) 704 <

a) Beginne mit der kleinsten Zahl.

745 754 704 765 743 775

b) Beginne mit der größten Zahl.

555 565 545 556 576 548

7 Welche Zahl ist es?

a)

Die Nachbar-Hunderter meiner Zahl heißen 400 und 500. Meine Zahl hat 3 gleiche Ziffern.

b)

Die Nachbar-Zehner meiner Zahl heißen 660 und 670. Der Einer meiner Zahl ist halb so groß wie der Zehner.

Geometrische Körper untersuchen

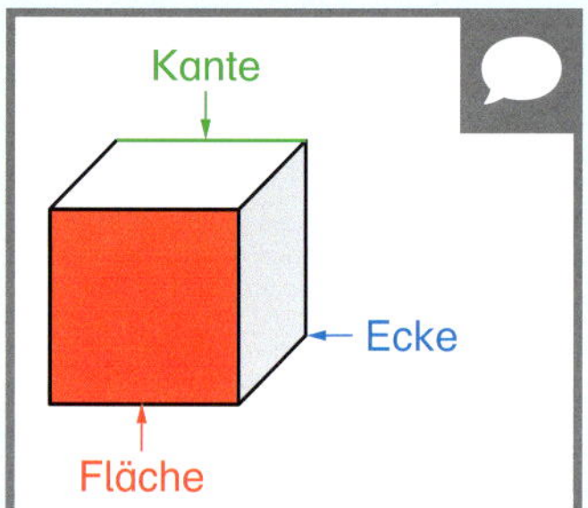

das Kantenmodell
das Flächenmodell

1 Welche Körper meint Jette und welche Justus?

2 Baut Kantenmodelle von geometrischen Körpern. Bevor ihr mit dem Bauen beginnt, überlegt, wie viele Trinkhalme und Knetkügelchen ihr für den jeweiligen Körper braucht. Sind alle Kanten gleich lang?

3 Tobis Quader hat drei verschiedene Kantenlängen und Janas nur zwei. Wer hat welchen Körper gebaut?

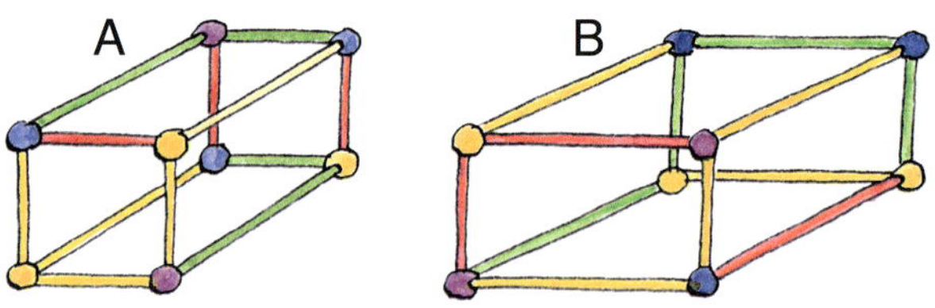

4 Justus und Jette haben begonnen Kantenmodelle zu bauen. Welche Kantenmodelle können entstehen?

5 Welchen Körper wollen die Kinder bauen? Immer ein Teil fehlt.

Robin baut ...
Ihm fehlt ...

6 a) Untersuche die sieben geometrischen Körper. Erstelle eine Tabelle.

Körper	Anzahl der Ecken	Anzahl der Kanten	Anzahl der Flächen
Würfel			
Quader			

b) Vergleicht eure Eintragungen.

7 Welcher Körper ist gemeint? Ergänze den Text.

Eine ... hat keine Ecken und Kanten.

Ein ... hat keine Ecken, aber 2 Kanten.

Ein ... hat eine Ecke und eine Kante.

Ein ... hat 8 Ecken und 12 Kanten. Alle 6 Flächen sind Quadrate.

Ein ... hat 6 Flächen, davon sind 2 Quadrate und 4 Rechtecke.

Eine ... hat 5 Flächen.

Ein ... hat 8 Ecken und 12 Kanten. Alle 6 Flächen sind Rechtecke.

8 Ein Käfer krabbelt auf den Kanten eines Würfels entlang. Er startet bei …

a) Ecke A: Er geht nach rechts – nach oben – nach hinten – nach unten. Bei welcher Ecke landet er?

b) Ecke H: Er geht nach unten – nach vorne – nach oben – nach hinten. Bei welcher Ecke landet er?

c) Stellt euch gegenseitig solche Aufgaben.

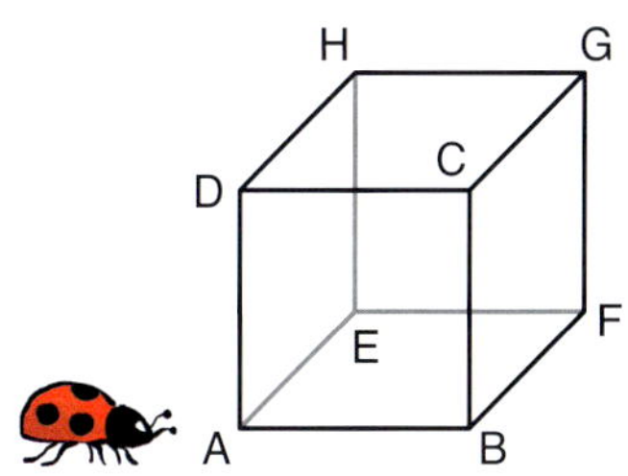

9 Ein Käfer krabbelt auf den Kanten eines Würfels entlang. Er startet bei Ecke G. Er will auf kürzestem Weg die Ecke A erreichen.

a) Wie kann er gehen? Notiere einen Weg.

b) Wie viele Möglichkeiten hat er dafür insgesamt?

Finde in deiner Umgebung Gegenstände, die den sieben Körpern ähneln. Klebe Bilder auf oder notiere.

Anregung: Digitale Steckbriefe mit Fotos zu den sieben Körpern erstellen (*Produzieren und Präsentieren*)

Würfelnetze und Kopfgeometrie

AH S. 24

1 Justus hat grüne Papierquadrate zu einem Würfelnetz zusammengeklebt und daraus einen Würfel gebaut. Jette hat blaue Papierquadrate zusammengeklebt. Kann sie daraus auch einen Würfel bauen?

2 a) Stellt so viele Würfelnetze wie möglich her. Überprüft durch Falten, ob ein Würfel entsteht.
b) Sammelt deckungsgleiche Würfelnetze auf einem Stapel.
c) Nehmt von jedem Stapel ein Würfelnetz und klebt sie auf ein Plakat. Wie viele verschiedene Würfelnetze habt ihr in eurer Gruppe gefunden?

3 a) Vergleicht euer Plakat mit den Plakaten der anderen Gruppen. Haben sie noch andere Würfelnetze gefunden?
b) Es gibt 11 **verschiedene** Würfelnetze. Habt ihr alle gefunden?

das Würfelnetz
deckungsgleich

4 a) Übertrage die Figuren in dein Heft und ergänze sie zu Würfelnetzen. Finde für A, B und C mehrere Möglichkeiten.

b) Vergleicht eure Lösungen.

Anregung: Die Arbeit mit Würfelnetzen am Computer/Tablet vertiefen (*Problemlösen und Handeln*)

5 Was stimmt hier nicht? Warum können dies keine Würfelnetze sein?

A
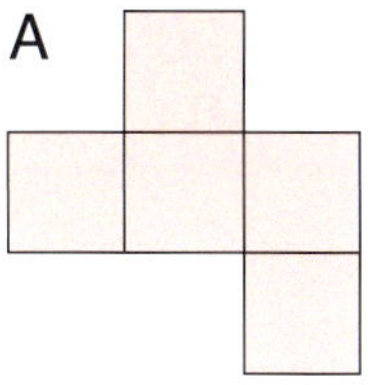

B
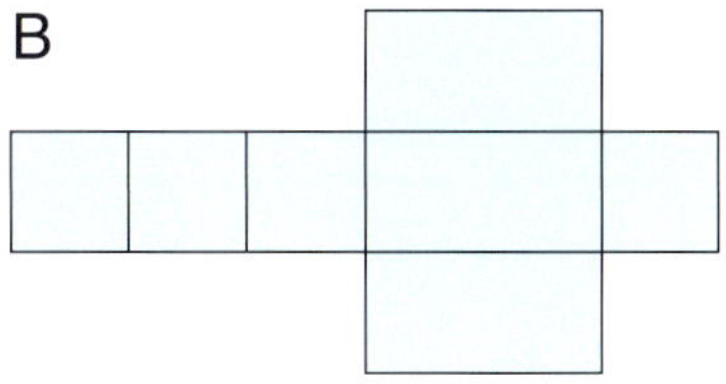

C
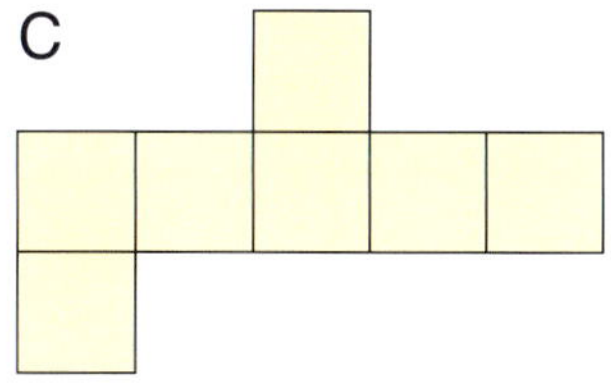

6 Was stimmt hier nicht?
Verschiebe ein Quadrat so, dass ein Würfelnetz entsteht. Zeichne.

A
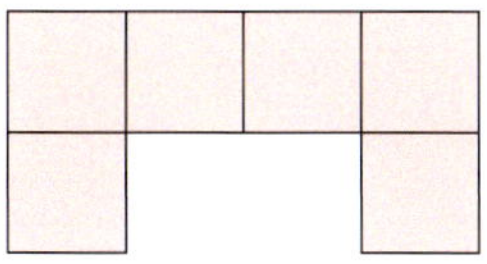

B
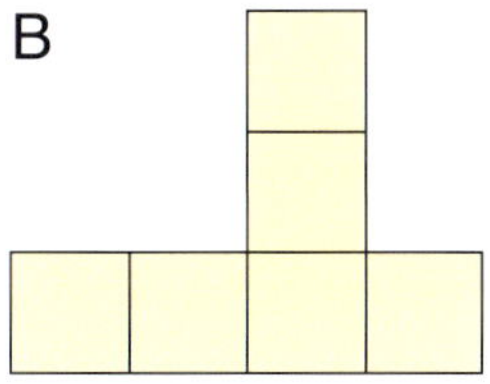

C
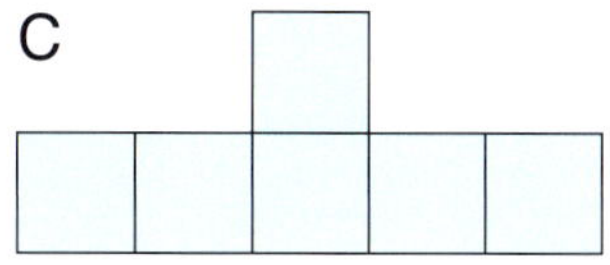

D
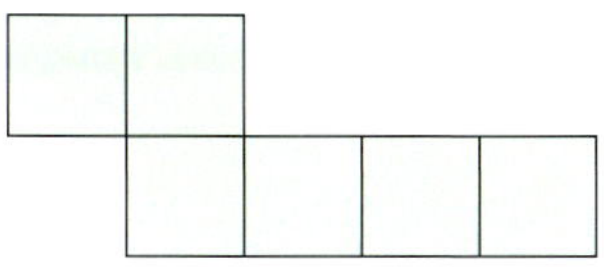

E
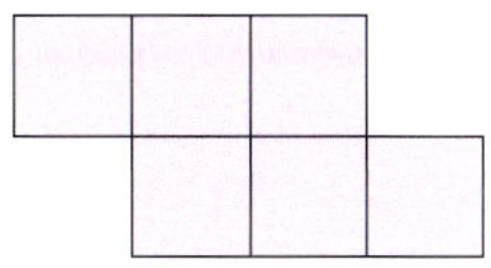

7 Welche Würfel passen zu diesem Würfelnetz?

A

B

C

D

E
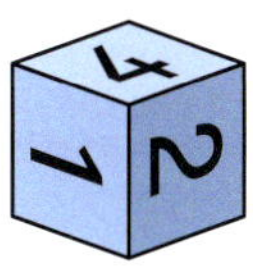

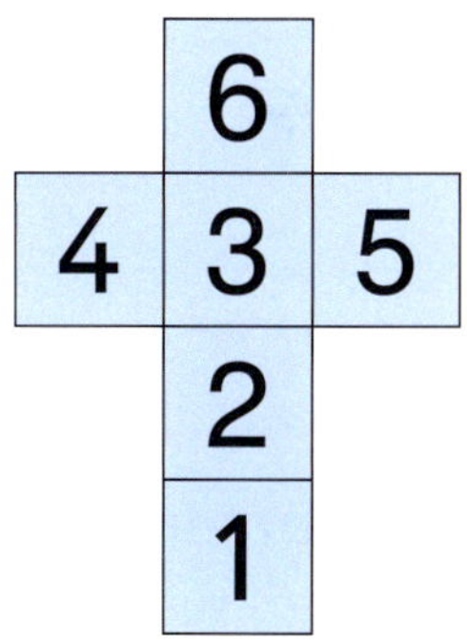

8 Beim Spielwürfel ist die Summe der gegenüberliegenden Seiten immer 7.
Stell dir Folgendes vor. Ein Spielwürfel liegt so vor dir: 

Welche Augenzahl liegt oben, wenn der Würfel …
a) einmal nach rechts gekippt wird?
b) einmal nach links gekippt wird?
c) einmal nach hinten gekippt wird?
d) einmal nach vorne gekippt wird?
e) zweimal nach links gekippt wird?
f) zweimal nach hinten gekippt wird?

Würfelgebäude

AH S. 25

das Würfelgebäude
der Bauplan

1 a) Justus hat zu seinem Würfel einen Bauplan gezeichnet.
Wie viele kleine Würfel hat er verbaut?
b) Jette hat einen größeren Würfel gebaut. Wie sieht ihr Bauplan aus?
Wie viele kleine Würfel hat sie verbaut?

2 a) Zeichne die Baupläne. Wie viele kleine Würfel wurden jeweils verbaut?

A 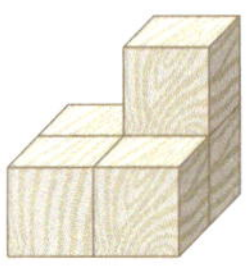
B 
C 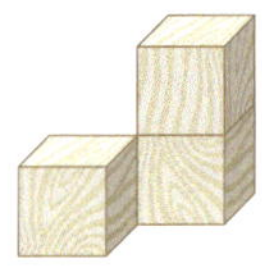
D 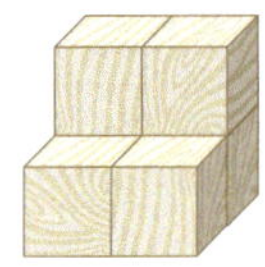

b) Ergänze jedes Würfelgebäude zu Justus' Würfel.
Wie viele kleine Würfel musst du hinzufügen?

3 a) Zeichne die Baupläne. Wie viele kleine Würfel wurden jeweils verbaut?

A 
B 
C 
D 

b) Ergänze jedes Würfelgebäude zu Jettes Würfel. Wie viele kleine Würfel musst du hinzufügen?

4 Immer zwei Teile ergeben einen Würfel. *A und* ▢

A 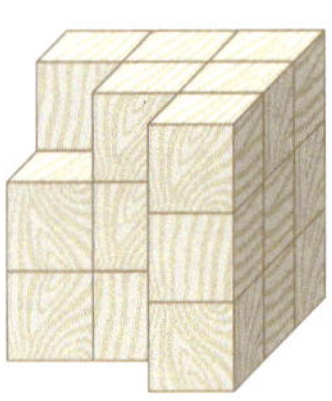
B 
C 
D 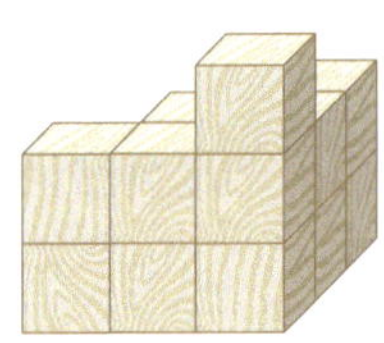

E 
F 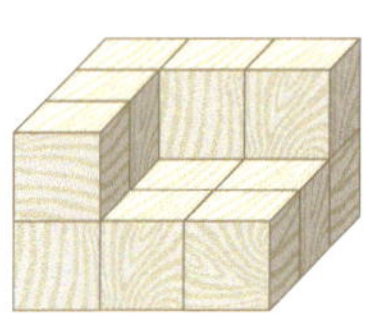
G 
H 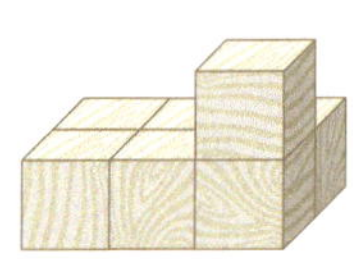

Anregung: Die Arbeit mit Würfelgebäuden und Bauplänen am Computer/Tablet digital fortsetzen
(*Problemlösen und Handeln*)

5 Je zwei Würfelgebäude sind gleich.
Welche sind das?

Gebäude ... und Gebäude ... sind gleich.

A
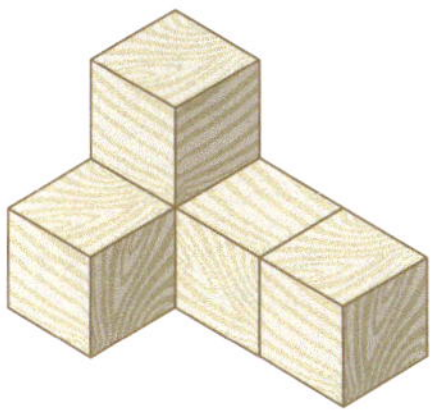
B
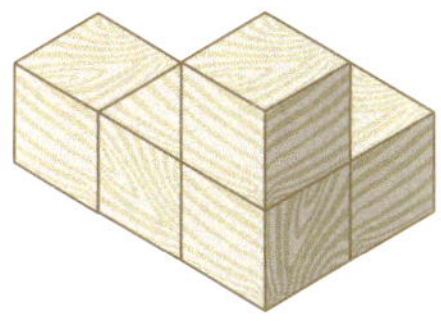
C
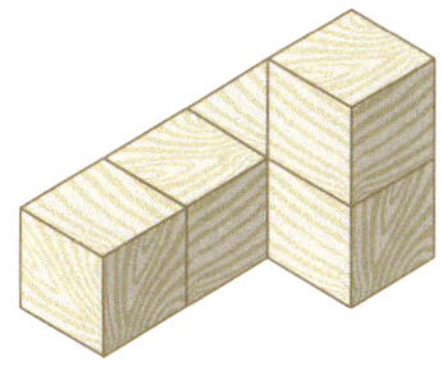
D
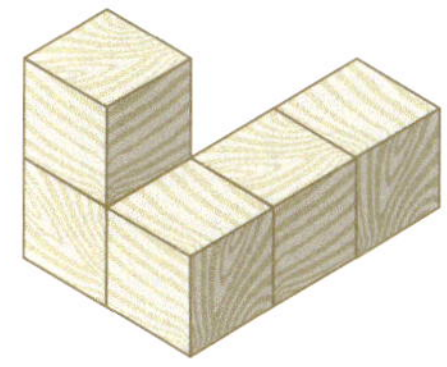

6 Je zwei Würfelgebäude sind gleich.
Welche sind das?

Gebäude ... und Gebäude ... sind gleich.

A
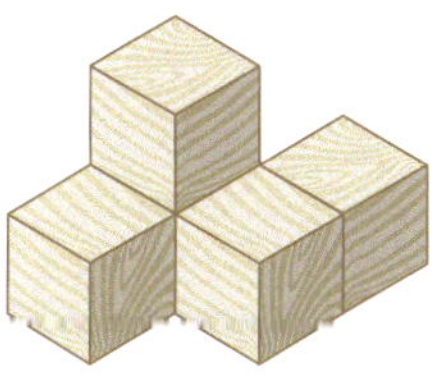
B
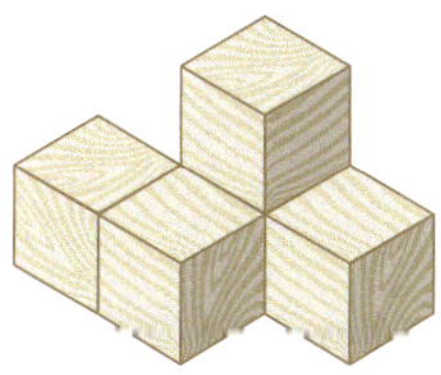
C

D

7 Welchen Würfel von Gebäude A musst du umbauen, sodass die Gebäude B, C und D entstehen? Beschreibe.

B: Ich setze den grünen Würfel auf ...

A

B
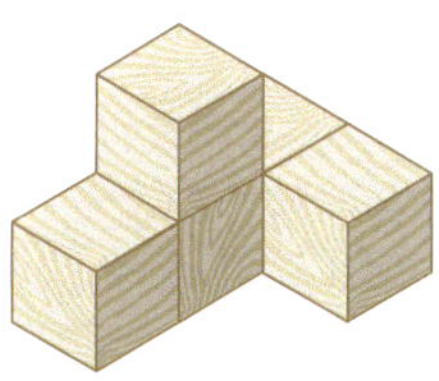
C
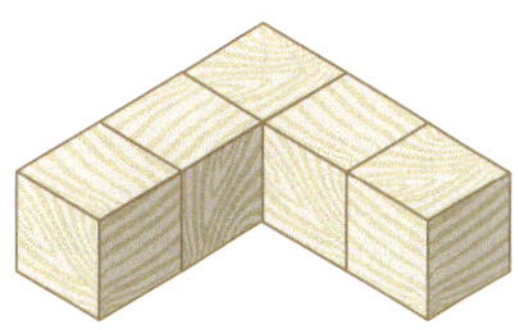
D

8 Welchen Würfel von Gebäude A musst du umbauen, sodass die Gebäude B, C und D entstehen? Beschreibe.

A
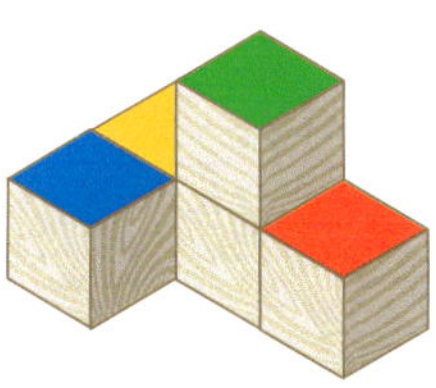
B
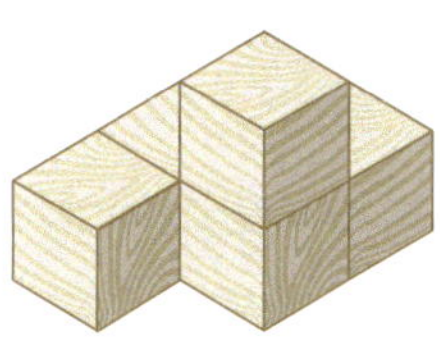
C
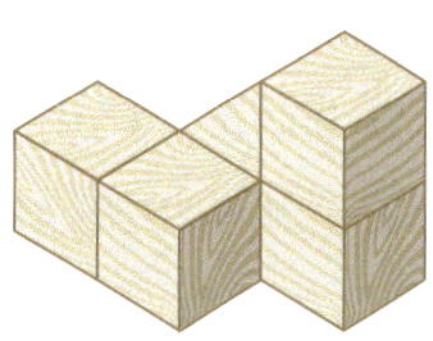
D
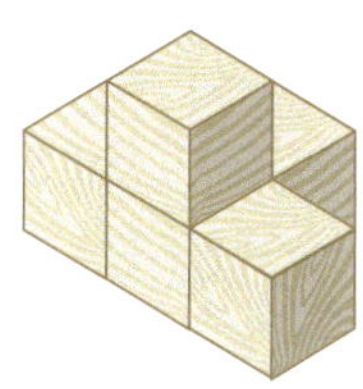

Geldbeträge legen

AH S. 29

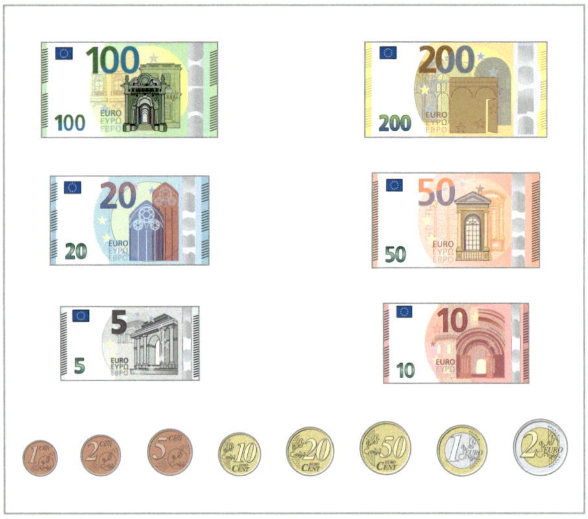

1 a) Wie viele Geldscheine und Münzen gibt es? Ordne sie nach ihrem Wert.
b) Welche Geldscheine könnte Justus' Mutter bekommen?
Finde verschiedene Möglichkeiten.

2 Lege 300 Euro mit a) 2 Scheinen b) 3 Scheinen c) 4 Scheinen d) 5 Scheinen

a) 200 €, 100 €

3 Lege 400 Euro mit a) 2 Scheinen b) 3 Scheinen c) 4 Scheinen d) 5 Scheinen e) 6 Scheinen f) 7 Scheinen

a) 200 €, 200 €

Lege auch 200 Euro jeweils mit der angegebenen Anzahl von Scheinen.

4 Verwende möglichst wenige Scheine und Münzen.

a) 400 € = 200 € + 200 €

a)	b)	c)	d)	e)	f)
400 €	430 €	443 €	457 €	489 €	490 €
111 €	222 €	333 €	444 €	555 €	666 €
238 €	147 €	686 €	309 €	252 €	316 €

5 Immer 700 Euro

a) Es sind vier Scheine, drei davon sind gleich.
b) Es sind fünf Scheine, zwei davon sind gleich.
c) Es sind sechs Scheine, fünf davon sind gleich.
d) Es sind sieben Scheine, drei davon sind gleich.

Kannst du 1000 Euro mit 1, 2, 3, 4, 5, 6, 7, 8, 9, 10 … Scheinen legen? Probiere und schreibe auf.

Beilagen zum Schulbuch: Rechengeld

AH S. 30

1 € = 100 ct
Das Komma trennt Euro und Cent.
9,50 € = 9 € 50 ct

1 Was kosten die Sachen? Nenne die Preise.

2 Lege die Preise mit deinem Rechengeld.
Trage die Preise in eine Tabelle ein.

Euro	Cent	Betrag
9	50	9,50 €

3 Ordne die Preise von Aufgabe 1 der Größe nach.
Beginne mit dem kleinsten.

4 Schreibe die Preise in Euro und Cent.

a) 2,90 € = ☐ € ☐ ct

a)	b)	c)	d)	e)
2,90 €	1,75 €	50,50 €	7,09 €	30,07 €
5,20 €	63,98 €	10,05 €	14,26 €	0,46 €
9,30 €	0,65 €	0,02 €	20,10 €	0,80 €

5 Schreibe als Kommazahl.

a) 4 € 50 ct = 4,50 €

a)	b)	c)	d)	e)
4 € 50 ct	5 € 25 ct	65 € 65 ct	51 € 5 ct	99 ct
6 € 30 ct	2 € 85 ct	82 € 99 ct	9 € 2 ct	75 ct
8 € 70 ct	9 € 44 ct	10 € 38 ct	34 € 8 ct	4 ct

6 Übertrage in dein Heft und setze ein: (>), (<), (=)

a)	b)	c)
178 ct ◯ 1,70 €	1 € 6 ct ◯ 1,60 €	2,07 € ◯ 2 € 70 ct
95 ct ◯ 9,05 €	4 € 90 ct ◯ 4,09 €	7,10 € ◯ 7 € 10 ct
100 ct ◯ 0,10 €	8 € 25 ct ◯ 8,25 €	5,59 € ◯ 5 € 95 ct

7 Ordne die Preise der Größe nach. Beginne mit dem kleinsten.

a) 0,80 € 80,00 € 0,08 € 8,80 €
b) 20,50 € 2,50 € 20,05 € 2,05 €
c) 1,99 € 10,99 € 0,99 € 1,09 €
d) 6,87 € 8,76 € 6,78 € 7,68 €

8 Was kosten alle Sachen von Aufgabe 1 insgesamt?

Beilagen zum Schulbuch: Rechengeld

Sachaufgaben in Schritten lösen

AH S. 31

in Schritten rechnen
zusammen

1 Wie haben Justus und Jette gerechnet? Erkläre.

2 Rechne und schreibe eine Antwort.

Jette hat 3 Bücher für je 2 Euro
und 2 Brettspiele für je 6,50 Euro verkauft.
Wie viel Euro hat sie eingenommen?

3 Rechne und schreibe eine Antwort.

Emilio kauft auf dem Flohmarkt 5 CDs für je 3 Euro, 2 Bücher für je 4 Euro und 3 Kartenspiele für je 3 Euro. Wie viel Euro muss er insgesamt bezahlen?

---

4 Rechne und schreibe eine Antwort.

Lena kauft 2 CDs für je 2 Euro und
ein Spiel für 3 Euro. Sie bezahlt mit
einem 10-Euro-Schein.
Wie viel Geld bekommt sie zurück?

5 Frau Müller kauft bei Jette 4 Bücher für je 2,50 Euro, 2 CDs für je 3 Euro und 2 Brettspiele für 4 Euro und 5,50 Euro. Sie bezahlt mit einem 20-Euro-Schein und einem 10-Euro-Schein. Wie viel Geld bekommt Frau Müller zurück?

6 Noemi hat 9 Bücher und vekauft sie für je 3,50 Euro. Nach einiger Zeit hat sie 17,50 Euro eingenommen. Wie viele Bücher hat Noemi noch nicht verkauft?

Schreibe selbst Aufgaben zum Kinderflohmarkt.
Gib sie einem Partnerkind zum Lösen.

Schule in der Kiste

Das ist eine „Schule in der Kiste". In manchen Ländern der Welt werden Schulen zerstört, zum Beispiel durch Kriege oder Erdbeben. Die Organisation UNICEF sammelt Geld, damit Kinder auch hier wieder zur Schule gehen können. Von dem Geld kann zum Beispiel eine „Schule in der Kiste" gekauft werden. In dieser Kiste sind Materialien für 40 Kinder.

1 Diese Sachen können von Spenden gekauft werden. Wie viel Euro braucht man für zwei, drei, vier ... Kisten? Lege eine Tabelle an.

35 € = fünf Fußbälle
56 € = 100 Hefte und 1 000 Bleistifte
158 € = eine „Schule in der Kiste" mit Lern- und Unterrichtsmaterial für 40 Grundschulkinder

2 Einige Kinder der Klasse 3b spenden Geld: Justus spendet 12 Euro, Jette spendet 13 Euro. Frau Nowak spendet 35 Euro.

a) Wie viel Euro haben sie zusammen gespendet?
b) Was können sie davon kaufen?

3 Auch die Eltern spenden. Herr Demir spendet 40 Euro, Frau Fischer spendet doppelt so viel wie Herr Demir.

a) Wie viel Euro spenden die Eltern?
b) Was können sie davon kaufen?
c) Die Eltern von Justus und Jette möchten den restlichen Betrag spenden, damit eine Schule in der Kiste gekauft werden kann. Wie viel Euro müssen sie spenden?

4 Auf dem Kinderflohmarkt wurden Spendendosen für diese Aktion aufgestellt. In der ersten Dose waren 68 Euro, in der zweiten Dose waren 56 Euro. Wie viel Geld fehlt noch, damit eine weitere „Schule in der Kiste" gespendet werden kann?

5 Auch in den anderen Klassen der Grundschule wurden Spenden gesammelt. Im Diagramm siehst du, wie viele „Schulen in der Kiste" jede Klassenstufe kaufen kann.

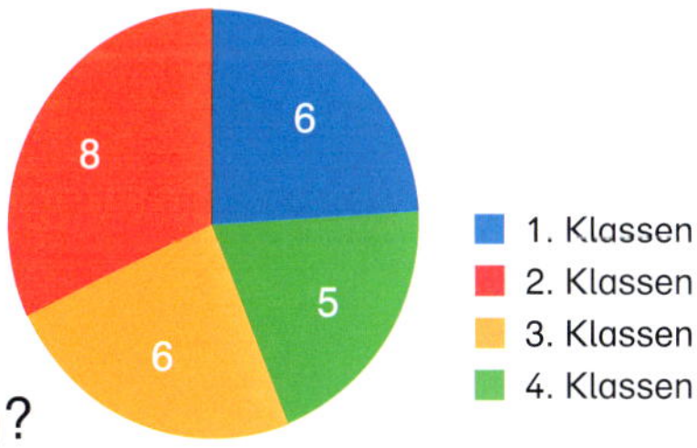

a) Wie viele „Schulen in der Kiste" kann die Schule kaufen?
b) Wie viel Geld wurde in den 4. Klassen insgesamt gespendet?
c) Wie viele Kinder können mit den Spenden der 2. Klassen unterrichtet werden?

Lösungshilfe: Tabelle

Jette und Justus spielen „Paare finden“ mit 36 Karten. Am Ende des Spiels legen sie die beiden Stapel mit ihren Karten nebeneinander. Justus hat 8 Karten mehr als Jette.

Wie viele Karten hat Justus?
Wie viele Karten hat Jette?

die Tabelle
der Unterschied
mehr als
weniger als

1 a) Welche Informationen aus dem Text sind wichtig, um die Aufgabe zu lösen? Erkläre.

b) Eine Tabelle kann dir bei der Lösung der Aufgabe helfen. Worauf musst du achten? Übertrage die Tabelle in dein Heft und probiere.

Alle Karten	Justus' Karten	Jettes Karten	Unterschied
36	18	18	0
36	20	16	4
36			

c) Überprüfe: Haben beide zusammen 36 Karten? Hat Justus 8 Karten mehr als Jette?

2 Justus und Jette spielen mit 36 Karten. Justus gewinnt. Er hat 12 Karten mehr. Wie viele Karten hat Justus? Wie viele Karten hat Jette? Lege und ergänze die Tabelle.

Alle Karten	Justus' Karten	Jettes Karten	Unterschied
36	18	18	0
36	20	16	4
36	22		
36			

3 Justus und Jette spielen mit 40 Karten. Jette gewinnt. Sie hat 12 Karten mehr. Welche Lösungen können nicht stimmen? Woran erkennst du das?

A	B	C	D
Jette: 12 Karten	Justus: 10 Karten	Jette: 14 Karten	Jette: 26 Karten
Justus: 28 Karten	Jette: 22 Karten	Justus: 26 Karten	Justus: 14 Karten

4 Jana und Emilio spielen mehrere Runden „Paare finden“ mit 42 Karten. Wie viele Karten hat jeder am Ende des Spiels?

a) Jana hat 10 Karten mehr als Emilio.
b) Jana hat 6 Karten weniger als Emilio.
c) Jana hat doppelt so viele Karten wie Emilio.

5 Kim, Tobi und Ali spielen „Paare finden“ mit 42 Karten. Ali gewinnt. Kim und Tobi haben gleich viele Karten. Wie viele Karten könnte Ali haben, wie viele Karten könnten Kim und Tobi haben? Finde alle Möglichkeiten.

---

6 a) Vater ist 26 Jahre älter als Tobi. Zusammen sind sie 40 Jahre alt. Wie alt ist Tobi, wie alt ist sein Vater?

Tobi	Vater	zusammen
5	31	
6		

b) Überprüfe:
Ist Vater 26 Jahre älter als Tobi?
Sind sie zusammen 40 Jahre alt?

7 Robins Onkel ist 25 Jahre älter als er. Zusammen sind sie 43 Jahre alt. Wie alt ist Robin, wie alt ist sein Onkel?

8 Noemis Mutter ist viermal so alt wie Noemi. Zusammen sind sie 40 Jahre alt. Wie alt ist Noemi, wie alt ist ihre Mutter?

9 Emilio und sein zwei Jahre älterer Bruder Luca sind zusammen halb so alt wie ihre Mutter. Alle drei sind zusammen 54 Jahre alt. Wie alt sind Emilio, Luca und ihre Mutter?

10 Timo und seine Eltern sind zusammen 100 Jahre alt geworden. Bei Timos Geburt war seine Mutter 36 Jahre alt. Sein Vater ist 10 Jahre älter als seine Mutter. Wie alt sind Timo, seine Mutter und sein Vater?

Empfehlungen des Ministeriums für Familie, Senioren, Frauen und Jugend

So viel Taschengeld sollten Kinder ungefähr erhalten:

7 Jahre:	1,50– 2,00 Euro/Woche
8 Jahre:	2,00– 2,50 Euro/Woche
9 Jahre:	2,50– 3,00 Euro/Woche
10 Jahre:	15,50–18,00 Euro/Monat
11 Jahre:	18,00–20,50 Euro/Monat
12 Jahre:	20,50–23,00 Euro/Monat

Euro/Woche bedeutet Euro pro Woche.

1 Vergleiche die Aussagen von Justus und Jette mit den Empfehlungen im Text.

2 Was meint Justus? Hat er recht? Begründe.

3 Jette und Justus haben eine Woche lang aufgeschrieben, wofür sie Geld ausgegeben haben.

a) Wie viel Geld hat jeder insgesamt ausgegeben? Rechne.
b) Könnten beide jede Woche so viel ausgeben?
   Wie viel Geld wäre das im Monat ungefähr?

Jette: Meine Ausgaben

Mittwoch:	Sticker	1,20 €
Donnerstag:	–	
Freitag:	1 Kugel Eis	1,30 €
Samstag:	1 Lutscher	0,35 €
Sonntag:	–	
Montag:	1 Lakritzrolle	0,10 €
Dienstag:	–	

Justus: Meine Ausgaben

Donnerstag:	–	
Freitag:	Sammelkarten	0,50 €
Samstag:	1 Lutscher	0,25 €
Sonntag:	–	
Montag:	1 Leuchtstift	0,90 €
Dienstag:	–	
Mittwoch:	1 Schokoriegel	0,80 €

4 Wie viel Geld hätten Jette und Justus in der Woche gespart, wenn sie sich keine Süßigkeiten und kein Eis gekauft hätten? Wie viel Geld würden sie ungefähr im Monat sparen?

5 Erstellt Plakate mit Preislisten von Dingen, für die ihr euer Geld ausgebt, zum Beispiel Süßigkeiten, Getränke, Spielzeug …

Was machst du mit deinem Taschengeld? Schreibe auf.

• 7 Gänge • verkehrstauglich* • Handbremse für Vorder- und Hinterrad **398 €**	• 6 Gänge • verkehrstauglich* • Handbremse für Vorder- und Hinterrad **245 €**	• 7 Gänge • nicht verkehrstauglich • Handbremse für Vorder- und Hinterrad **299 €**

* Montage zusätzlicher Beleuchtung, Rückstrahler und Klingel im Preis enthalten

1 Justus möchte sich ein neues Fahrrad kaufen. Insgesamt hat er bereits 120 € gespart. Zum Geburtstag bekommt er von seiner Tante 50 €.
Oma und Opa schenken ihm auch 50 €.
Für welches Rad würdest du dich an Justus' Stelle entscheiden? Begründe.

2 Wie viel Geld hat Justus zur Verfügung?

3 a) Von seinem Taschengeld spart Justus jeden Monat 5 €.
Wie lange müsste Justus für die einzelnen Räder sparen?

b) Justus entscheidet sich für das rote Rad. Er möchte sich ein gutes Schloss dazu kaufen. Das kostet 40 €. Sein Onkel schenkt ihm noch 50 €. Wie viel Geld fehlt Justus noch, um sich Fahrrad und Schloss leisten zu können?

c) Justus' Eltern verkaufen im Internet sein altes Fahrrad für 80 €.
Das restliche Geld für Fahrrad und Schloss geben sie Justus dazu.
Wie viel müssen Justus' Eltern noch dazugeben?

4 Wie viel Geld hätte Justus übrig, wenn er sich für das orange Rad mit Schloss entschieden hätte?

Über und unter den Hunderter

Jette Justus

100 + 4 = 104
104 − 5 = 99
99 + 3 = 102
102 + 1 = 103
103 − 6 = 97
97

1 Erkläre die Spielregel.

2 Spiele das Spiel mit einem Partnerkind.
Ihr könnt auch größere Hunderterzahlen als Start und Ziel wählen.

3 Über und unter 100

a)	b)	c)	d)
103 − 7	97 + 5	106 − 9	98 + 5
101 − 2	94 + 8	103 − 7	92 + 9
105 − 6	99 + 4	107 − 8	96 + 9

4 Über und unter den Hunderter

a)	b)	c)	d)
697 + 5	603 − 7	898 + 5	206 − 9
394 + 8	905 − 6	392 + 9	703 − 7
199 + 4	401 − 3	496 + 6	507 − 8
596 + 8	806 − 9	793 + 9	604 − 7

5 Markiere im Heft: Was verändert sich von Aufgabe zu Aufgabe? Rechne.

a)	b)	c)	d)
692 + 8	394 + 6	498 + 2	796 + 4
692 + 28	394 + 36	498 + 22	796 + 44

e)	f)	g)	h)
907 − 7	805 − 5	506 − 6	608 − 8
907 − 57	805 − 45	506 − 36	608 − 28

6 Über und unter den Hunderter

a)	b)	c)	d)
390 + 12	485 + 25	760 − 68	615 − 25
790 + 15	675 + 35	930 − 37	705 − 35
490 + 17	865 + 55	380 − 89	235 − 55

7 Rechne immer zuerst zum Nachbar-Hunderter.

a) 430 + ▢ = 508 | 670 + ▢ = 712 | 580 + ▢ = 625

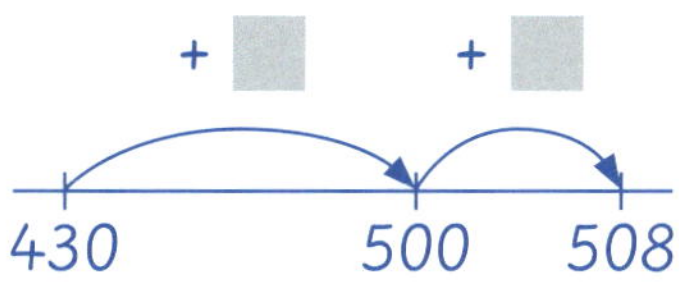

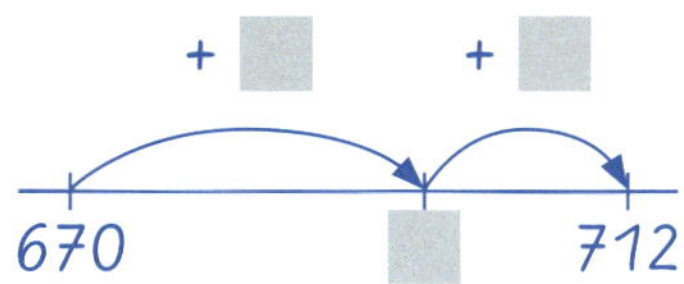

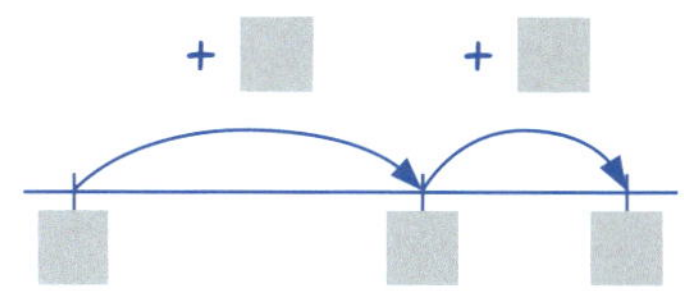

b) 820 – ▢ = 780 | 635 – ▢ = 560 | 715 – ▢ = 670

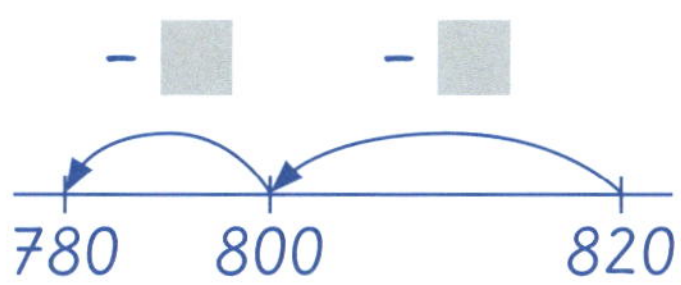

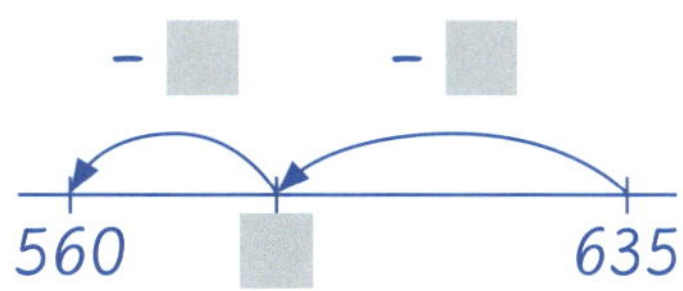

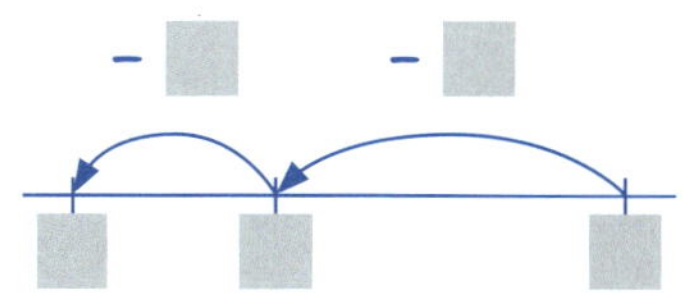

c) 525 – ▢ = 475 | 915 – ▢ = 845 | 445 – ▢ = 365

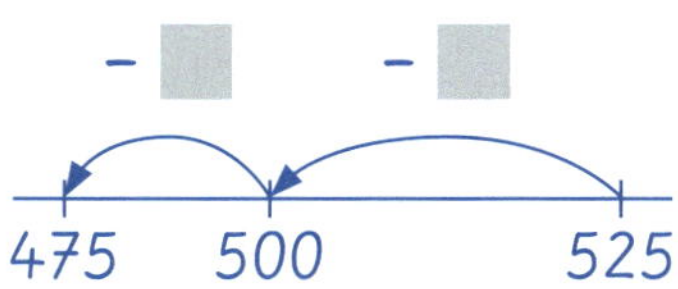

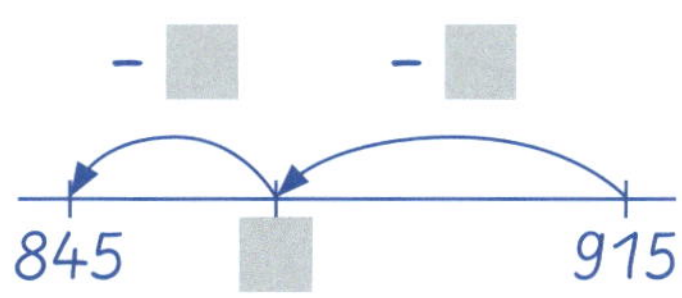

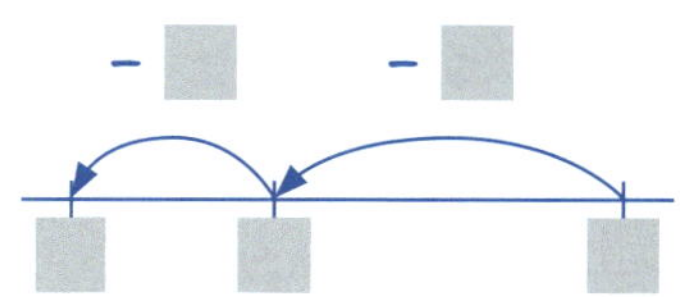

8 Rechne immer zuerst zum Nachbar-Hunderter.

a)	580 + ▢ = 640	690 + ▢ = 745	160 + ▢ = 217	745 + ▢ = 900
	370 + ▢ = 450	860 + ▢ = 915	380 + ▢ = 432	465 + ▢ = 800
	530 + ▢ = 620	470 + ▢ = 535	690 + ▢ = 784	355 + ▢ = 600
	260 + ▢ = 330	550 + ▢ = 625	870 + ▢ = 926	285 + ▢ = 500
b)	720 – ▢ = 680	910 – ▢ = 875	615 – ▢ = 500	315 – ▢ = 200
	430 – ▢ = 360	580 – ▢ = 495	835 – ▢ = 700	725 – ▢ = 500
	850 – ▢ = 760	630 – ▢ = 585	525 – ▢ = 300	405 – ▢ = 100
	540 – ▢ = 470	420 – ▢ = 365	345 – ▢ = 100	635 – ▢ = 300

9 Welche Ziffern fehlen? Es gibt mehrere Lösungen. Wie viele findest du?

a) 5 ▢ 8 + 1 ▢ = 5 ▢ 0
b) 6 7 ▢ + ▢ 7 = 7 0 ▢
c) 9 ▢ 5 – 2 ▢ = 9 1 8
d) 4 9 ▢ – ▢ 3 = 4 ▢ 3

Rechenwege bei der Addition

AH S. 34, 35

456 + 328 =
456 + 300 = 756
756 + 20 = 776
776 + 8 = 784
Justus

456 + 328

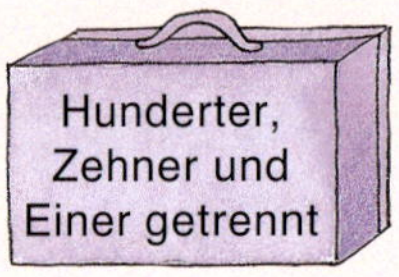

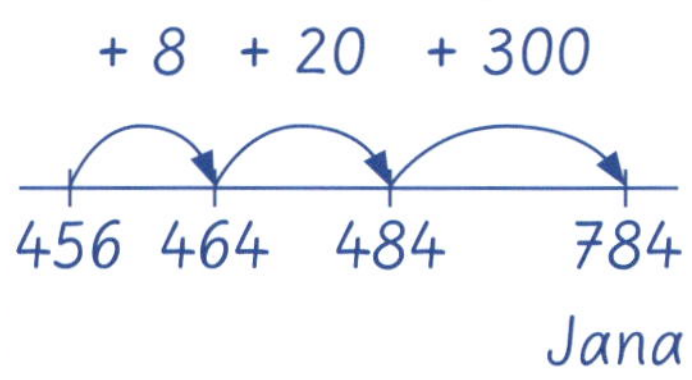

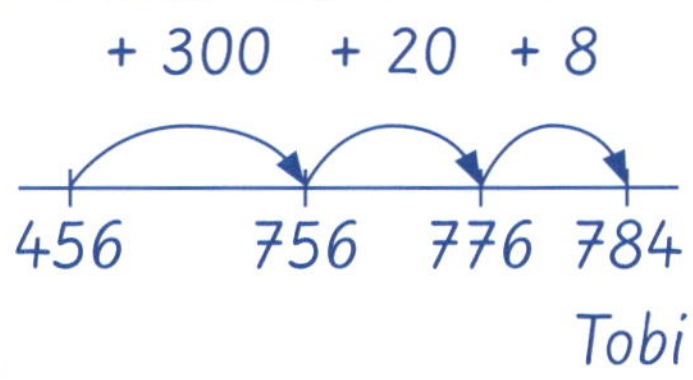

456 + 328 =
456 + 8 = 464
464 + 20 = 484
484 + 300 = 784
Kim

456 + 328 =
456 + 4 = 460
460 + 24 = 484
484 + 300 = 784
Jette

456 + 328 =
400 + 300 = 700
50 + 20 = 70
6 + 8 = 14
700 + 70 + 14 = 784
Ali

1 a) Welche Kinder haben mit welchem Koffer gerechnet?
b) Beschreibe die Rechenschritte von Justus, Kim und Jette. Was ist gleich? Was ist anders?
c) Welche Gleichungen passen zu den Rechenstrichen von Jana und Tobi?

die Gleichung
der Rechenstrich
zerlegen
in Schritten

2 Rechne. 

a) 342 + 417 b) 516 + 273 c) 284 + 614
d) 437 + 362 e) 253 + 745 f) 674 + 326

3 Welchen Rechenweg wählst du?  
Notiere am Rechenstrich oder als Gleichung.

a)	b)	c)	d)
325 + 262	532 + 354	543 + 227	565 + 314
425 + 263	432 + 356	743 + 137	145 + 214
307 + 428	556 + 209	234 + 127	541 + 412

4 Zeichne den Rechenstrich und trage die fehlenden Zahlen ein.
Wie heißt die Aufgabe?

a)
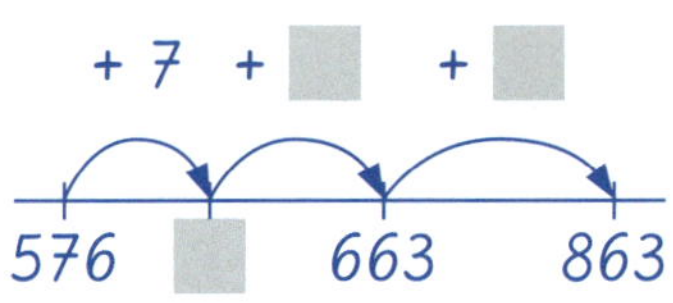

b)
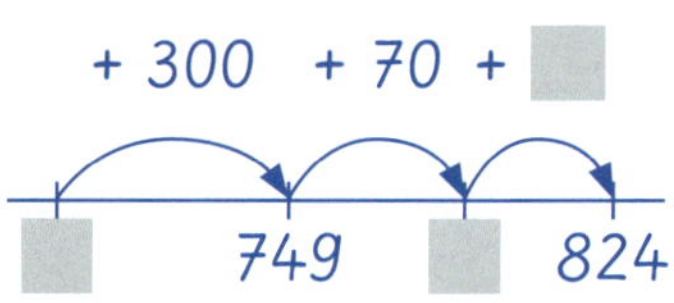

c)
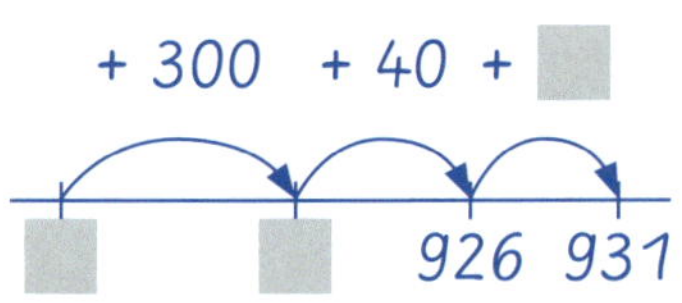

5 Justus rechnet zuerst 346 + 200. Was muss er jetzt noch rechnen?

6 Rechne wie Justus.

a) 275 + 299 b) 436 + 398 c) 146 + 399 d) 564 + 198

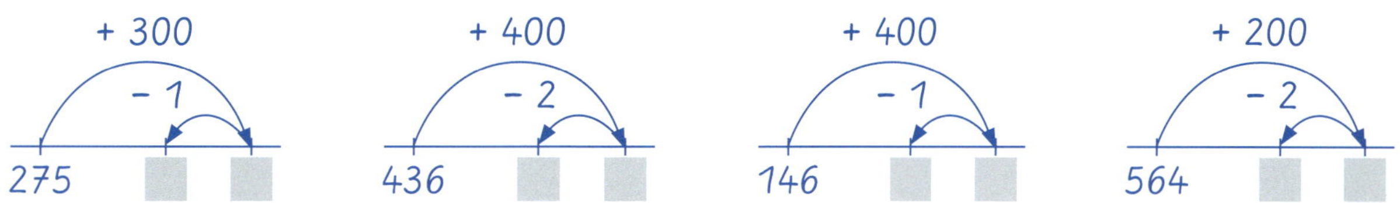

7 a) Rechne nur die vier Aufgaben aus, die zum grünen Werkzeugkoffer passen.

356 + 198 356 + 124 523 + 273 345 + 298

376 + 599 362 + 234 214 + 499 345 + 237

b) Bilde selbst noch fünf weitere Aufgaben zum grünen Koffer.

8 Rechne auf deinem Weg. 

a) 780 + 156
686 + 250
486 + 352

b) 570 + 243
373 + 298
473 + 346

c) 460 + 357
676 + 250
256 + 373

d) 680 + 199
482 + 350
272 + 356

9 Kannst du eine Aufgabe auch auf zweierlei Weise ausrechnen?
Notiere beide Rechenwege.

a) 556 + 332 b) 435 + 528 c) 659 + 159 d) 368 + 454
e) 579 + 298 f) 366 + 597 g) 523 + 198 h) 449 + 398

1 Welche Aufgaben rechnest du im Kopf?
Bei welchen Aufgaben nutzt du einen Werkzeugkoffer? Warum?
Diese Ausdrücke können dir beim Erklären helfen.

glatte Hunderterzahl | *mit einer Stellenüberschreitung* | *glatte Zehnerzahl* | *mit zwei Stellenüberschreitungen* | *gemischte Hunderterzahl* | *ohne Stellenüberschreitung*

2 Rechne im Kopf.

a) 600 + 200 b) 380 + 200
c) 576 + 400 d) 450 + 220

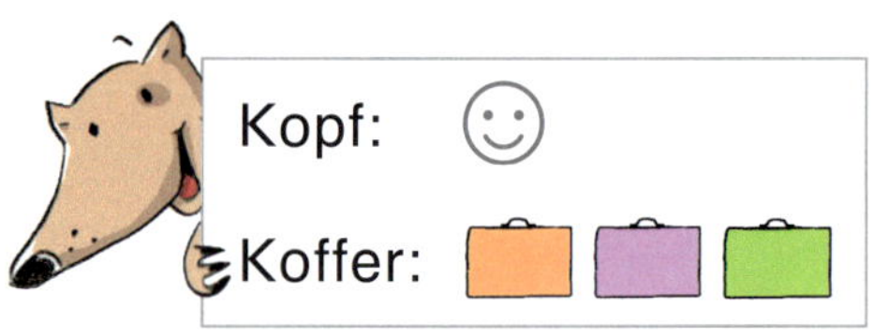

3 Rechne im Kopf oder nutze einen Koffer. Notiere, wie du rechnen möchtest.

a)	b)	c)	d)	e)
341 + 500	699 + 234	605 + 207	209 + 356	444 + 555
460 + 210	423 + 423	599 + 223	376 + 618	423 + 307
348 + 235	452 + 304	480 + 360	384 + 437	798 + 184

Vergleicht eure Rechenwege.

4 a) Schau dir die Rechenwege der Kinder genau an. Entdeckst du die Fehler? Erkläre.
b) Schreibe die Rechenwege richtig ins Heft.

Justus	Kim	Jette	Ali
347 + 228 = 555	123 + 247 = 730	427 + 299 = 728	235 + 298 = 534
347 + 200 = 547	123 + 200 = 323	427 + 300 = 727	235 + 300 = 535
547 + 8 = 555	323 + 40 = 723	727 + 1 = 728	535 − 1 = 534
	723 + 7 = 730		

5 Wie rechnet Justus im Kopf? Wie rechnet Jette im Kopf?

6 Rechne im Kopf. Nutze das Ergebnis der ersten Aufgabe für die zweite Aufgabe.

a) 430 + 400 430 + 430	b) 280 + 400 280 + 430	c) 530 + 200 530 + 240	d) 230 + 300 230 + 340
e) 540 + 400 540 + 460	f) 380 + 500 380 + 520	g) 470 + 300 470 + 350	h) 150 + 400 150 + 470

7 Rechne im Kopf. Nutze das Ergebnis der ersten Aufgabe für die zweite Aufgabe.

a) 430 + 430 438 + 432	b) 280 + 430 285 + 435	c) 530 + 240 538 + 242	d) 540 + 360 543 + 362
e) 230 + 340 235 + 348	f) 380 + 520 384 + 524	g) 476 + 300 476 + 297	h) 156 + 400 156 + 398

8 Rechne im Kopf.

a) 64 + 23 364 + 23 364 + 123	b) 48 + 32 248 + 32 248 + 432	c) 53 + 46 453 + 46 453 + 246	d) Bilde selbst ähnliche Päckchen.

9 Welche Zahlenkarten passen? 274 453 584 197 368

a) ☐ + ☐ = 642	b) ☐ + ☐ = 565	c) ☐ + ☐ = 650
d) ☐ + ☐ = 858	e) ☐ + ☐ = 727	f) ☐ + ☐ = 471

10 a) Was fällt euch bei den Aufgaben und den Ergebnissen auf? Notiert.

324 + 423 541 + 145 435 + 534 216 + 612 731 + 137

b) Gilt das immer? Findet weitere Aufgaben.

Rechenwege bei der Subtraktion

AH S. 36, 37

586 – 328

586 − 328 = ▭
586 − 300 = 286
286 − 20 = 266
266 − 8 = 258

Justus

586 − 328 = ▭
586 − 8 = 578
578 − 20 = 558
558 − 300 = 258

Kim

586 − 328 = ▭
586 − 300 = 286
286 − 26 = 260
260 − 2 = 258

Jette

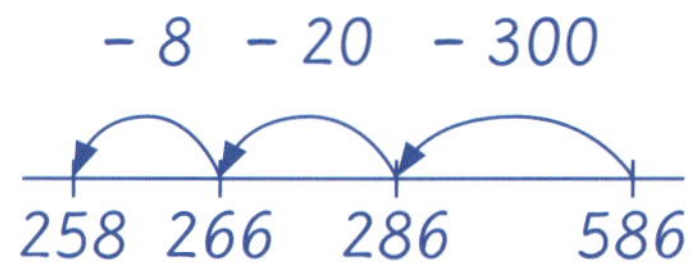

Tobi

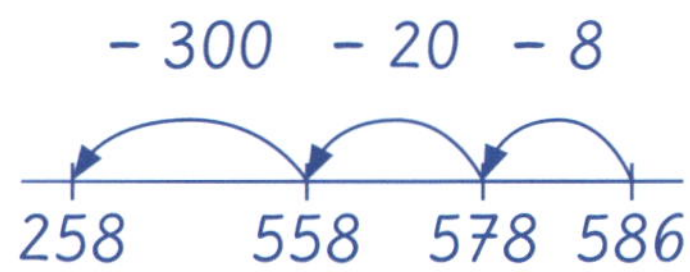

Jana

1 a) Beschreibe die Rechenschritte von Justus, Kim und Jette. Was ist gleich? Was ist anders?
b) Welche Gleichungen passen zu den Rechenstrichen von Jana und Tobi?

die Gleichung
der Rechenstrich
zerlegen
in Schritten

2 Rechne.

a) 852 – 531 b) 763 – 451 c) 587 – 163
d) 698 – 375 e) 745 – 623 f) 475 – 254

3 Notiere am Rechenstrich oder als Gleichung.

a)	b)	c)	d)
785 – 623	825 – 314	743 – 426	592 – 387
755 – 423	652 – 341	743 – 429	682 – 377
643 – 423	652 – 423	532 – 329	764 – 455

4 a) Erkläre Alis Rechenweg.

586 − 328 = ▭
500 − 300 = 200
80 − 20 = 60
6 − 8
200 + 60 − 2 = 258

b) Rechne wie Ali.

473 – 247

796 – 372

654 – 128

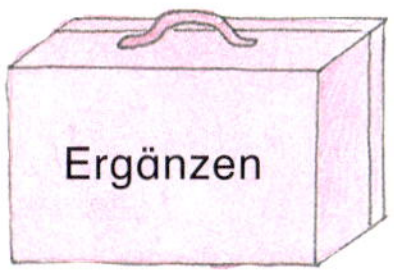

312 – 298

298 + ☐ = 312
298 + 2 + 12 = 312

312 – 298 = ☐
312 – 300 + 2 = ☐

312 – 298 = ☐

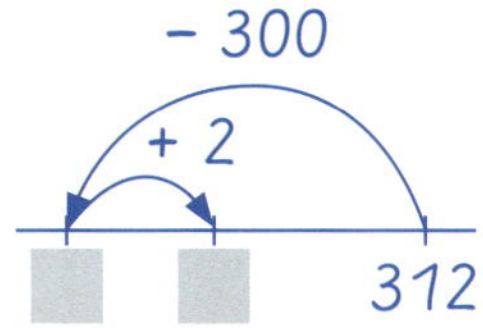

5 Erklåre die Rechenwege.
Wie würdest du rechnen?

6 Rechne. 

a) 725 – 399 b) 821 – 398 c) 874 – 299 d) 624 – 198

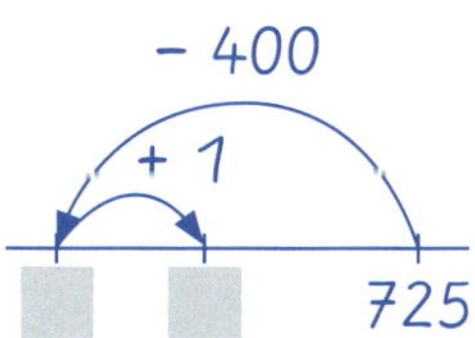

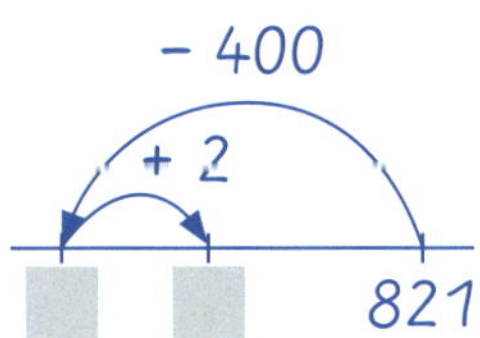

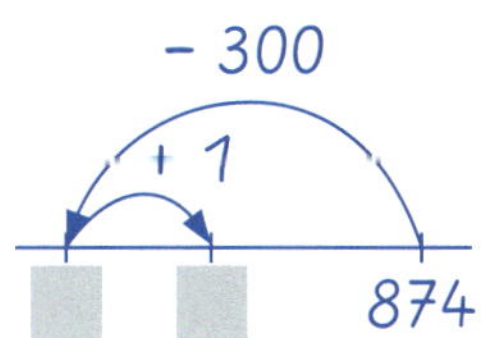

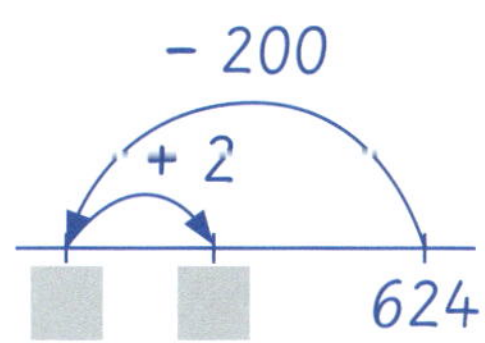

7 Rechne.  Notiere am Rechenstrich oder als Gleichung.

a) 725 – 199 b) 621 – 398 c) 874 – 298 d) 524 – 299
e) 868 – 399 f) 976 – 799 g) 647 – 398 h) 453 – 198

---

8 Rechne. 

a) 702 – 698 b) 804 – 792 c) 503 – 491

698 + ☐ = 702
698 + 2 + 2 = 702

792 + ☐ = 804
792 + 8 + 4 = 804

491 + ☐ = 503
491 + 9 + 3 = 503

9 Rechne. 

a) 913 – 895 b) 405 – 389 c) 311 – 289 d) 620 – 569 e) 708 – 695

10 Bilde weitere Aufgaben, die besonders gut …

a) zum grünen Koffer passen.
b) zum rosa Koffer passen.

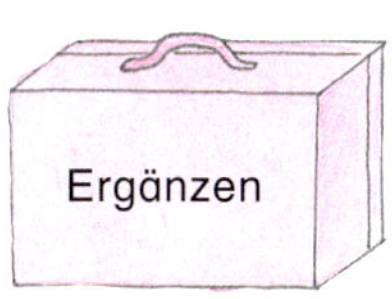

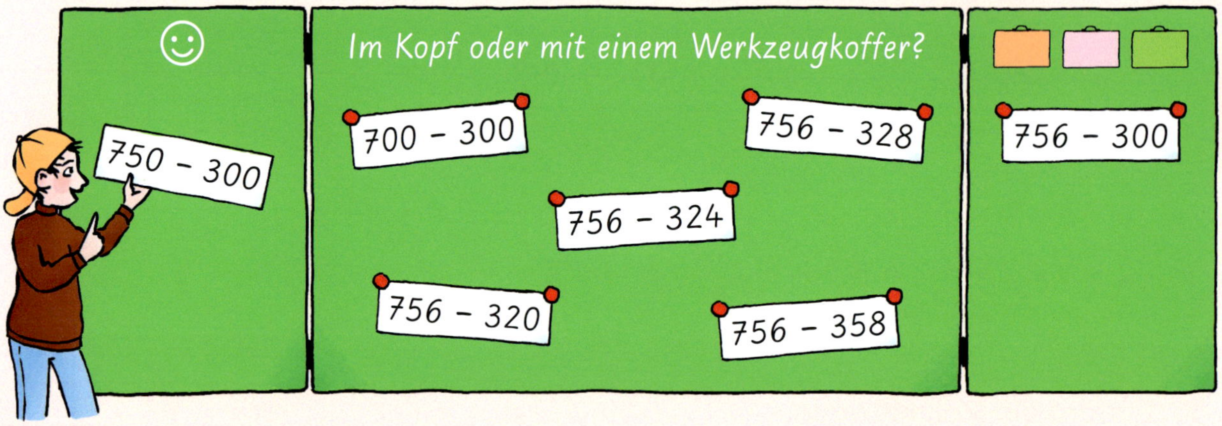

1 Welche Aufgaben rechnest du im Kopf?
Bei welchen Aufgaben nutzt du einen Werkzeugkoffer? Warum?
Diese Ausdrücke können dir beim Erklären helfen.

glatte Hunderterzahl *mit einer Stellenüberschreitung*
glatte Zehnerzahl *mit zwei Stellenüberschreitungen*
gemischte Hunderterzahl *ohne Stellenüberschreitung*

2 Rechne im Kopf.

a) 900 – 400 b) 680 – 200
c) 746 – 300 d) 860 – 120

Kopf: ☺
Koffer:

3 Rechne im Kopf oder nutze einen Koffer. Notiere, wie du rechnen möchtest.

a)	b)	c)	d)	e)
541 – 300	699 – 230	605 – 207	809 – 350	560 – 243
460 – 210	823 – 423	607 – 205	876 – 618	625 – 408
390 – 270	452 – 308	480 – 367	884 – 499	786 – 342

Vergleicht eure Rechenwege.

4 a) Schau dir die Rechenwege der Kinder genau an. Entdeckst du die Fehler? Erkläre.
b) Schreibe die Rechenwege richtig ins Heft.

847 – 228 = 639
847 – 200 = 647
647 – 8 = 639
Justus

787 – 243 = 184
787 – 200 = 587
587 – 40 = 187
187 – 3 = 184
Kim

427 – 299 = 126
427 – 300 = 127
127 – 1 = 126
Jette

535 – 298 = 236
535 – 300 = 235
235 + 1 = 236
Ali

Ich nutze das Ergebnis der ersten Aufgabe für die zweite Aufgabe.

560 – 430 = 130
562 + 430 =

64 – 23 = 41
364 – 23

5 Wie rechnet Justus im Kopf? Wie rechnet Jette im Kopf?

6 Rechne im Kopf. Nutze das Ergebnis der ersten Aufgabe für die zweite Aufgabe.

a) 560 – 400	b) 680 – 400	c) 670 – 300	d) 470 – 300
560 – 430	680 – 450	670 – 330	470 – 340
e) 460 – 300	f) 580 – 200	g) 430 – 200	h) 360 – 200
460 – 320	580 – 240	430 – 240	360 – 270

7 Rechne im Kopf. Nutze das Ergebnis der ersten Aufgabe für die zweite Aufgabe.

a) 460 – 320	b) 580 – 240	c) 560 – 430	d) 670 – 330
460 – 324	580 – 247	562 – 430	670 – 335
e) 680 – 450	f) 430 – 240	g) 476 – 300	h) 367 – 200
686 – 451	438 – 243	476 – 299	367 – 198

8 Rechne im Kopf.

a) 64 – 32	b) 72 – 56	c) 83 – 46	d) Bilde selbst
364 – 32	872 – 56	583 – 46	ähnliche
364 – 132	872 – 356	583 – 246	Päckchen.

9 Welche Zahlenkarten passen? 274 453 584 197 368

a) □ – □ = 94	b) □ – □ = 310	c) □ – □ = 85
d) □ – □ = 216	e) □ – □ = 387	f) □ – □ = 171

10 Was fällt euch bei den Aufgaben und den Ergebnissen auf? Notiert.

222 – 210 444 – 321 666 – 432 888 – 543

AH S. 41

1 a) Jette spannt eine Figur auf dem Geobrett. Sie überträgt sie auf ein Punktefeld und überlegt: Wie groß ist die Fläche meiner Figur?

> die Größe der Fläche
> das Einheitsquadrat (EQ)
> das Einheitsdreieck (ED)

b) Justus hat diese Figur auf dem Geobrett gespannt. Wie bestimmt er die Größe der Fläche seiner Figur?

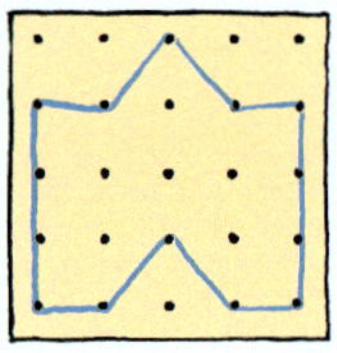

c) Jette und Justus vergleichen ihre Figuren. Hat Jette recht?

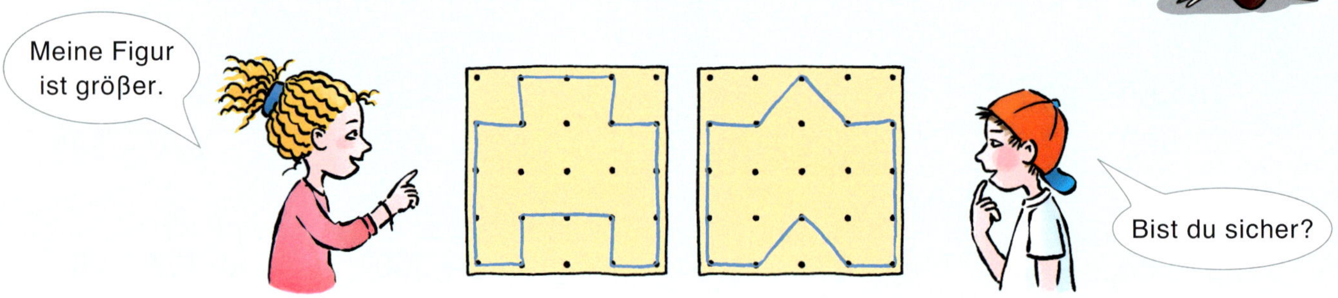

2 Aus wie vielen Einheitsquadraten (EQ) bestehen die Figuren?

A
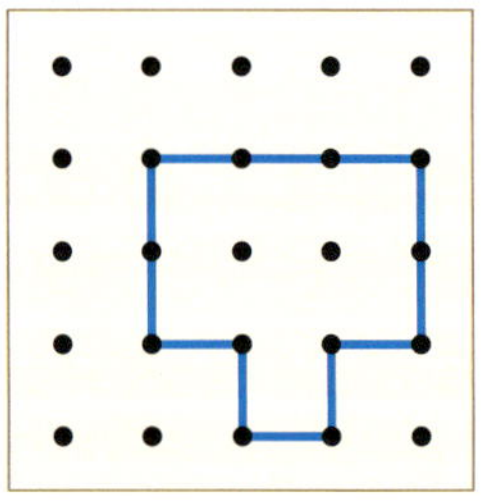

B
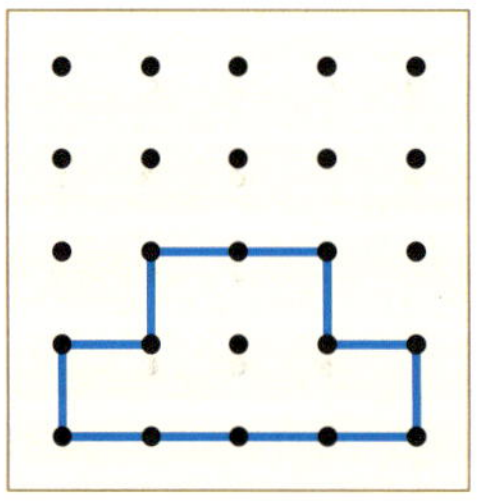

C
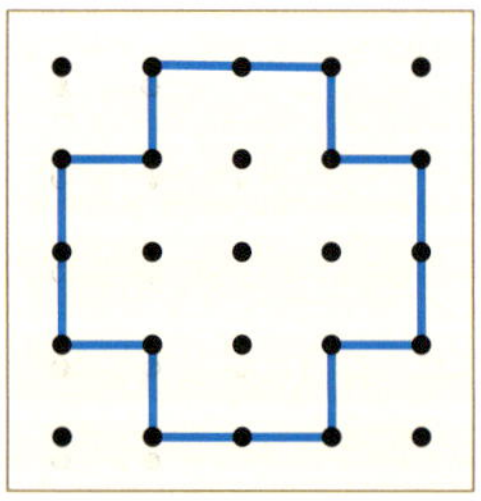

D
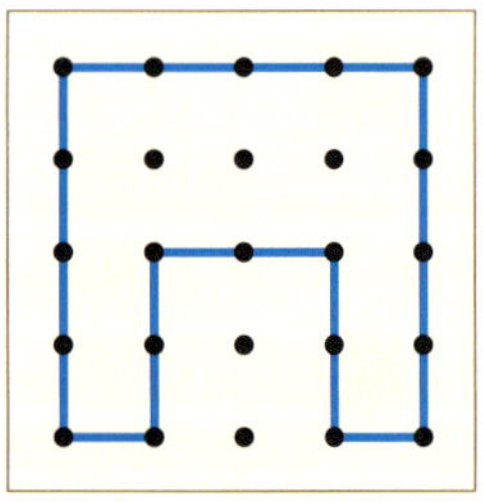

3 a) Aus wie vielen Einheitsquadraten (EQ) bestehen die Figuren?
b) Welche Figur hat die größte Fläche, welche die kleinste Fläche?

A
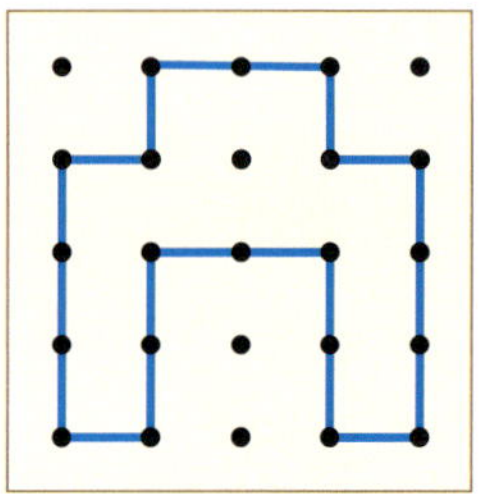

B
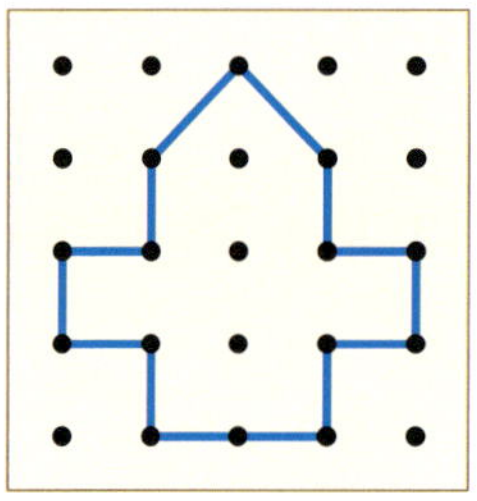

C
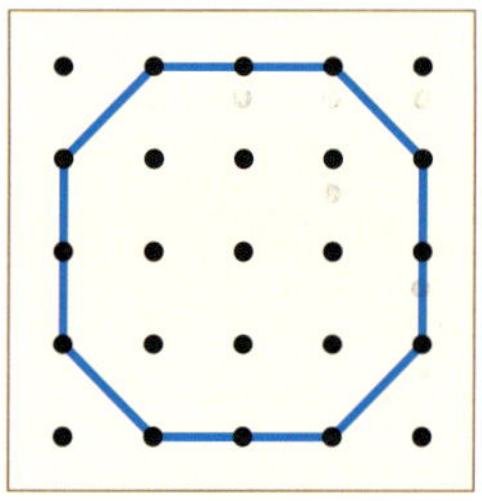

D
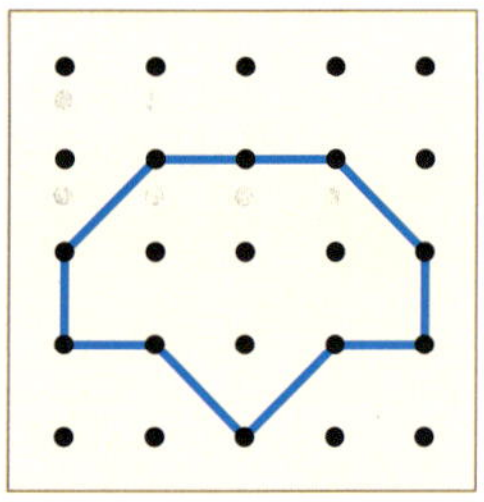

A
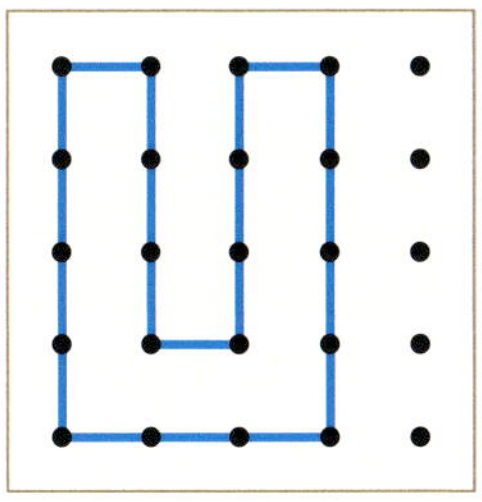
B
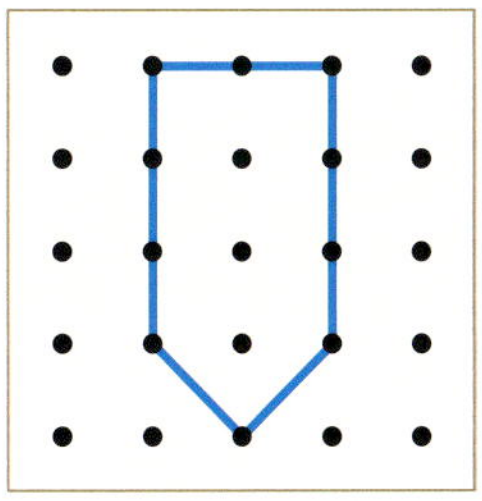
C
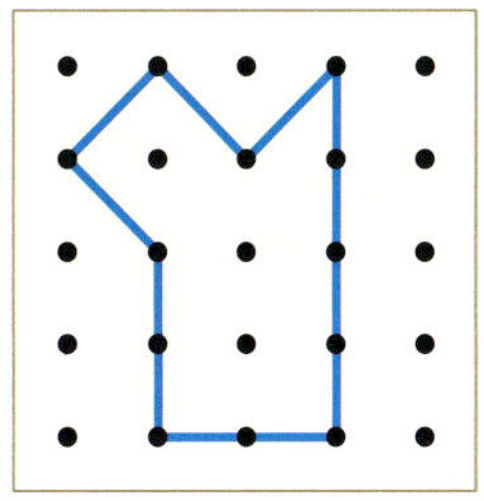
D
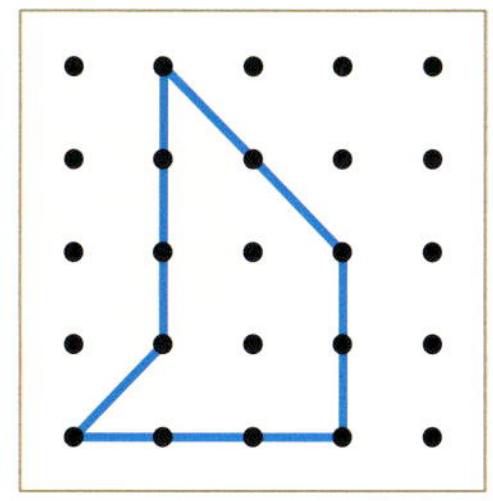

E
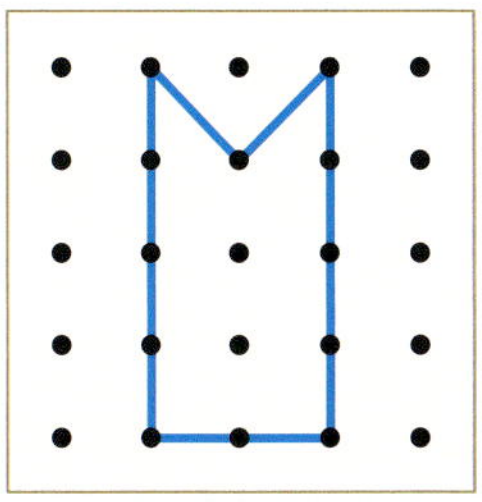
F
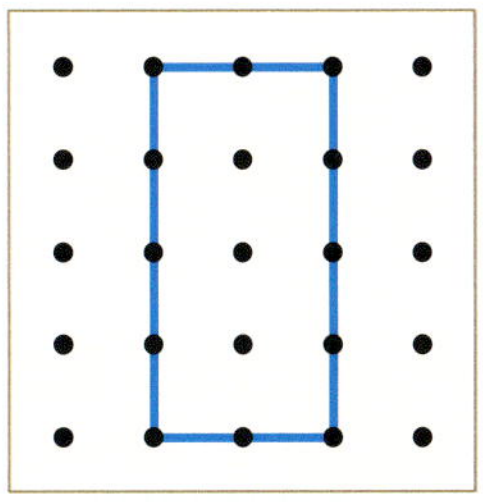
G
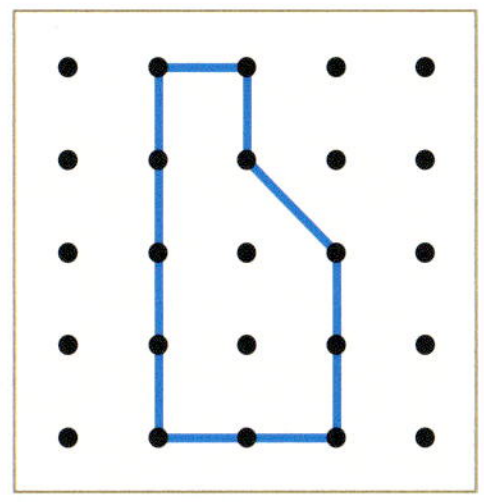
H
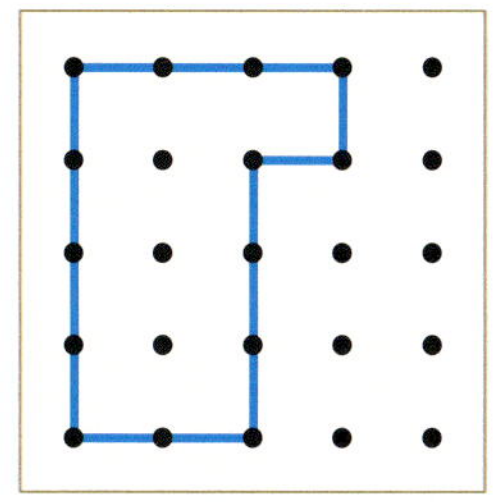

4 Immer zwei Figuren haben eine gleich große Fläche. Finde heraus, welche.

5 Aus wie vielen Einheitsquadraten (EQ) besteht dieses Rechteck? Spanne andere Figuren, die genauso groß sind.

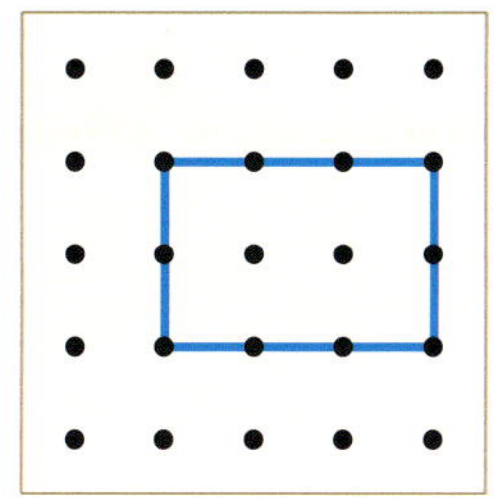

6 a) Spanne Figuren, deren Fläche acht Einheitsquadrate groß ist. Zeichne sie auf ein Punktefeld.

b) Spanne Figuren, deren Fläche 15 Einheitsdreiecke groß ist. Zeichne sie auf ein Punktefeld.

7 Spanne eine Figur, mit der größtmöglichen Fläche. Aus wie vielen Einheitsquadraten (EQ) besteht sie?

8 Spanne Figuren, die eine gleich große Fläche haben wie dieses Dreieck. Zeichne sie auf ein Punktefeld.

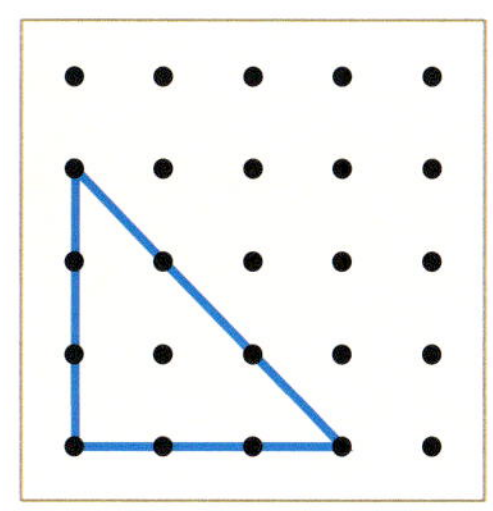

---

9 Spannt Figuren wie Jette und Justus.

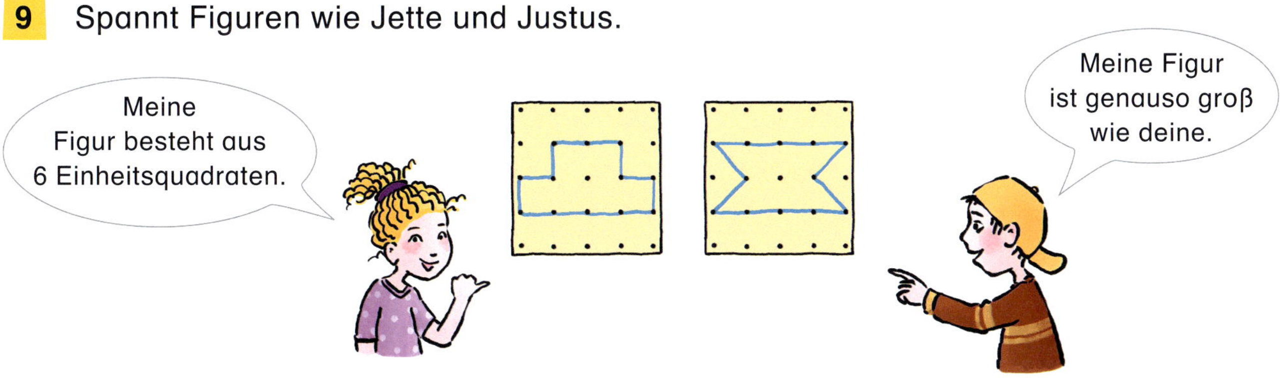

Anregung zu Aufgabe 9: Digitale Geobretter nutzen (*Kommunizieren und Kooperieren*)

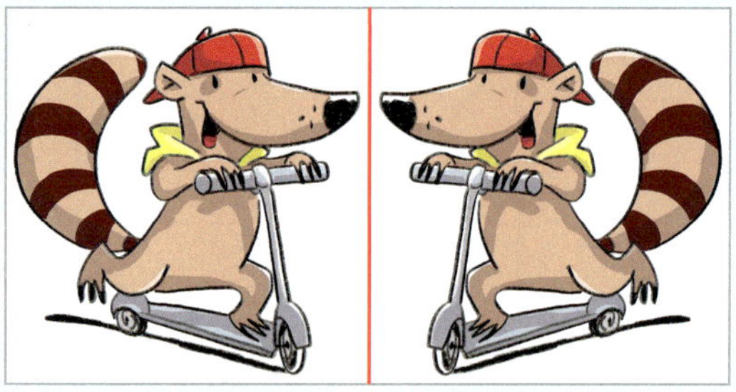

die Spiegelachse/
die Symmetrieachse
das Spiegelbild

1 Vergleiche Fredos Bild mit dem Spiegelbild.
Was ist gleich? Was ist anders?

2 Spiegelbilder: ja oder nein? Überprüfe mit dem Spiegel. Erkläre.

a) 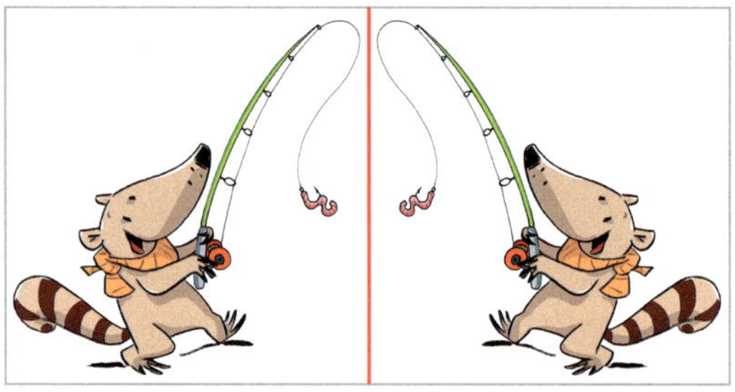

b) 

c) 

d) 

e) 

f) 

3 Spiegelschrift: Wo musst du den Spiegel hinstellen,
um den Namen richtig lesen zu können?

a) oben

links  rechts

unten

b) 

c) Schreibe deinen und andere Namen in Spiegelschrift.

Spiegelbilder am Geobrett

1 a) Was meint Justus?

b) Spannt Bild und Spiegelbild wie Jette und Justus.

2 Spanne zu den Bildern das passende Spiegelbild. Die rote Linie ist die Spiegelachse. Zeichne deine Lösung auf ein Punktefeld.

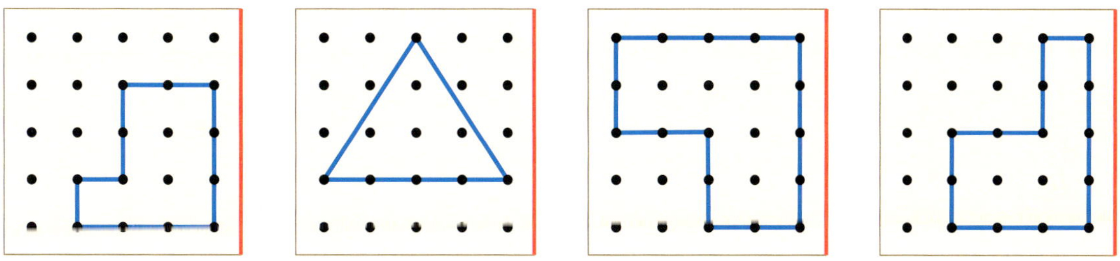

3 Spanne zu den Bildern das passende Spiegelbild. Die rote Linie ist die Spiegelachse. Zeichne deine Lösung auf ein Punktefeld.

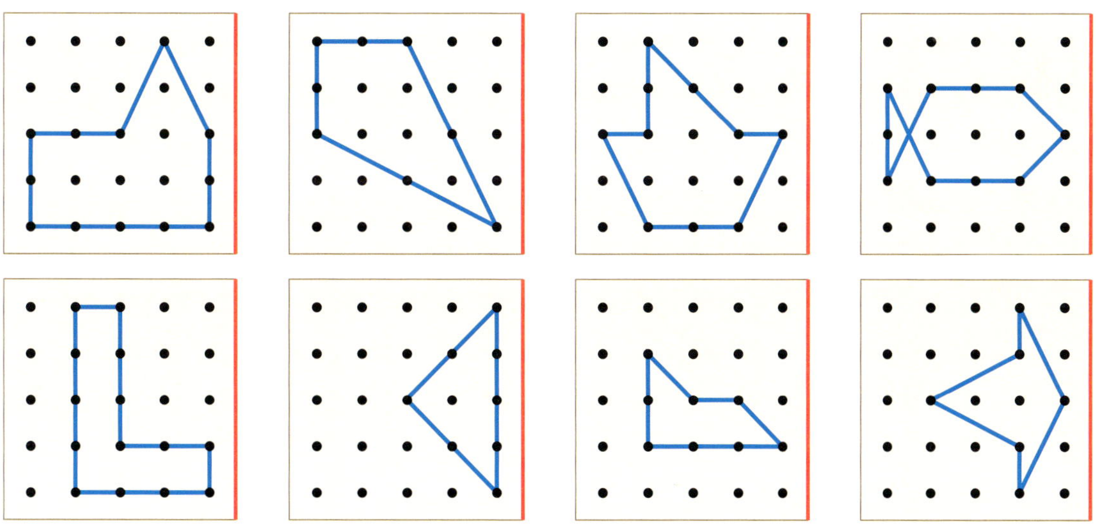

4 Achtung Fehler! Zeichne jeweils das Bild und das richtige Spiegelbild auf ein Punktefeld.

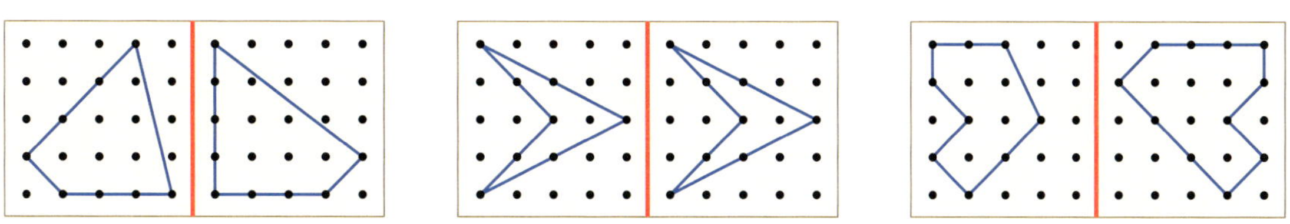

Anregung: Digitale Geobretter nutzen (*Problemlösen und Handeln*)

Achsensymmetrische Figuren

1 Justus und Jette überprüfen, ob die Figuren achsensymmetrisch sind. Erkläre ihre Aussagen.

deckungsgleich
achsensymmetrisch
die Symmetrieachse
der Abstand

2 Welche Figuren sind achsensymmetrisch und welche sind nicht achsensymmetrisch?

Schreibe in dein Heft: *Die Figuren a, ... sind nicht achsensymmetrisch, weil ...*

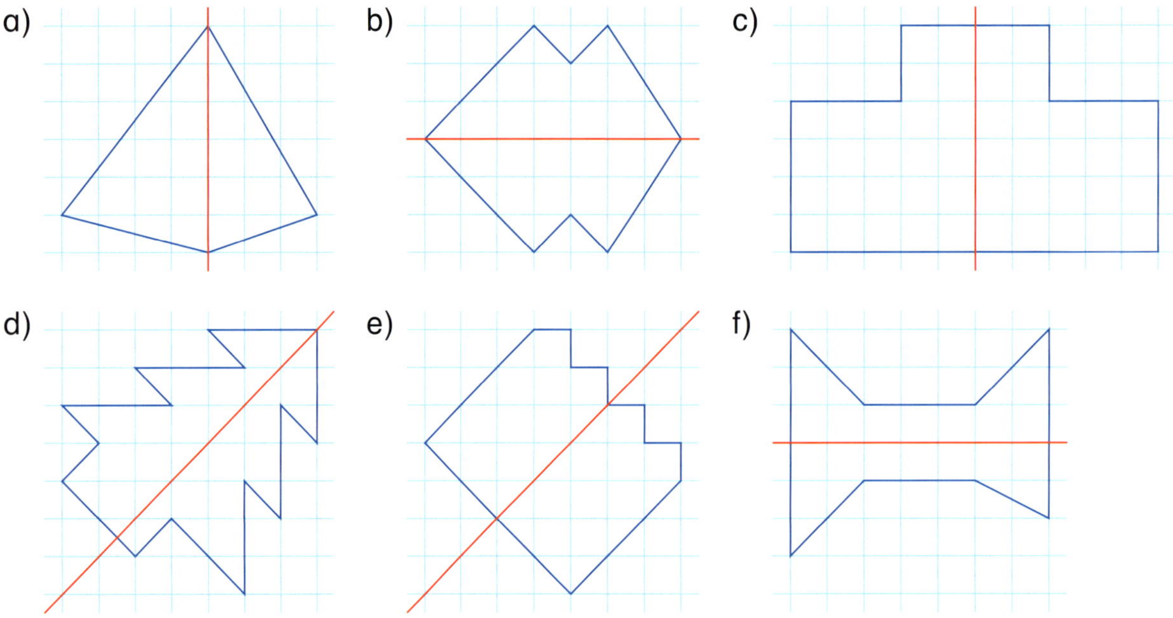

3 Übertrage die Formen in dein Heft. Wie viele Symmetrieachsen haben die Formen? Zeichne sie ein.

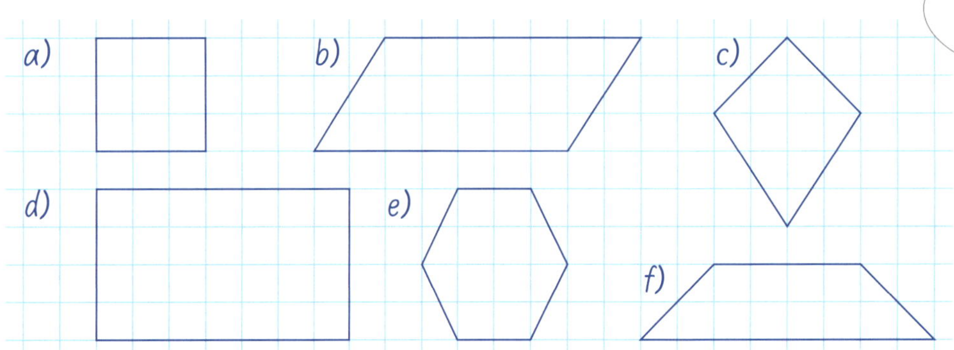

4 Übertrage die Figuren in dein Heft und ergänze sie achsensymmetrisch.

a) 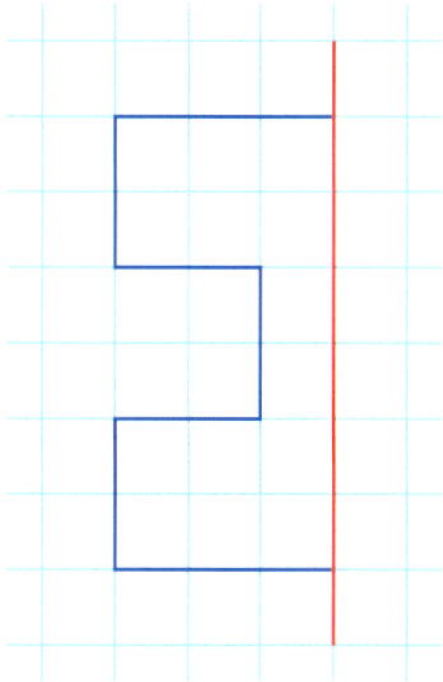

b) 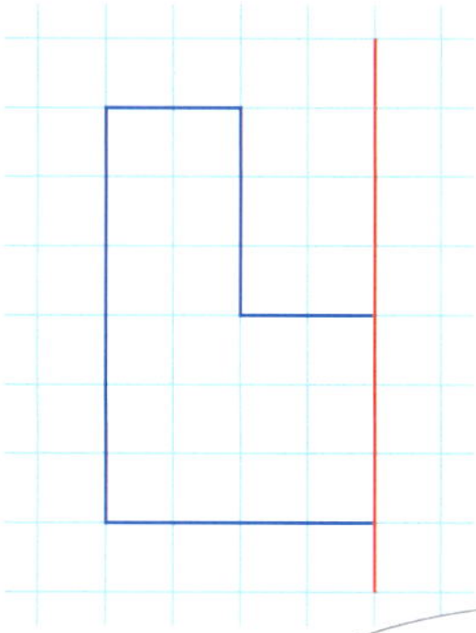

c) 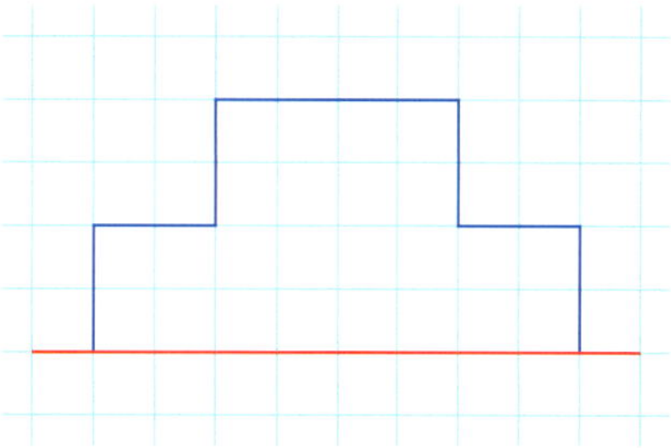

5 Übertrage die Figuren in dein Heft und ergänze sie achsensymmetrisch.

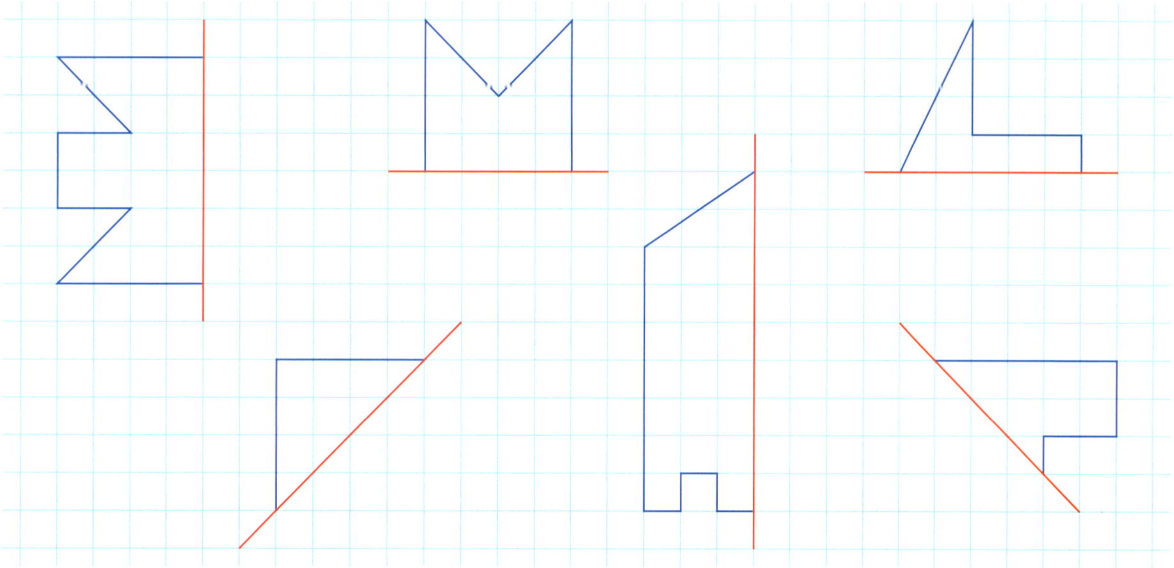

6 Übertrage die Figuren in dein Heft. Ergänze an jeder Achse symmetrisch.

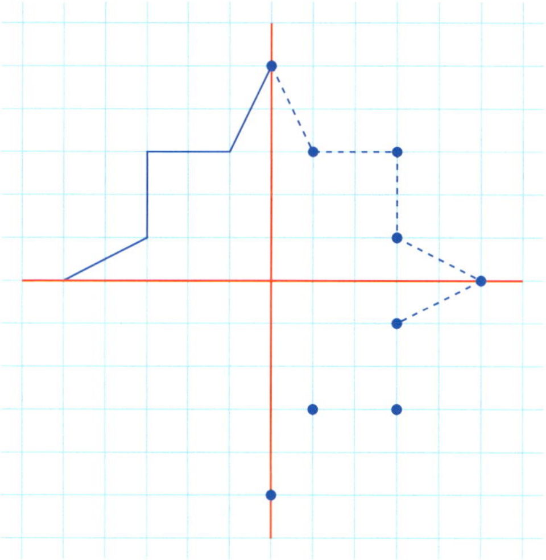

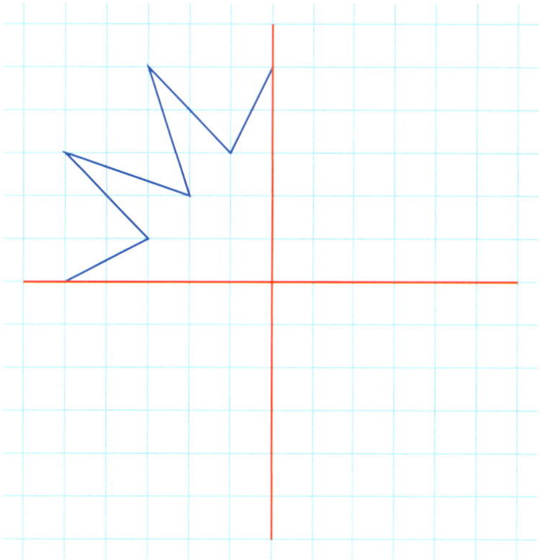

Adam Ries rechnet so: 351 + 274

	H	Z	E
	3	5	1
+	2	7	4
		1	
		2	5

Adam Ries war ein Rechenmeister, der von 1492 bis 1559 lebte. Er hat die schriftliche Addition erfunden.

1 Lege mit Material und notiere wie Adam Ries.
Was bedeutet die kleine rote 1?
Welcher Rechenschritt fehlt noch?
Warum hat Adam Ries beim Rechnen mit den Einern angefangen? Erkläre.

So kannst du legen: | **So schreibst du auf:** | **So sprichst du dazu:**

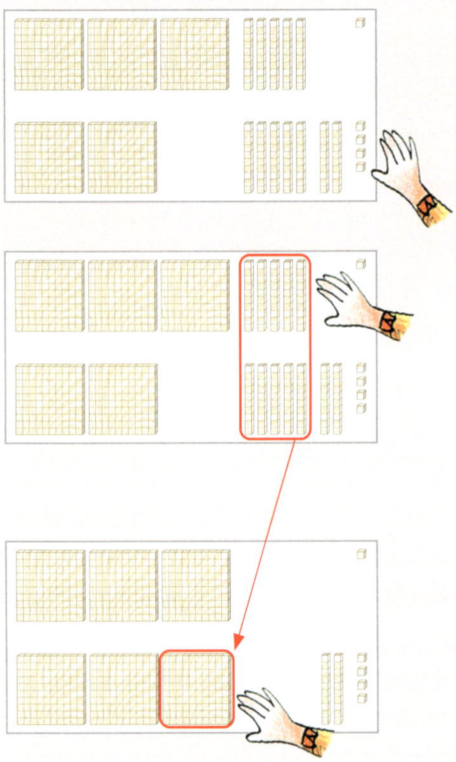

	H	Z	E
	3	5	1
+	2	7	4
			5

1 E plus 4 E ist gleich 5 E.
Ich schreibe 5 E.

	H	Z	E
	3	5	1
+	2	7	4
	1		
		2	5

5 Z plus 7 Z ist gleich 12 Z.
Ich wechsle 10 Z in 1 H.
Ich schreibe 2 Z und übertrage 1.

	H	Z	E
	3	5	1
+	2	7	4
	1		
	6	2	5

3 H plus 2 H plus 1 H ist gleich 6 H.
Ich schreibe 6 H.

2 Lege die Additionsaufgabe mit Material und sprich dazu. Dein Partnerkind notiert die Rechnung. Wechselt euch ab.

a) 463 + 375 b) 628 + 254
c) 347 + 535 d) 642 + 173
e) 271 + 286 f) 356 + 282

! Die Zahlen, die addiert werden, heißen Summanden.

Beilagen zum Schulbuch: Dienes-Material

die Einer
die Zehner
die Hunderter
der Summand
die Summanden
stellengerecht untereinander
wechseln
übertragen
der Übertrag

3 Gestaltet eine Fotodokumentation oder einen Erklärfilm. Diese Überlegungen können euch helfen. Was müsst ihr außerdem bedenken?

Schriftliches Addieren üben

1 Bei vier Aufgaben musst du wechseln. Denke an den Übertrag.

286	581	346	672	62	763
+ 153	+ 243	+ 502	+ 84	+ 835	+ 145

2 An welcher Stelle musst du wechseln? Kreise im Heft ein, bevor du rechnest.

618	307	863	187
+ 249	+ 459	+ 94	+ 534

3 Schreibe stellengerecht untereinander und addiere.

a) 546 + 132
328 + 647
153 + 86
84 + 523

b) 95 + 475
498 + 213
806 + 98
361 + 126

c) 403 + 128
361 + 43
68 + 306
642 + 217

Stellengerecht untereinander: !
Hunderter unter Hunderter
Zehner unter Zehner
Einer unter Einer

4 Bei welchen Aufgaben findest du Fehler? Welche Fehler wurden gemacht?

	a)	b)	c)
	726	507	251
	+ 254	+ 178	+ 68
Übertrag	1		1
	980	675	931

	d)	e)	f)
	428	146	459
	+ 383	+ 808	+ 270
Übertrag	1	1	1
	711	954	720

Diese Beschreibungen können dir helfen:
Übertrag vergessen
die Summanden falsch untereinandergeschrieben
Rechenfehler

Schreibe falsch berechnete Aufgaben ins Heft und rechne sie richtig.

Lege mit den Ziffernkarten Plusaufgaben mit zwei dreistelligen Zahlen.

1 2 3 4 5 6 7 8 9

Notiere sie im Heft und rechne.

a) Lege Aufgaben mit zwei Überträgen.
b) Lege eine Aufgabe, vertausche zwei Ziffernkarten.
Die Summe soll gleich bleiben.

5 Fredo hat die Ziffern weggewischt.
Kannst du herausfinden, welche es waren?
Schreibe die Aufgabe mit den passenden Ziffern auf.

6 Welche Ziffern fehlen?

a) 4 6 □ + 2 □ 1 = □ 9 5

b) □ 8 1 + 2 1 □ = 5 □ 8

c) □ □ □ + 5 4 5 = 7 7 7

d) 4 8 3 + □ □ □ = 5 9 6

e) 6 0 □ + 3 □ 4 = □ 9 7

7 Welche Ziffern fehlen? Achte auf die Überträge.

a) 8 6 □ + 1 □ 9 = □ 9 2

b) 4 □ 6 + □ 7 3 = 7 2 □

c) 3 □ 7 + □ 8 □ = 8 2 2

d) 6 4 8 + □ □ □ = 9 1 2

e) □ □ □ + 5 8 6 = 8 2 3

8 Welche Ziffern fehlen? Finde zu jeder Aufgabe verschiedene Möglichkeiten.

a) □ □ □ + □ □ 7 = 3 5 1

b) □ 3 □ + 1 □ □ = 9 0 0

c) 2 □ □ + □ 9 □ = 8 8 8

d) □ □ 6 + 3 0 □ = □ 5 5

9 Lege mit den Ziffernkarten Plusaufgaben.
Die Summe soll 1000 sein. Finde verschiedene Möglichkeiten. Wie gehst du vor?

0 1 2 3 4
5 6 7 8 9

10 Lege mit den Ziffernkarten eine Plusaufgabe mit zwei dreistelligen Zahlen.

a) Die Summe soll möglichst klein sein.
b) Die Summe soll möglichst groß sein.

□ □ □
\+ □ □ □

11 Spiele mit einem Partnerkind „Die kleinere Summe gewinnt“.

Die kleinere Summe gewinnt

Ziehe 6 Ziffernkärtchen von deinem Stapel und bilde zwei dreistellige Zahlen. Addiere die beiden Zahlen. Wer die kleinere Summe hat, erhält einen Punkt.

1 a) Was meinst du? Für welche Seite entscheidet sich Jette? Begründe.
b) Wie würdest du dich entscheiden? Ordne die Aufgaben und rechne.

im Kopf	schriftlich
3 1 0 + 4 2 0 = ___	6 7 5 + 2 7 8 ___

2 Rechne im Kopf.

a) 500 + 199 b) 325 + 250 c) 310 + 420 d) 602 + 200

3 Im Kopf oder schriftlich? Ordne und rechne.

a) 550 + 230 b) 378 + 496 c) 726 + 148 d) 340 + 270 e) 456 + 120
f) 684 + 37 g) 409 + 199 h) 666 + 333 i) 129 + 583 j) 280 + 65

4 Bilde mit diesen Zahlen Plusaufgaben. 234 765 193 397 138 478 125

a) Die Ergebnisse sollen kleiner als 500 sein.
b) Die Ergebnisse sollen zwischen 600 und 1000 liegen.

---

5 Wie geht es weiter? Rechne bis zum Ergebnis 1000.

762	763	764	765	766	767	
+ 211	+ 212	+ 214	+ 217	+ 221	+ ___	
___	___	___	___	___	___	…

6 Wie geht es weiter? Ergänze die Aufgaben und rechne.

574	575	576	___	___
+ 414	+ ___	+ ___	+ ___	+ ___
___	___	___	___	1000

Addieren mit Kommazahlen – Überschlag

der Überschlag
überschlagen
aufrunden
abrunden

Justus Ü: 2 € + 5 € + 3 € = 10 €
Jette Ü: 2 € + 5 € + 4 € = 11 €

1 Vergleiche die beiden Überschläge von Justus und Jette. Worin unterscheiden sie sich? Wie würdest du überschlagen? Warum?

2 Rechne genau aus, ob das Geld reicht. Achte darauf, dass Komma unter Komma steht.

```
  1,74 €
  4,89 €
+ 3,42 €
--------

Das Geld ...
```

3 a) Reicht das Geld? Überschlage.

Pia hat 10 €.	Tobi hat 15 €.	Ali hat 20 €.	Jana hat 15 €.	Ben hat 20 €.
1,78 €	5,37 €	4,86 €	7,78 €	2,78 €
4,55 €	6,84 €	12,65 €	5,26 €	11,55 €
3,89 €	1,76 €	2,78 €	1,85 €	3,65 €

b) Rechne genau nach, wenn der Überschlag größer ist als das zur Verfügung stehende Geld.

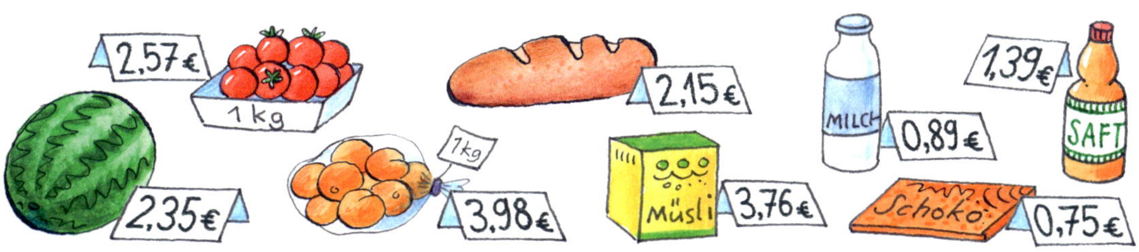

4 Was könntest du für 5 Euro einkaufen? Überschlage und rechne genau. Finde drei verschiedene Möglichkeiten.

5 Was könntest du für 10 Euro einkaufen? Überschlage und rechne genau. Finde drei verschiedene Möglichkeiten.

6 Du hast 20 Euro. Kannst du alle abgebildeten Lebensmittel einkaufen? Überschlage und rechne genau.

1. Melone
2. Brot
...

7 Jette bezahlt an der Kasse 9,37 Euro. Welche vier Lebensmittel hat sie eingekauft?

AH S. 47

1 m = 100 cm
Das Komma trennt Meter und Zentimeter.
2,85 m = 2 m 85 cm

1 Kannst du Jette helfen?

2 Weitsprungergebnisse:

a) Welches Kind ist am weitesten gesprungen, welches am wenigsten weit?
b) Schreibe alle Weiten als Kommazahl. Ali: 3,18 m
c) Ordne die Weiten.
Beginne mit der kleinsten Weite.

Weitsprung	
Name	gesprungen
Ali	3 m 18 cm
Anna	2 m 80 cm
Tobi	3 m 5 cm
Emilio	3 m 25 cm
Jana	2 m 98 cm
Lea	3 m 2 cm

3 Sprungweiten bei Tieren:

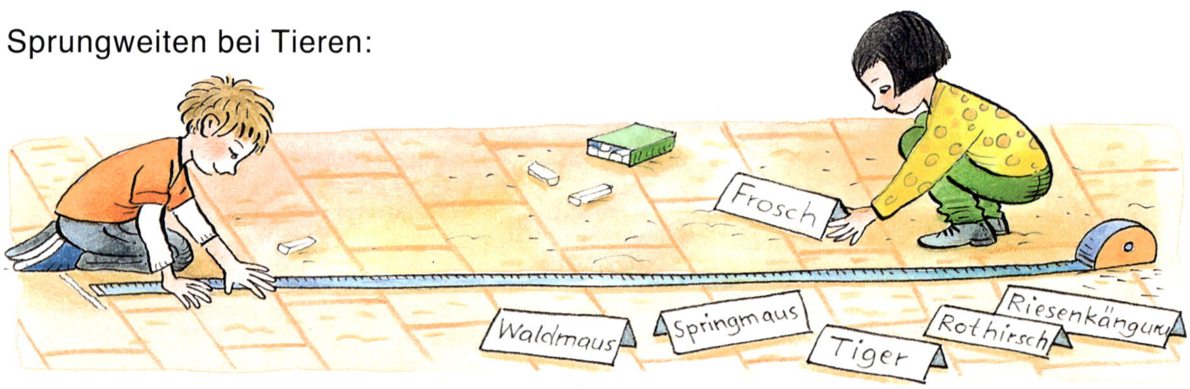

a) Schreibe alle Weiten in m und cm.
b) Ordne die Weiten.
Beginne mit der größten Weite.
c) Zeichnet die Weiten mit Kreide auf dem Schulhof auf.
d) Welches Tier ist der beste Weitspringer?

Tier	Körpergröße	Sprungweite
Frosch	5 cm	1,3 m
Waldmaus	9 cm	0,7 m
Springmaus	8 cm	2,5 m
Tiger	2,4 m	5,5 m
Rothirsch	2,5 m	10,5 m
Riesenkänguru	1,8 m	13,5 m

4 Olga ist beim Weitsprung 3,12 m weit gesprungen. Tim ist 15 cm weiter gesprungen als Olga. Olga ist 7 cm weniger weit als Lukas, aber 16 cm weiter als Pia gesprungen. Wie weit sind die vier Kinder gesprungen?

5 Schreibe in m und cm.

a) 3,45 m = 3 m 45 cm

a) 3,45 m b) 2,60 m c) 7,07 m d) 4,03 m
e) 2,75 m f) 6,80 m g) 7,70 m h) 3,40 m

100 cm = 1 m !

6 Schreibe als Kommazahl.

a) 247 cm = 2,47 m

a) 247 cm b) 909 cm c) 75 cm d) 5 cm e) 555 cm f) 750 cm
g) 705 cm h) 42 cm i) 965 cm j) 802 cm k) 3 cm l) 1000 cm

7 Schreibe als Kommazahl.

a) 7 m 16 cm = 7,16 m

a) 7 m 16 cm b) 5 m 98 cm c) 8 m 30 cm d) 1 m 3 cm e) 9 m 71 cm
f) 10 m 1 cm g) 2 m 25 cm h) 6 m 4 cm i) 3 m 70 cm j) 4 m 2 cm

8 Übertrage in dein Heft und setze ein: (>), (<), (=)

a) 163 cm ◯ 1,60 m
85 cm ◯ 8,05 m
100 cm ◯ 0,10 m

b) 1 m 5 cm ◯ 1,50 m
3 m 90 cm ◯ 3,09 m
2 m 13 cm ◯ 2,13 m

c) 3,05 m ◯ 350 cm
7,50 m ◯ 750 cm
1,70 m ◯ 170 cm

---

9 Ergänze auf 1 Meter.

a) 0,30 m + 0,70 m = 1 m

a) 0,30 m b) 0,50 m c) 0,80 m d) 0,10 m e) 0,40 m f) 0,70 m

10 Ergänze auf 1 Meter.

a) 0,33 m + 0,67 m = 1 m

a) 0,33 m b) 0,74 m c) 0,05 m d) 0,60 m e) 0,44 m
f) 0,09 m g) 0,51 m h) 0,04 m i) 0,12 m j) 0,01 m

11 a) Anna ist 2,80 m weit gesprungen, Ali ist 3,18 m weit gesprungen. Wie viele Meter ist er weiter gesprungen?
b) Jana ist 2,98 m weit gesprungen, Emilio ist 3,25 m weit gesprungen. Wie viele Meter ist er weiter gesprungen?

12 Ergänze auf 5 Meter.

a) 3,17 m b) 1,01 m c) 0,74 m d) 2,16 m e) 0,09 m
f) 2,85 m g) 4,07 m h) 1,95 m i) 3,65 m j) 0,86 m

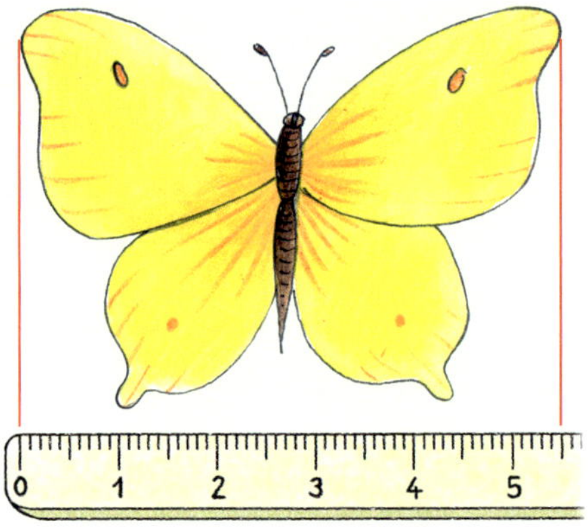

5,5 cm = 55 mm

3 cm = 30 mm

!

1 Zentimeter

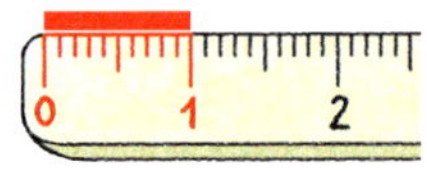

1 Millimeter

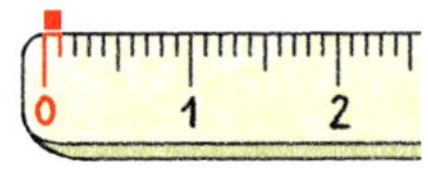

1 cm = 10 mm
1 mm = 0,1 cm

1 Welche Spannweite haben die Schmetterlinge?
Wie groß ist der Unterschied?

2 Wie groß sind die Tiere? Schätze zuerst und miss dann genau. Zeichne die Länge.

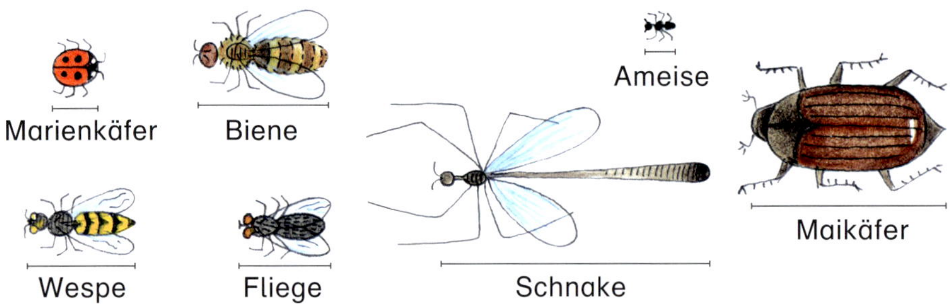

Maikäfer
geschätzt:
gemessen:
Länge:

3 Schreibe als Kommazahl. *a) 17 mm = 1 cm 7 mm = 1,7 cm*

a) 17 mm b) 25 mm c) 37 mm d) 56 mm e) 70 mm f) 3 mm

4 Schreibe in cm und mm. Zeichne die Strecken. *a) 1,7 cm = 1 cm 7 mm*

a) 1,7 cm b) 6,1 cm c) 0,5 cm d) 9,8 cm e) 12,7 cm
f) 26 mm g) 54 mm h) 40 mm i) 102 mm j) 8 mm

5 Schreibe in mm. *a) 3 cm 4 mm = 34 mm*

a) 3 cm 4 mm b) 10 cm 1 mm c) 1 cm 5 mm d) 15 cm 3 mm
e) 2,7 cm f) 8,5 cm g) 12,4 cm h) 70 cm

6 Ordne die Längenangaben. Beginne mit der kleinsten Länge.

a) 2,6 cm 6 mm 2 cm 2,2 cm 16 mm 0,2 cm

b) 13 cm 3,1 cm 13 mm 3 cm 2 mm 302 mm 103 mm

c) 2,8 cm 27 mm 208 mm 2 cm 9 mm 20 cm 202 mm

Große und kleine Längen

AH S. 49

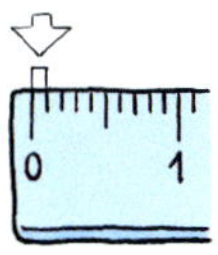
1 mm

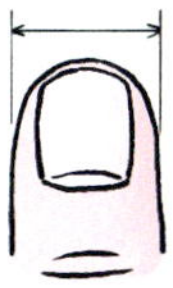
1 cm

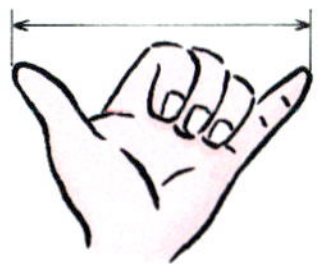
10 cm

1 m

10 m

1 Finde Gegenstände, die ungefähr so lang, so breit oder so hoch sind wie die oben abgebildeten Dinge.

Statt 10 Zentimeter kannst du auch 1 Dezimeter sagen.
10 cm = 1 dm

!
1 cm = 10 mm
1 dm = 10 cm
1 m = 10 dm

2 Ordne die Längenangaben.

a) Beginne mit der kleinsten Länge. 5 dm 5 mm 5 cm 5 m 55 cm

b) Beginne mit der größten Länge. 12 mm 12 cm 12 m 122 cm 12 dm

3 a) Ordne die Längenangaben. Beginne mit der größten Länge.

12 mm 8 dm 15,5 m 1,5 m 6 mm 45 cm 12 cm 5 m 7 cm

b) Ordne richtig zu.

das Skateboard:

Skateboard

PKW

Schnecke

Katze

Marienkäfer

Fahrrad

LKW

Hummel

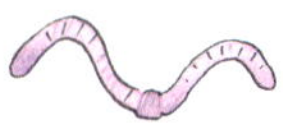
Regenwurm

4 Stimmt das? Überprüfe die Aussagen. Verbessere falsche Aussagen.

a) Eine Tafel ist ungefähr 100 cm hoch.
b) Eine Tür ist ungefähr 200 m hoch.
c) Ein Finger ist ungefähr 30 mm breit.
d) Ein Füller ist ungefähr 0,15 m lang.
e) Eine 1-Euro-Münze ist ungefähr 5 mm dick.
f) Dein Mathebuch ist ungefähr 2 dm hoch.

5 Schätze die Länge und notiere sie. Messt gemeinsam nach und vergleicht. Wer hat genauer geschätzt?

Breite des Mathebuchs   Länge des Füllers

Höhe des Stuhls   Länge des Tisches   Länge einer Taschentuchpackung ...

Meter und Kilometer

AH S. 50

1 Messt von eurer Schule aus einen Kilometer ab.

a) Schätzt zuerst, wie weit ihr kommt.
b) Messt wie die Kinder im Bild auf verschiedene Weise und vergleicht eure Ergebnisse.
c) Geht den gleichen Weg zurück und stoppt die Zeit.

> **!** 1 km = 1000 m
> 1 Kilometer = 1000 Meter

2 Ergänze auf 1 Kilometer.

a) 500 m + 500 m = 1000 m = 1 km

a) 500 m, 300 m, 800 m, 100 m, 400 m, 600 m
b) 360 m, 780 m, 410 m, 830 m, 550 m, 660 m

3 Ergänze auf 1 Kilometer.

a) 675 m + 325 m = 1 km

a) 675 m, 113 m, 845 m, 928 m, 792 m, 293 m
b) 405 m, 902 m, 808 m, 88 m, 601 m, 73 m

4 Verschiedene Schulwege:

a) Tobis Weg ist länger als Kims Weg. Alis Weg ist kürzer als Janas Weg, aber länger als Tobis Weg. Janas Weg ist der längste.
Wie weit sind die Schulwege der vier Kinder? Ordne richtig zu.

2 km 600 m   5 km 400 m   3 km 400 m   5 km 800 m

b) Berechne den Unterschied zwischen dem längsten und kürzesten Schulweg.

5 Kann das stimmen?
Olga wohnt 1 km 100 m von der Schule entfernt. Auf ihrem Schulweg legt sie mehr als 250 km in einem Schuljahr zurück.

6 Wie viele Kilometer wurden zurückgelegt?
Schau dir die Schließtabelle genau an.
Wie gehst du vor? Übertrage die Tabelle ins Heft
und ergänze. Vergleiche mit einem Partnerkind.

Zeit	Strecke
1 h	
30 min	
15 min	
1 h 30 min	
2 h 45 min	

die Schließtabelle
halbieren
verdoppeln

7 Wie viele Kilometer wurden zurückgelegt?

a)

Zeit	Strecke
1 h	
2 h	
4 h	

b)

Zeit	Strecke
1 h	
2 h	
4 h	

8 Wie viele Kilometer wurden zurückgelegt?

a)

Zeit	Strecke
1 h	16 km
30 min	
15 min	
45 min	

b)

Zeit	Strecke
3 h	
1 h 30 min	
2 h 15 min	
3 h 45 min	

9 Wie viele Kilometer wurden zurückgelegt?

a)

Zeit	Strecke
1 h	60 km
20 min	
40 min	

b)

Zeit	Strecke
3 h 20 min	
5 h 40 min	
2 h 30 min	

AH S. 51

Schloss Raesfeld

Wasserschloss Anholt, Isselburg

Jugendburg Gemen, Borken

1 Justus plant mit seiner Familie eine Radtour im Münsterland. Wie viele Tage würdest du für die Tour von Haltern am See bis Borken einplanen? Begründe.

2 Wie weit ist es …

a) von Borken nach Südlohn?

b) von Südlohn nach Ahaus?

c) von Ahaus nach Coesfeld?

d) von Coesfeld nach Haltern am See?

3 Justus überlegt, wie viele Kilometer es noch wären, wenn sie die Route von Borken weiterfahren würden, bis sie wieder in Haltern ankommen. Wie lang ist der gesamte westliche Schlösser-Radweg?

4 Jette möchte mit ihrer Familie den gesamten Radweg zurücklegen. Wie viele Tage brauchen sie mindestens, wenn sie an einem Tag nicht mehr als 40 km fahren wollen?

Welche Schlösser gibt es in deiner Nähe? Wie weit sind sie von deinem Zuhause entfernt? Recherchiere.

Lerntagebuch (*Suchen und Verarbeiten*)

Entfernungen runden

Entfernungen von Städten:

Köln – Hamburg	425 km
Dortmund – München	605 km
Bremen – Düsseldorf	297 km
Stuttgart – Hannover	512 km
Frankfurt – Berlin	551 km

1 Hat Jette recht? Erkläre.
Rundet alle Entfernungen auf glatte Hunderter und vergleicht sie mit der genauen Entfernung.

Runden auf glatte Hunderter !

Bei *0, 1, 2, 3, 4* an der *Zehnerstelle*: abrunden
425 km ≈ 400 km

Bei *5, 6, 7, 8, 9* an der *Zehnerstelle*: aufrunden
551 km ≈ 600 km

abrunden ←
aufrunden →
ist gleich =
ist rund / ungefähr ≈

2 Runde die Entfernungen.

a) 357 km ≈ 400 km

a) 357 km b) 631 km c) 208 km d) 479 km e) 555 km

3 Welche Entfernungen können es sein?

a) 735 km ≈ 700 km

a) ≈ 700 km 735 km, 678 km, 690 km, 763 km, 708 km, 750 km
b) ≈ 300 km 277 km, 317 km, 249 km, 345 km, 268 km, 307 km
c) ≈ 800 km 755 km, 777 km, 834 km, 733 km, 861 km, 844 km

4 Die Entfernung zwischen Stadt A und Stadt B beträgt ungefähr 500 km.
Wie groß ist die Entfernung zwischen A und B mindestens, wie groß höchstens?

Finde fünf Entfernungen zweier Städte, die zur gerundeten Entfernung passen.

a) ≈ 200 km b) ≈ 600 km c) ≈ 100 km

Anregung: Weitere Entfernungen in Deutschland recherchieren, z. B. die weiteste Entfernung von Nord nach Süd und von Ost nach West (*Suchen und Verarbeiten*)

Kann das stimmen?

- Welche Informationen benötige ich?
- Wie finde ich sie heraus?
- Wie gehe ich vor?
- Kann das stimmen?

1 Wie gehst du vor? Was kann dir dabei helfen?

2 Kann das stimmen?

a) Das Kletternetz ist in Wirklichkeit 5 m hoch.

b) Wenn du sieben 1-ct-Münzen aufeinanderlegst, ist der Stapel nicht höher als 5 mm.

3 Kann das stimmen?

a) Dieses Haus ist in Wirklichkeit höher als 10 m.

b) Du bist jetzt mehr als dreimal so groß wie bei deiner Geburt.

c) In einem Monat verbrauchst du mehr als einen Meter Zahnpasta.

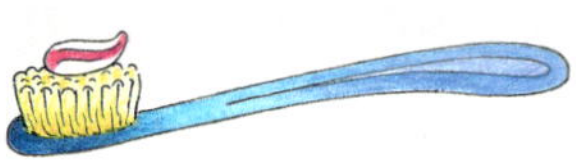

4 Kann das stimmen?

Eine Elefantenparade mit fünf Elefanten ist insgesamt kürzer als 20 Meter.

Aufgabe 4: Körperlänge von Elefanten recherchieren (*Suchen und Verarbeiten*)

Genau oder ungefähr?

1 Was meint Justus? Begründe.

2 Im Urlaub hat Familie Müller die Fahrräder auf dem Dach des Autos dabei. Das Auto ist 1,55 m hoch, die Fahrräder sind 1 m hoch. Dürfen sie durch den Tunnel fahren?

3 Olga bekommt einen neuen Schrank. Er ist 1 m 80 cm hoch. Auf den Schrank möchte sie eine Kiste stellen, die 55 cm hoch ist. Hat die Kiste auf dem Schrank Platz, wenn das Zimmer 2 m 30 cm hoch ist?

4 Jette plant mit ihrer Familie eine viertägige Radtour. Die Tagesstrecken sind 37 km, 32 km, 41 km und 38 km.

Wer hat recht, Jette oder ihr Bruder? Prüfe durch Überschlagen.

5 Ein Autotransporter hat eine Länge von 19,25 m. Er soll mit Autos beladen werden, die folgende Längen haben: 4,68 m, 4,46 m, 4,82 m und 4,91 m. Haben alle Autos Platz, wenn zwischen den Autos ein Abstand von 50 cm eingehalten werden soll?

Verschiedene Vierecke

die Faltlinie
die Mittellinie
die Diagonale
die Seite

1 Justus und Jette falten und schneiden Dreiecke und legen damit Vierecke. Zwei Vierecke haben sie schon aus Dreiecken zusammengesetzt. Erzähle.

2 Falte drei Quadrate so und zerschneide sie entlang der Linien.

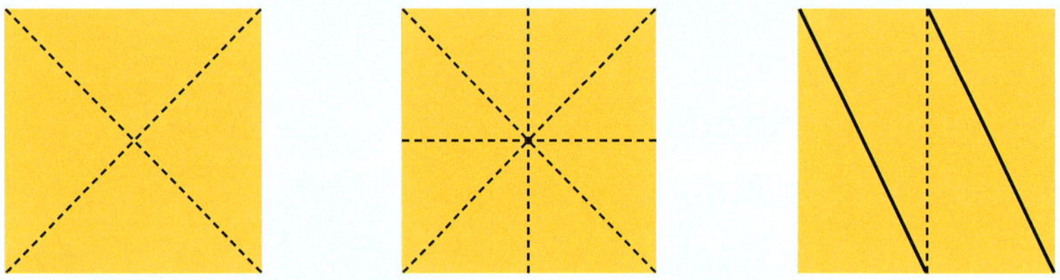

3 a) Setze mit den ausgeschnittenen Dreiecken verschiedene Vierecke zusammen.
b) Klebe die zusammengesetzten Vierecke auf Papier und schneide sie dann aus.
c) Überlegt, wie ihr die Vierecke sortieren könnt.
d) Wie viele verschiedene Vierecke habt ihr gefunden?
e) Vergleicht eure Vierecke in der Klasse.

4 So heißen die verschiedenen Vierecke. Klebt eure Vierecke auf ein Plakat und notiert die Namen.

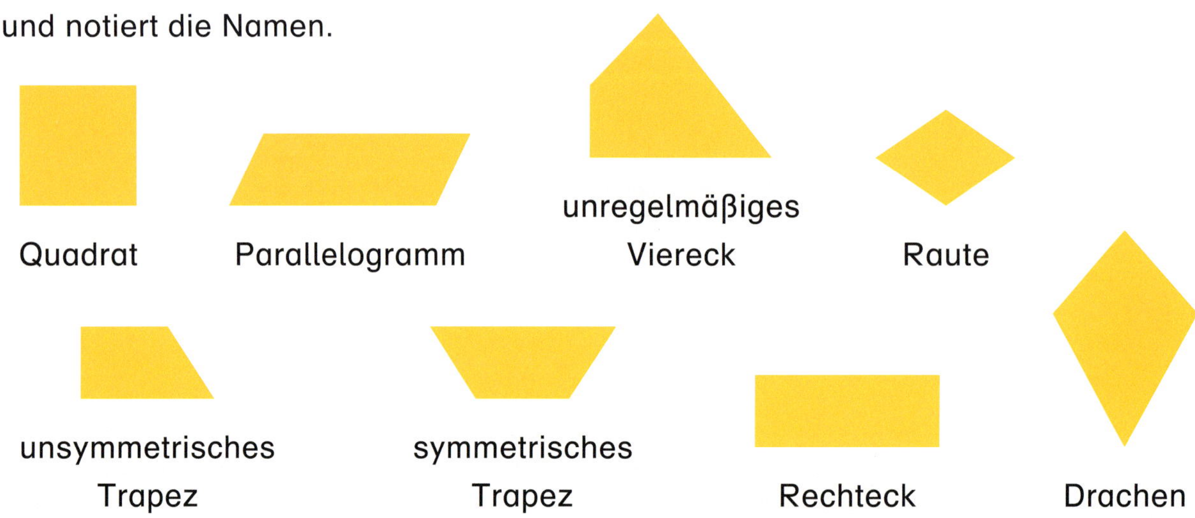

5 Untersuche die Seitenlänge der Vierecke.
Ordne sie den passenden Beschreibungen zu.

> gegenüberliegende Seiten
> angrenzende Seiten

a) Bei mir sind alle vier Seiten gleich lang.

b) Bei mir sind alle vier Seiten unterschiedlich lang.

c) Bei mir sind zwei gegenüberliegende Seiten gleich lang. Die anderen beiden Seiten aber nicht.

d) Bei mir sind zwei gegenüberliegende Seiten gleich lang. Die anderen beiden Seiten auch. Aber es sind nicht alle vier Seiten gleich lang.

e) Bei mir sind zwei angrenzende Seiten gleich lang. Die anderen beiden auch. Aber es sind nicht alle vier Seiten gleich lang.

---

6 Spanne verschiedene Vierecke am Geobrett und zeichne sie.

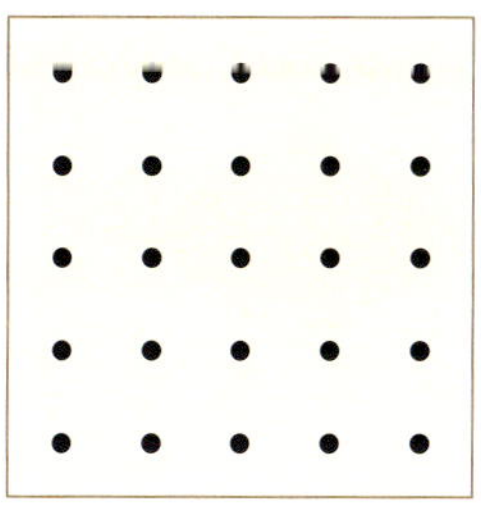

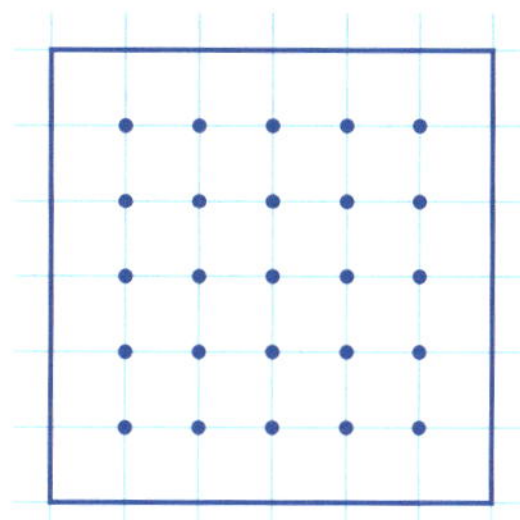

7 a) Spanne dieses Quadrat am Geobrett. Verändere zwei Stellen so, dass ein Trapez entsteht. Zeichne.

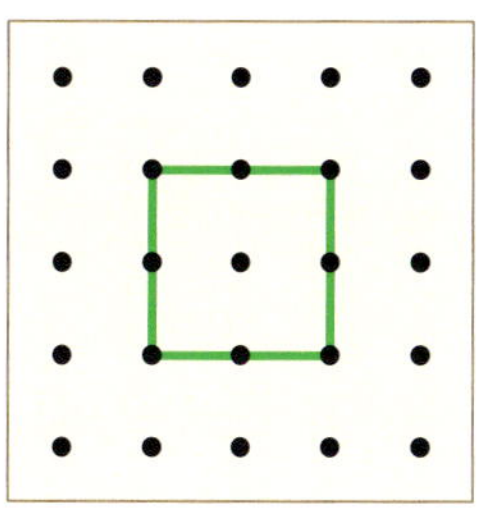

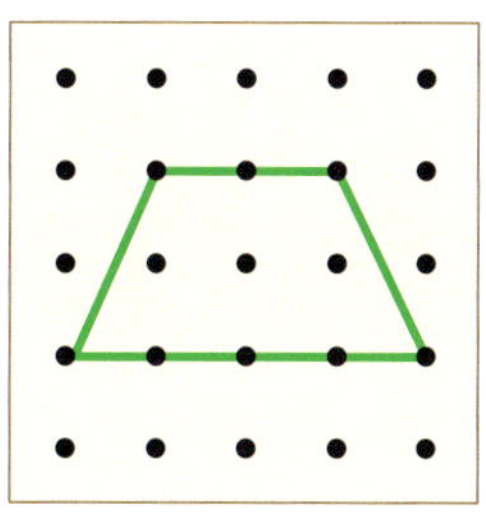

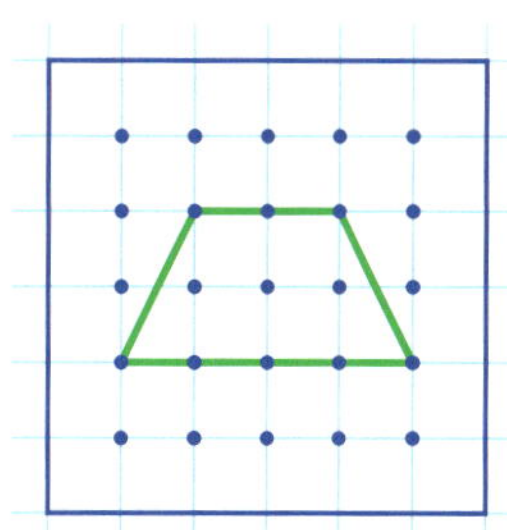

b) Spanne dieses Quadrat am Geobrett. Verändere zwei Stellen so, dass dieses Viereck entsteht. Zeichne. Finde verschiedene Möglichkeiten.

Rechteck Parallelogramm Raute

8 Spanne das Quadrat von Aufgabe 7 am Geobrett. Verändere eine Stelle so, dass dieses Viereck entsteht. Zeichne. Finde verschiedene Möglichkeiten.

Drachen unregelmäßiges Viereck

Senkrecht zueinander

AH S. 55

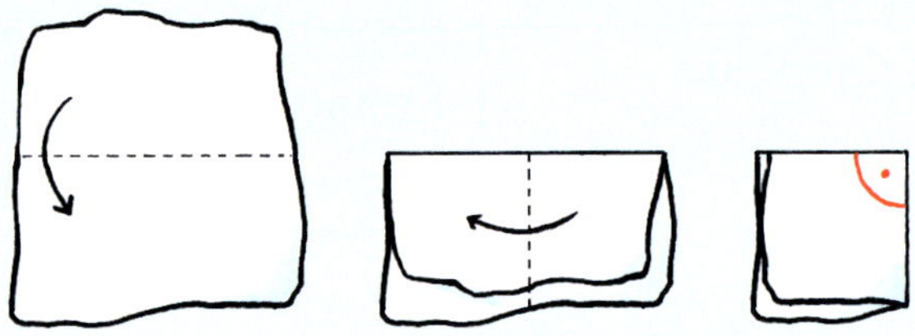

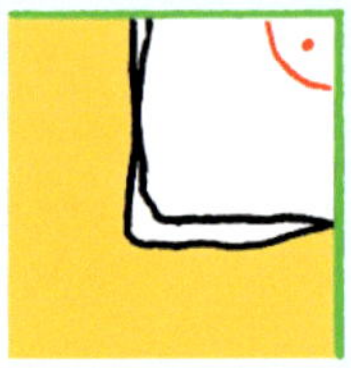

der Faltwinkel
die gerade Linie
senkrecht zueinander
der rechte Winkel

Mit einem Faltwinkel kannst du prüfen, ob zwei gerade Linien senkrecht zueinander sind, d. h. einen rechten Winkel bilden.

1 Erstelle einen Faltwinkel.
Reiße von einem Blatt Papier ein Stück ab und falte es wie oben.

2 Bei welchen Vierecken findest du rechte Winkel? Prüfe mit dem Faltwinkel.
Notiere: *Das Quadrat hat … rechte Winkel.*

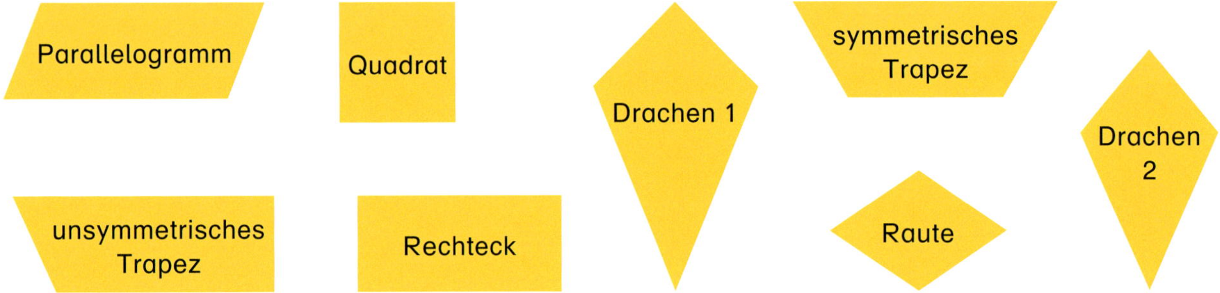

3 Zeichne ab und ergänze. Zeichne alle rechten Winkel ein.

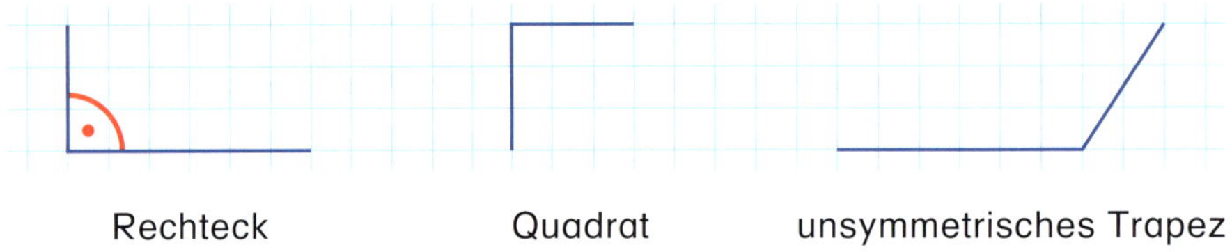

4 Zeichne ab und ergänze. Zeichne alle rechten Winkel ein.

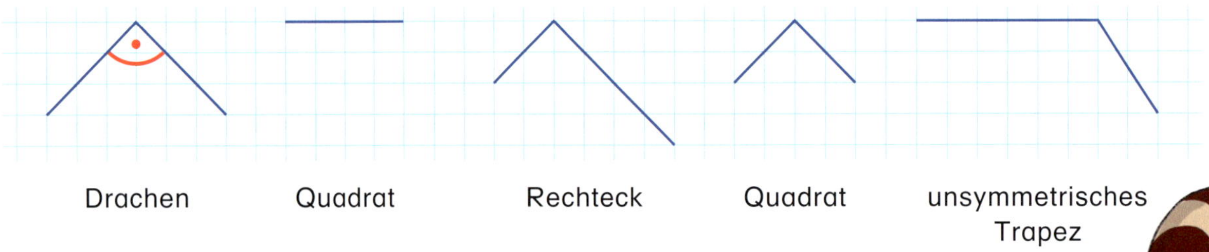

5 Welche Aussagen stimmen und welche nicht? Notiere: *Aussage A …*

A: Jedes Quadrat hat vier rechte Winkel.
B: Trapeze haben keine rechten Winkel.
C: Alle Drachen haben einen rechten Winkel.
D: Es gibt Trapeze mit rechten Winkeln.

Parallel zueinander

AH S. 55

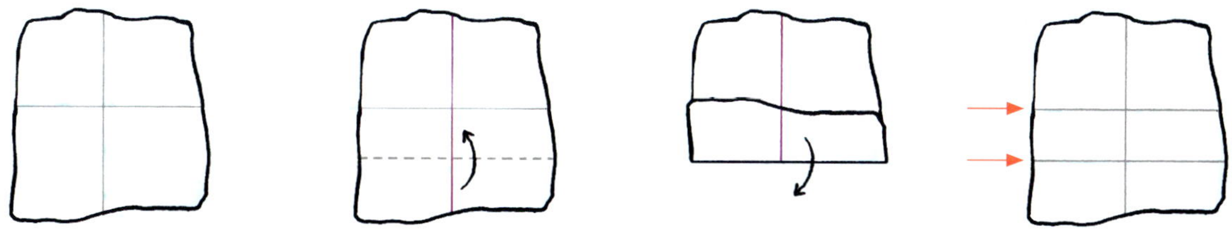

Lege deinen geöffneten Faltwinkel so vor dich hin.	Falte die untere Seite wie im Bild nach oben. Die Faltlinie muss aufeinander liegen.	Falte den Faltwinkel wieder auseinander.	Diese Linien sind parallel zueinander.

parallel zueinander
parallele Seiten

1 a) Lies die Beschreibung.
Falte an deinem Faltwinkel eine parallele Linie.
b) Falte an deinem Faltwinkel noch eine weitere parallele Linie.

2 Bei welchen Vierecken findest du parallele Seiten?
Zeichne nur diese ab. Ziehe jeweils zwei Seiten,
die parallel zueinander sind, mit derselben Farbe nach.

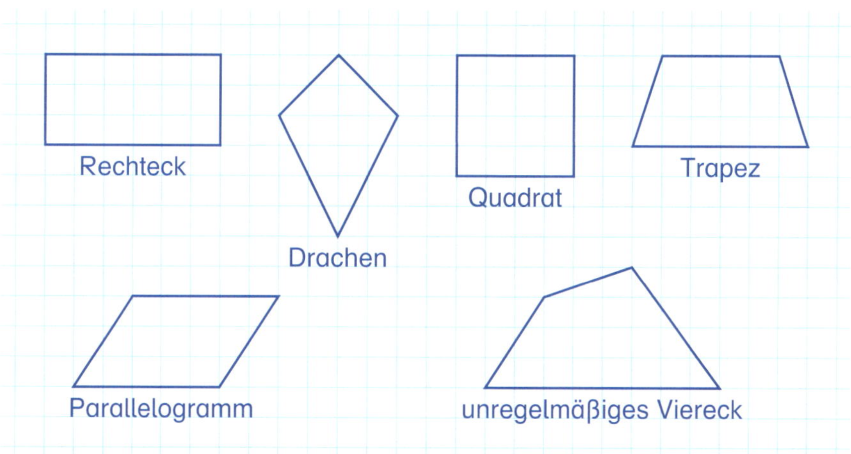

3 Zeichne ab. Ziehe parallele Seiten mit derselben Farbe nach.

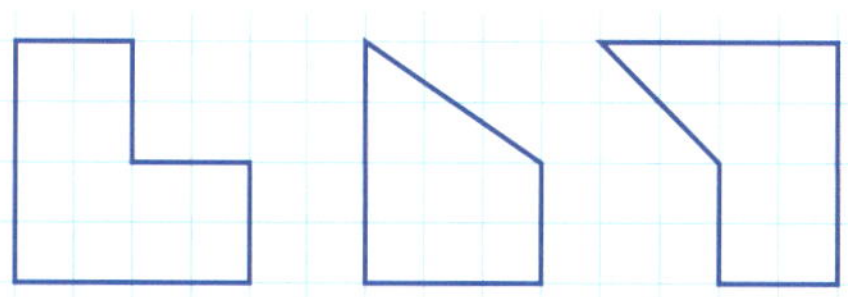

4 Zeichne ab. Ziehe parallele Seiten mit derselben Farbe nach.

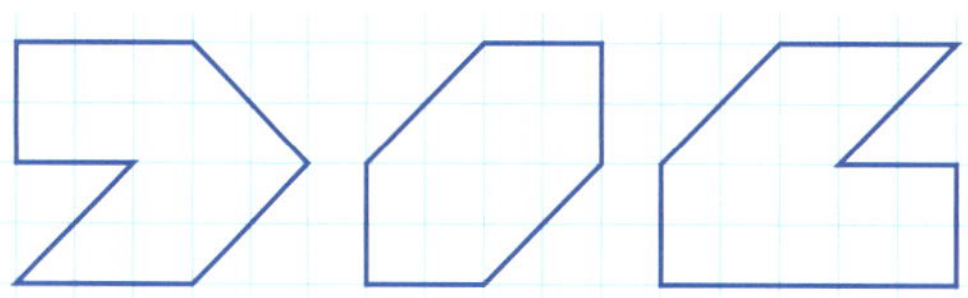

Bandornamente

1 a) Das ist ein Bandornament. Beschreibe das Muster.
Welche Formen wurden verwendet?
Welche Grundfigur wiederholt sich?

b) Zeichne das Bandornament auf ein Punkteraster.
Umrande die Grundfigur.

das Parallelogramm
die Raute
das Trapez
das Muster
die Grundfigur

2 Zeichne ab und setze das Bandornament in beide Richtungen fort.

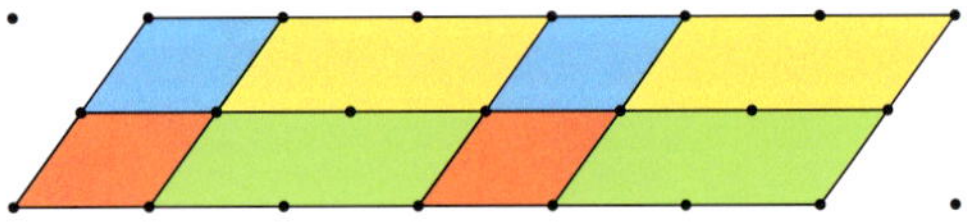

3 Zeichne ab und setze das Bandornament in beide Richtungen fort.

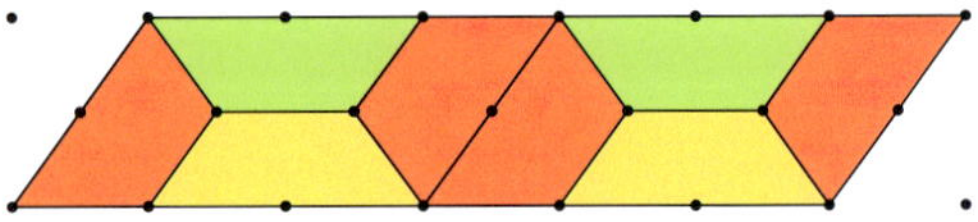

4 Zeichne ab und setze das Bandornament in beide Richtungen fort.

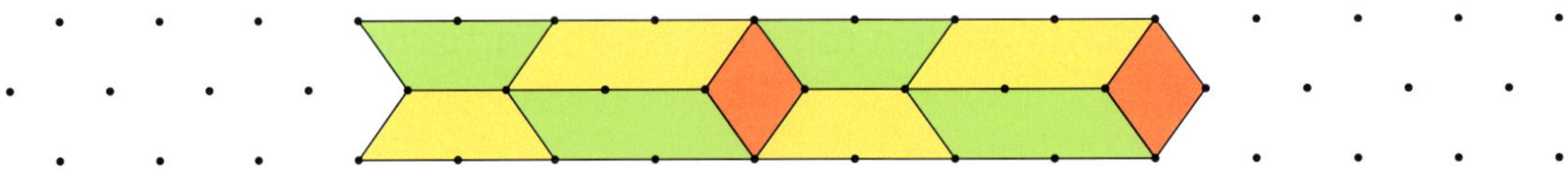

Zeichne eigene Bandornamente.

Anregung: Bandornamente in der Umgebung suchen und fotografieren (*Suchen und Verarbeiten*)

Parkettierungen

AH S. 56

1 a) Das ist eine Parkettierung.
Wie unterscheidet sie sich zum Bandornament?

b) Zeichne die Parkettierung auf ein Punkteraster.
Umrande die Grundfigur.

2 Zeichne ab und setze die Parkettierung in alle Richtungen fort.

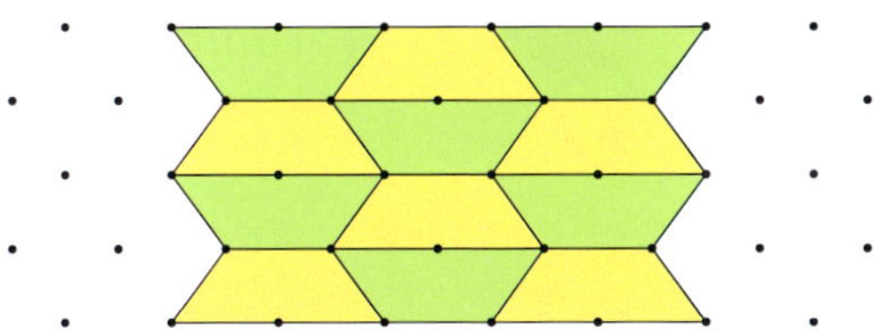

3 Zeichne ab und setze die Parkettierung in alle Richtungen fort.

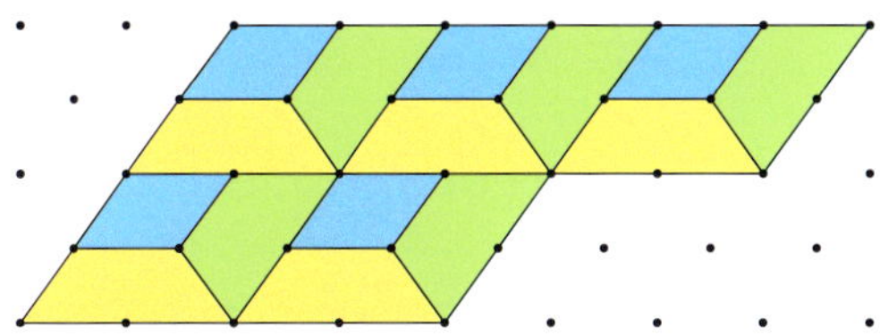

4 Zeichne ab und setze die Parkettierung in alle Richtungen fort.

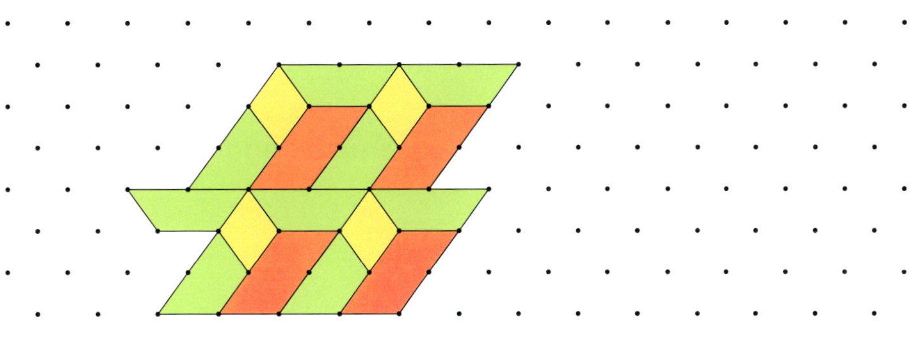

Zeichne eigene Parkettierungen.

Minuten und Sekunden

1 Du kannst den Pulsschlag an verschiedenen Stellen am Körper messen. Messt immer eine Minute lang euren Puls. Notiert. Vergleicht miteinander.

Name	Ruhepuls	Pulsschlag nach 20 Kniebeugen	Pulsschlag nach 20 Hampelmännern
Jette	80	100	116

2

> **!** 1 Minute hat
> 60 Sekunden.
> 1 min = 60 s

Probiert aus. Notiert. Vergleicht miteinander.

3 Betrachte den Sekundenzeiger einer Uhr bei seiner Runde.

a) Zähle die Sekunden mit.

b) Klopfe die Sekunden auf dem Tisch mit.

Berechne den Ruhepuls der Tiere in 1 Minute:

4

	Pulsschlag	
Tier	30 s	60 s
Blauwal	6	
Pferd	20	
Elefant	15	
Tiger	40	

5

	Pulsschlag	
Tier	30 s	60 s
Katze	55	
Giraffe	85	
Kuh	35	
Frosch	18	

6

	Pulsschlag	
Tier	15 s	60 s
Kanarienvogel	250	
Maus	160	
Kaninchen	51	
Kolibri	125	

Anregung für Internetrecherche: Warum haben kleinere Tiere einen höheren Pulsschlag als größere? *(Suchen und Verarbeiten)*

Sekunden

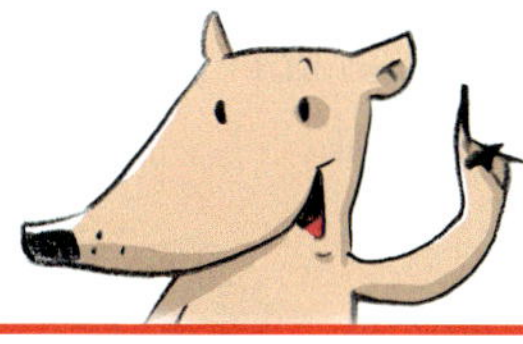

1 Minute = 60 Sekunden **!**
1 min = 60 s

1 Vergleiche die beiden Stoppuhren. Was kannst du ablesen?

2 Überlegt: Wann sind Sekunden wichtig? Notiert mehrere Beispiele.

3 Wie viele Sekunden sind vergangen?

a) 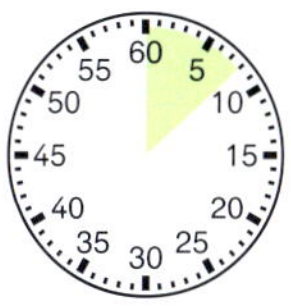 b)  c)  d)  e) 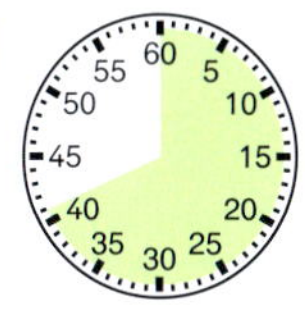

4 Schätzt zuerst.
Messt dann die benötigte Zeit mit einer Stoppuhr oder mit dem Sekundenzeiger einer Uhr. Notiert.
Wie viele Sekunden braucht ihr, …

a) geschätzt:
gemessen:

a) … um einen Stift anzuspitzen?
b) … um das Alphabet aufzusagen?
c) … um von 1 bis 20 zu zählen?
d) … um 10 Kniebeugen zu machen?

Was kannst du in einer Minute tun?

---

5 Immer 1 Minute: Ergänze.

10 s + ___ s = 1 min

10 s 20 s 30 s 40 s 50 s 55 s

6 Immer 1 Minute: Ergänze.

56 s + ___ s = 1 min

56 s 15 s 28 s 19 s 6 s 43 s

7 Schreibe in Minuten und Sekunden.

a) 65 s = 1 min 5 s

a) 65 s b) 70 s c) 82 s d) 94 s
e) 100 s f) 106 s g) 112 s h) 120 s

Stunden und Minuten

AH S. 57, 58

der Zeitpunkt
die Zeitspanne
Viertelstunde
halbe Stunde
Dreiviertelstunde

1 Stunde hat 60 Minuten.
1 h = 60 min

1 Haben Jette und Justus recht? Wie nennst du diese Uhrzeit?

2 Wie spät ist es?

a) b) c) d)

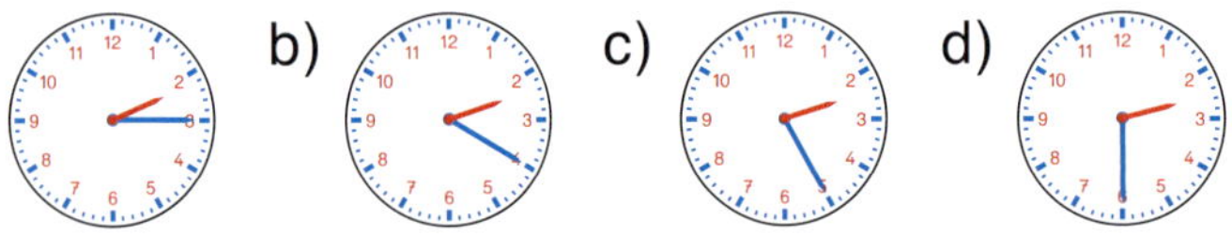

a) 2.15 Uhr
14.15 Uhr

3 Wie spät ist es?

a) b) c) d) e) f) g) h) i) j)

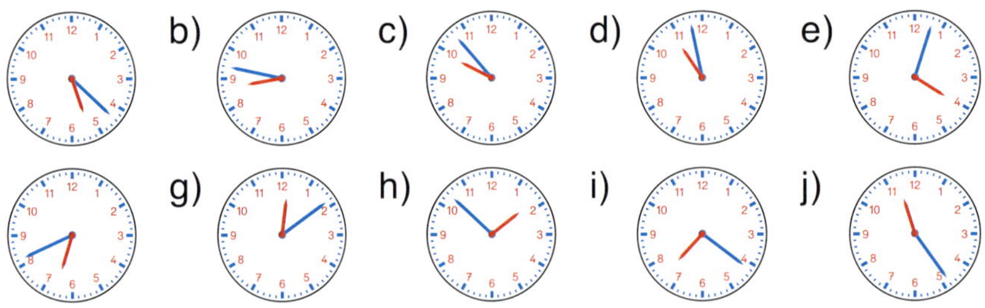

a) 5.22 Uhr
17.22 Uhr

4 Schreibe in dein Heft und ordne zu.

a) b) c) d)

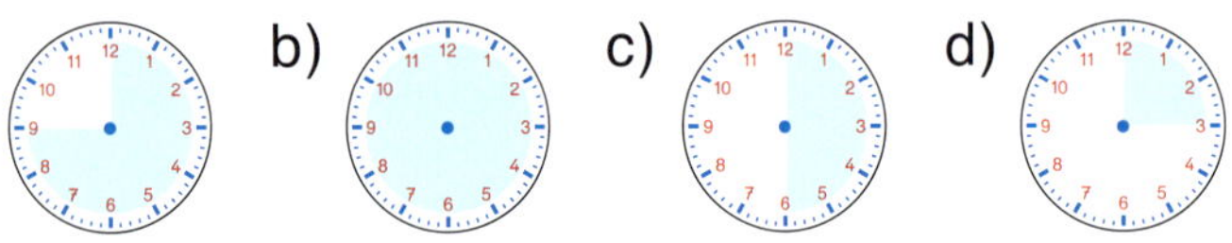

1 halbe Stunde = ▢ Minuten

1 Dreiviertelstunde = ▢ Minuten

1 Viertelstunde = ▢ Minuten

1 Stunde = ▢ Minuten

5 Wie viele Minuten sind vergangen?

a) b) c) d) e) f) g) h) i) j)

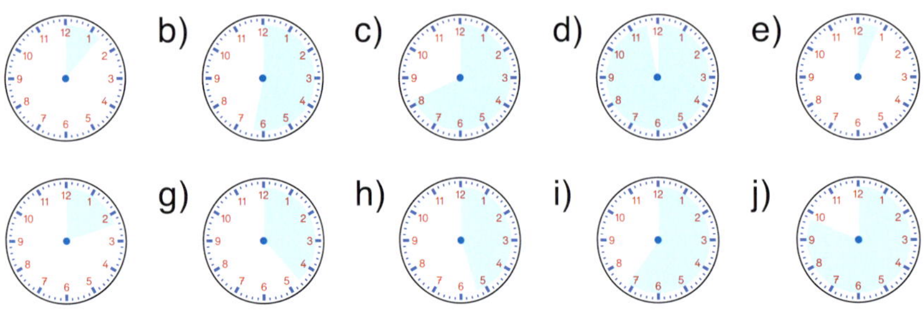

a) 7 min

6 Notiere beide Uhrzeiten.

drei vor zehn | zwei nach fünf | sechs vor halb sechs | acht nach halb elf

7 Ergänze zur vollen Stunde.

a) 18:50 b) 10:40 c) 16:30 d) 06:20

e) 17:10 f) 12:45 g) 20:35 h) 04:25

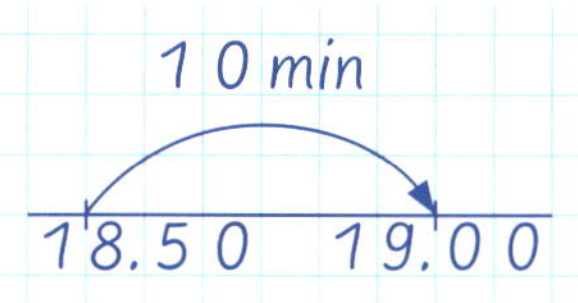

8 Ergänze zur vollen Stunde.

a) 05:37 b) 13:44 c) 08:51 d) 11:27

e) 21:08 f) 06:32 g) 00:37 h) 01:01

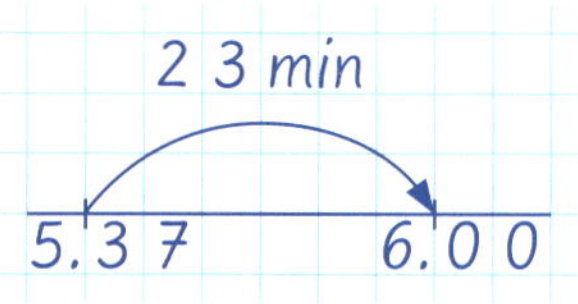

9 Wie viele Minuten sind vergangen?

a) 06:28 06:53 b) 10:02 10:47

c) 08:14 08:31 d) 14:19 14:58

e) 18:08 18:39 f) 09:12 09:42

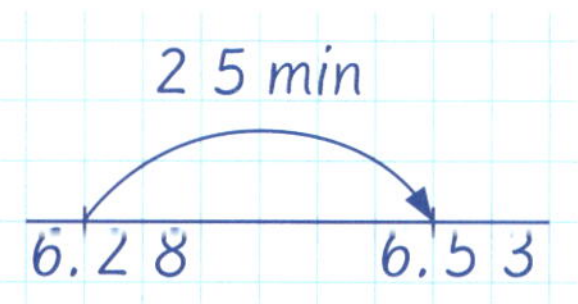

10 Wie viele Minuten sind vergangen? Ergänze zuerst zur vollen Stunde.

a) 06:48 07:12 b) 17:52 18:09

c) 13:31 14:19 d) 19:38 21:31

e) 07:19 08:16 f) 19:46 20:16

g) 02:39 03:18 h) 08:37 09:24

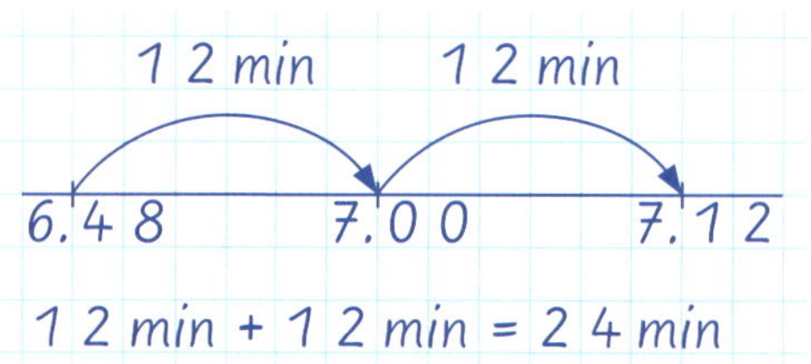

11 Es ist Nachmittag. Um wie viel Uhr kommt der Bus?

a) Es ist jetzt zwanzig vor vier. Der Bus kommt in 12 Minuten.

b) Es ist jetzt Viertel nach drei. Der Bus kommt in 20 Minuten.

c) Es ist jetzt zehn vor fünf. Der Bus kommt in 16 Minuten.

d) Es ist jetzt zwanzig nach drei. Der Bus kommt in 24 Minuten.

Tageslängen und Jahreszeiten

1 Wann geht die Sonne am 21. Januar auf?
Wann geht sie unter?

2 Justus und Jette haben berechnet, wie viel Zeit zwischen Sonnenaufgang (SA) und Sonnenuntergang (SU) liegt.
Erkläre, wie Justus und Jette gerechnet haben. Wie rechnest du?

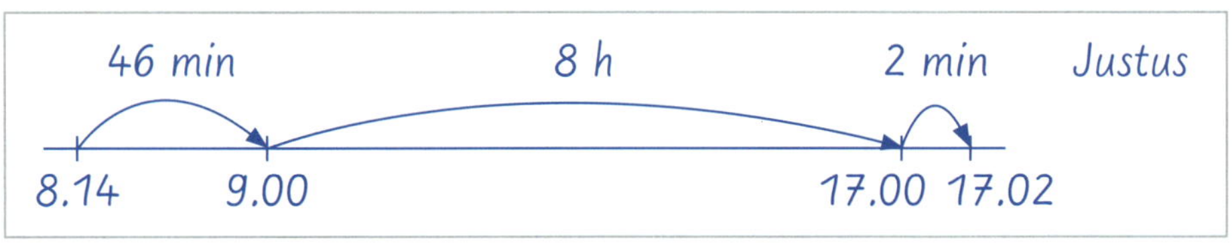

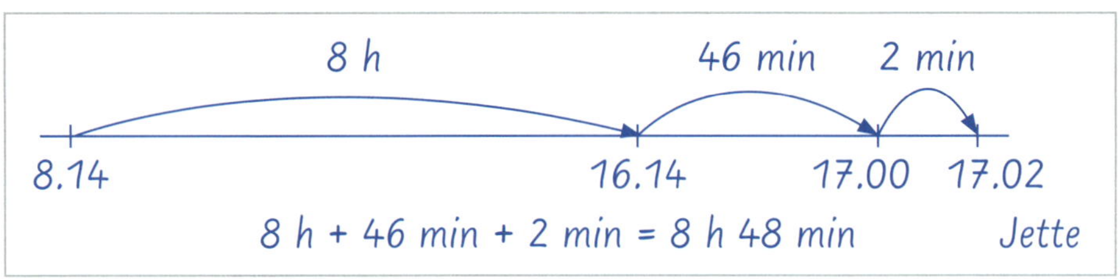

3

4

Wie viel Zeit vergeht zwischen Sonnenaufgang (SA) und Sonnenuntergang (SU)?

5 Dämmerung bezeichnet die Zeit kurz vor dem Sonnenaufgang und kurz nach dem Sonnenuntergang. In der Dämmerung ist die Sonne zwar nicht sichtbar, aber der Himmel ist mehr oder weniger hell.
In Deutschland beträgt die Dämmerungsphase etwa eine halbe Stunde.
Wie lang ist es am 10. März, am 10. Mai und am 10. Juli komplett dunkel?

Diese Zeiten gelten für Frankfurt a.M. Beachte: Von April bis Oktober ist Sommerzeit.

6 a) In welchem Monat ist die Zeitspanne zwischen SA und SU am längsten? In welchem Monat ist sie am kürzesten? Woran erkennst du das? Berechne diese Zeitspannen.

b) Suche die Zeiten für SA und SU deiner Stadt am heutigen Tag. Berechne die Zeitspanne.

7 Im März und im September sind Tag und Nacht ungefähr gleich lang. Berechne die Zeitspanne zwischen SA und SU für einen der beiden Monate.

8 In welchem Monat bist du geboren? Wie lange scheint die Sonne ungefähr an deinem Geburtstag?

9 a) Betrachtet die Zeiten für SA und SU der beiden Städte. Berechnet die Zeitspannen zwischen SA und SU.

b) Vergleicht auch mit den Zeiten von Frankfurt (Aufgabe 6).

Datum	Stadt	SA	SU
21.6.	Bremen	05.00 Uhr	21.56 Uhr
	Stuttgart	05.22 Uhr	21.29 Uhr
21.12.	Bremen	08.37 Uhr	16.11 Uhr
	Stuttgart	08.12 Uhr	16.31 Uhr

10 Suche diese Städte auf einer Europakarte. Vergleiche die Zeitspannen zwischen SA und SU mit denen der Städte in Deutschland.

Datum	Stadt	SA	SU
21.6.	Stockholm (Schweden)	03.32 Uhr	22.07 Uhr
	Marseille (Frankreich)	05.59 Uhr	21.22 Uhr
21.12.	Stockholm (Schweden)	08.42 Uhr	14.50 Uhr
	Marseille (Frankreich)	08.08 Uhr	17.07 Uhr

Aufgabe 6b (*Suchen und Verarbeiten*)

Zu viel Fernsehen schadet der Gesundheit

Forscher empfehlen, dass Kinder zwischen 9 und 13 Jahren höchstens **90 Minuten am Tag** vor dem Bildschirm verbringen sollten. Insgesamt sollten Kinder nicht länger als 5 Stunden in der Woche vor dem Bildschirm sitzen.

Die tägliche Bewegungsstunde

Eltern achten bei ihren Kindern oftmals zu wenig auf genügend Bewegung. Kinder sitzen manchmal stundenlang vor dem Computer oder Fernseher. Dabei empfehlen Ärzte **mindestens eine Stunde** spielerische oder körperliche **Bewegung am Tag**, denn das fördert die körperliche Fitness und die Konzentrationsfähigkeit.

1 Was erfährst du aus den beiden Zeitungsartikeln?

2 Wann bewegst du dich am Tag? Überlege mit einem Partnerkind. Schreibe auf.

Schulweg, Hofpause, ...

3 Justus hat eine Woche lang seine Bewegungszeiten und Bildschirmzeiten aufgeschrieben und ein Säulendiagramm erstellt. Was könnt ihr daraus alles ablesen?

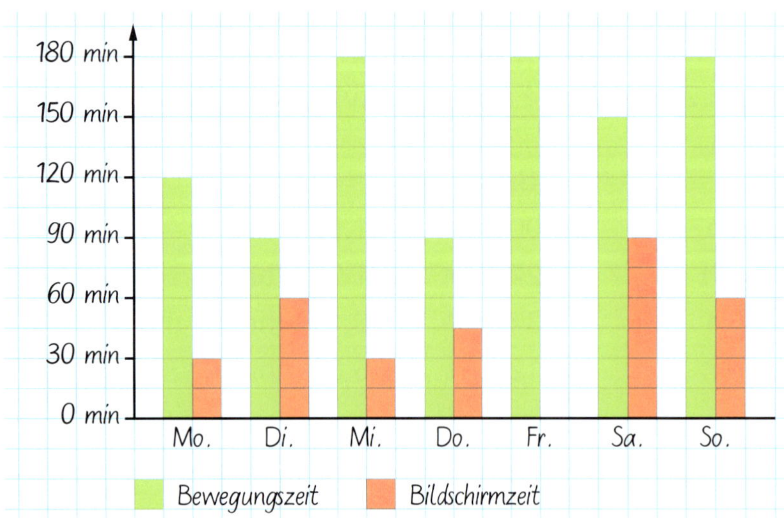

4 a) Notiere eine Woche lang jeden Tag deine Bewegungszeit und Bildschirmzeit. Erstelle ein Säulendiagramm wie Justus.

b) Vergleicht eure Diagramme.

Anregung zu Aufgabe 4: Vertiefung anhand digitaler Schrittzähler (*Problemlösen und Handeln*)

5 Wie lange dauern die Sendungen?

a) Endlings b) Nö-Nö Schnabeltier
c) Wissper d) Schloss Einstein
e) Bobby & Bill f) Der kleine Drache

Kinderprogramm	
14.10 Uhr	Schloss Einstein
15.00 Uhr	Endlings
15.20 Uhr	Odd Squad
16.05 Uhr	Sherlock Yack
16.40 Uhr	Geronimo Stilton
17.25 Uhr	Bobby & Bill
18.00 Uhr	Nö-Nö-Schnabeltier
18.15 Uhr	Der kleine Drache
18.40 Uhr	Wissper
18.47 Uhr	Baumhaus
18.50 Uhr	Sandmännchen

6 a) Pia schaut samstags oft „Schloss Einstein", „Endlings" und „Odd Squad". Wie viele Minuten schaut sie dann fern?

b) Emilio schaut samstags oft „Bobby & Bill", „Nö-Nö-Schnabeltier" und „Der kleine Drache". Wie viele Minuten schaut er dann fern?

7 Justus' Eltern wollen, dass er am Tag nicht mehr als 50 Minuten fernsieht. Welche Sendungen könnte er anschauen? Finde verschiedene Möglichkeiten.

8 a) Suche im aktuellen Fernsehprogramm Sendungen heraus, die du am Samstag gerne schaust.

Sendung	Beginn	Ende	Dauer

Notiere den Beginn und das Ende jeder Sendung und schreibe in dein Heft. Berechne, wie lange die Sendungen dauern.

b) Kinder sollen nicht mehr als 90 Minuten am Tag fernsehen oder Computer spielen. Schreibe deinen Wunschplan für eine Woche auf und überprüfe die Zeit. Insgesamt sollen es nicht mehr als 5 Stunden sein.

9 Erstelle ein Fernsehprogramm für Tim. Zu diesen Zeiten kann Tim nicht fernsehen:

Sendung	Beginn	Ende	Dauer

Gesamtdauer des Fernsehprogramms:

- Frühstück mit der Familie: 9.00 Uhr bis 9.30 Uhr
- Fußball spielen (mit Hin- und Rückweg): 14.30 Uhr bis 17.00 Uhr
- gemeinsames Abendessen mit der Familie: ab 18.00 Uhr

Nach dem Abendessen darf er nicht mehr fernsehen.

Anregung: Welche Arten von Sendungen gibt es und welche Ziele haben sie? Was gefällt am Fernsehen und was nicht? (*Analysieren und Reflektieren*)

AH S. 59

Justus, seine Eltern und seine beiden jüngeren Schwestern wollen mit dem Zug nach Köln fahren.

1 Vergleiche: Wie lange dauert die Fahrt von Frankfurt nach Köln mit dem ICE 128, dem ICE 1026 und dem ICE 728?

Frankfurt – Köln		
	Frankfurt	**Köln**
ICE 128	ab 09.29 Uhr	an 10.32 Uhr
ICE 1026	ab 09.42 Uhr	an 12.05 Uhr
ICE 728	ab 10.10 Uhr	an 11.39 Uhr

2 Mutter entscheidet sich für den ICE 128. Die einfache Fahrt (Frankfurt – Köln) kostet für einen Erwachsenen 81 Euro. Mitreisende Kinder im Alter bis 14 Jahre fahren kostenlos mit. Wie viel Euro muss die Familie für die Hinfahrt bezahlen?

FRANKFURT AM MAIN HAUPTBAHNHOF				
Abfahrt	**Zug**	**Ziel**	**Ankunft**	**Gleis**
09:21	ICE 1557	Dresden Hbf	14:14	9
09:29	ICE 128	Amsterdam Centraal	13:26	19
09:42	ICE 1026	Kiel Hbf	17:21	6
09:50	ICE 598	München Hbf	13:33	9

3 a) Am Tag der Reise ist am Bahnhof viel los. Justus schaut auf der Anzeigetafel nach, auf welchem Gleis der Zug abfährt.

b) Justus schaut auf die große Bahnhofsuhr. Er überlegt: „Wie lange haben wir noch Zeit, bis der Zug abfährt?“

c) Plötzlich kommt eine Durchsage: Wann wird der Zug nun in Frankfurt ankommen?

Achtung! Achtung!
Der ICE 128 nach Köln, planmäßige Abfahrt um 9.29 Uhr, hat voraussichtlich 15 Minuten Verspätung.

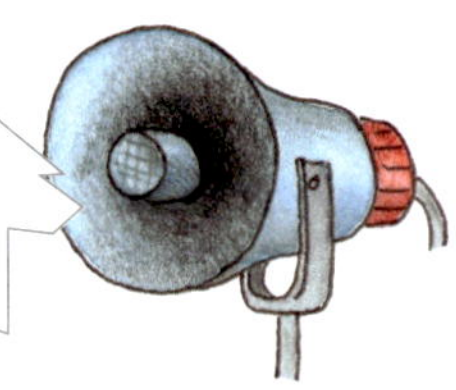

d) Zuerst schauen sie sich auf dem Bahnhof um, dann gehen sie auf den Bahnsteig. Da hören sie eine neue Durchsage:

Achtung! Achtung!
Der ICE 128 nach Köln, planmäßige Abfahrt um 9.29 Uhr, hat nur noch 5 Minuten Verspätung.

„Puh!“, sagt Justus, „Gut, dass wir schon auf dem Bahnsteig sind.“ Um wie viel Uhr soll der Zug nun ankommen?

Der Zug fährt in den Bahnhof ein. Als sie endlich im Abteil sitzen, meint Justus: „Das war ganz schön aufregend.“

FRANKFURT AM MAIN HAUPTBAHNHOF				
Abfahrt	**Zug**	**Ziel**	**Ankunft**	**Gleis**
09:21	ICE 1557	Dresden Hbf	14:14	9
09:29	ICE 128	Amsterdam Centraal	13:25	19
09:42	ICE 1026	Kiel Hbf	17:21	6
09:50	ICE 593	München Hbf	13:33	9
09:54	ICE 529	München Hbf	13:05	7
09:58	ICE 78	Hamburg Altona	13:55	8
10:06	ICE 71	Basel SBB	12:55	6
10:10	ICE 728	Köln Hbf	11:39	7

4 Welche Informationen kannst du der Anzeigetafel entnehmen? Stellt euch Fragen dazu.

5 Beantworte die Fragen mithilfe der Anzeigetafel oben.

a) Wann fährt der ICE 78 ab?
b) Von welchem Gleis fährt der ICE 128 ab?
c) Wann kommt der ICE 593 an?
d) Wann fährt ein Zug nach Köln ab?

6 a) Der ICE 128 fährt von Frankfurt (Main) Hbf nach Amsterdam Centraal. So heißt der Bahnhof in Amsterdam (Niederlande). Der Zug hält unterwegs an verschiedenen Bahnhöfen. Berechne die Fahrzeiten zwischen den einzelnen Haltestellen.

b) Wie lange braucht der Zug von Frankfurt nach Amsterdam?

ICE 128	
Frankfurt/Main Hbf	09:29
Frankfurt/Main Flughafen	09:40
Köln Hbf	10:32
Düsseldorf Hbf	11:11
Duisburg Hbf	11:24
Oberhausen Hbf	11:33
Arnhem	12:24
Utrecht Centraal	12:58
Amsterdam Centraal	13:25

7 Herr und Frau Daham kaufen Bahnfahrkarten von Frankfurt nach Köln und zurück. Eine Karte für eine Fahrt kostet pro Person 81 Euro. Wie viel Euro müssen sie insgesamt bezahlen?

8

Fahrpreise: – einfache Fahrt – 2. Klasse	Frankfurt – Dresden	114 Euro
	Frankfurt – Amsterdam	139 Euro
	Frankfurt – Kiel	129 Euro
	Frankfurt – München	112 Euro

a) Jette möchte mit ihren Eltern und ihren drei Brüdern nach München fahren. Die Brüder sind 7, 12 und 15 Jahre alt. Wie viel Euro muss die Familie für die Hin- und Rückfahrt bezahlen?

b) Stell dir vor, du fährst mit deiner Familie von Frankfurt nach Kiel und wieder zurück. Was kostet die Fahrt?

Schriftliches Subtrahieren

Es gibt verschiedene Möglichkeiten, schriftlich zu subtrahieren.
Das Abziehen ist eine davon.

325 – 162

```
 H Z E
 2 10
 3̸ 2 5
-1 6 2
     3
```

1 a) Was bedeuten die kleinen roten Zahlen? Erkläre.

b) Lege die Zahl 325 mit Material und nimm 162 weg. Beginne bei den Einern.

2 Rechne von oben nach unten, ziehe ab. Beginne bei den Einern.

So schreibst du auf:	So sprichst du dazu:
H Z E 3 2 5 – 1 6 2 3	5 E – 2 E = 3 E, schreibe 3.
H Z E 2 10 3̸ 2 5 – 1 6 2 3	2 Z – 6 Z geht nicht, deshalb wechsle ich 1 H in 10 Z. Jetzt sind es nur noch 2 H.
H Z E 2 10 3̸ 2 5 – 1 6 2 6 3	12 Z – 6 Z = 6 Z, schreibe 6.
H Z E 2 10 3̸ 2 5 – 1 6 2 6 3	2 H – 1 H = 1 H, schreibe 1.

```
  2 10           Probe:   1 6 3
  3̸ 2 5                 + 1 6 2
- 1 6 2                     1
  1 6 3                   3 2 5
```


Beilagen zum Schulbuch: Dienes-Material, Ziffernkarten
Alternativ zum Abziehverfahren finden Sie ab S. 138 die Seiten zum Ergänzungsverfahren.

3 Bei vier Aufgaben musst du wechseln. Erkennst du das, bevor du rechnest?
Kontrolliere diese mit der Umkehraufgabe (Probe).

328	843	453	764	259	587
− 175	− 691	− 321	− 582	− 168	− 224

4 An welcher Stelle musst du wechseln? Erkennst du das, bevor du rechnest?
Kontrolliere mit der Umkehraufgabe (Probe).

652	924	316	465	582	769
− 413	− 731	− 154	− 238	− 347	− 579

5 Bei welchen Aufgaben findest du Fehler?
Welche Fehler wurden gemacht? Notiere.

a)

6	10	
~~7~~	2	9
− 2	3	4
4	9	6

b)

5	8	1
− 3	6	8
2	2	7

c)

8	10	
~~9~~	5	8
− 7	6	
1	9	2

d)

3	10	
~~4~~	2	8
− 1	8	4
2	4	4

e)

	10	
6	1	8
− 4	7	0
2	4	8

f)

	8	10
2	~~9~~	4
− 1	6	8
1	2	6

Diese Beschreibungen können dir helfen:

Fehler beim Wechseln

falsche Rechenrichtung

falsch untereinander geschrieben

Rechenfehler

Schreibe falsch berechnete Aufgaben ins Heft und rechne sie richtig.

6 Schreibe stellengerecht untereinander und subtrahiere.

a)	b)	c)	d)
347 – 126	752 – 319	628 – 290	957 – 632
557 – 396	441 – 115	836 – 95	729 – 88
698 – 460	293 – 76	583 – 71	682 – 536

Lege mit den Ziffernkarten zwei dreistellige Zahlen und subtrahiere.

1 2 3 4 5 6 7 8 9

a) Bilde Minusaufgaben, bei denen du nicht wechseln musst.
b) Bilde Minusaufgaben, bei denen du einmal wechseln musst.

Anregung: Einen Erklärfilm oder eine Fotodokumentation zur schriftlichen Subtraktion anfertigen (*Produzieren und Präsentieren*)

453 – 285

1 Wie erkennt Jette das? Erkläre.

So schreibst du auf: / **So sprichst du dazu:**

```
 H Z E
   4 10
 4 5̸ 3
-2 8 5
```

3 E – 5 E geht nicht, deshalb wechsle ich 1 Z in 10 E. Jetzt sind es nur noch 4 Z.

```
 H Z E
   4 10
 4 5̸ 3
-2 8 5
     8
```

13 E – 5 E = 8 E, schreibe 8.

4 Z – 8 Z geht nicht, …

```
 H  Z  E
 3 14 10
 4̸  5̸  3
-2  8  5
    6  8
```

… deshalb wechsle ich 1 H in 10 Z.
Zusammen sind es 14 Z und nur noch 3 H.
14 Z – 8 Z = 6 Z, schreibe 6.

```
 H  Z  E
 3 14 10
 4̸  5̸  3
-2  8  5
 1  6  8
```

3 H – 2 H = 1 H, schreibe 1.

2 Rechne die Aufgaben und kontrolliere mit der Umkehraufgabe.

```
  453    725    564    432    542    976
- 285  - 436  - 198  - 265  - 387  - 589

  814    635    951    742    654    850
- 576  - 389  - 463  - 257  - 268  - 694
```

3 Lege mit den Ziffernkarten Minusaufgaben mit zwei dreistelligen Zahlen. Notiere und rechne.

1 2 3 4 5 6 7 8 9

a) Lege Aufgaben mit möglichst großem Ergebnis.
b) Lege Aufgaben mit möglichst kleinem Ergebnis.
c) Lege Aufgaben, deren Ergebnis zwischen 300 und 400 liegt.
d) Lege Aufgaben mit dem Ergebnis 222, 333, 444, 555, 666.

Beilagen zum Schulbuch: Ziffernkarten

So schreibst du auf:	So sprichst du dazu:
H Z E 2 10 ~~3~~ 0 4 − 1 7 6	4 E – 6 E geht nicht. 0 Z kann ich nicht wechseln, deshalb wechsle ich 1 H in 10 Z. Jetzt sind es nur noch 2 H.
9 2 ~~10~~ 10 ~~3~~ 0 4 − 1 7 6	Ich nehme von den gewechselten 10 Z 1 Z weg und wechsle ihn in 10 E. Jetzt sind es nur noch 9 Z.
9 2 ~~10~~ 10 ~~3~~ 0 4 − 1 7 6 1 2 8	Jetzt kann ich abziehen. 14 E – 6 E = 8 E, schreibe 8. 9 Z – 7 Z = 2 Z, schreibe 2. 2 H – 1 H = 1 H, schreibe 1.

4 Lege mit Material und erkläre den Lösungsweg.

5 Rechne und kontrolliere mit der Umkehraufgabe.

304	801	503	602	705	500
− 156	− 563	− 287	− 324	− 409	− 263

6 Schreibe stellengerecht untereinander und rechne wie Fredo.

a) 803 – 495
907 – 649
606 – 279
807 – 569

b) 404 – 168
702 – 354
508 – 219
603 – 318

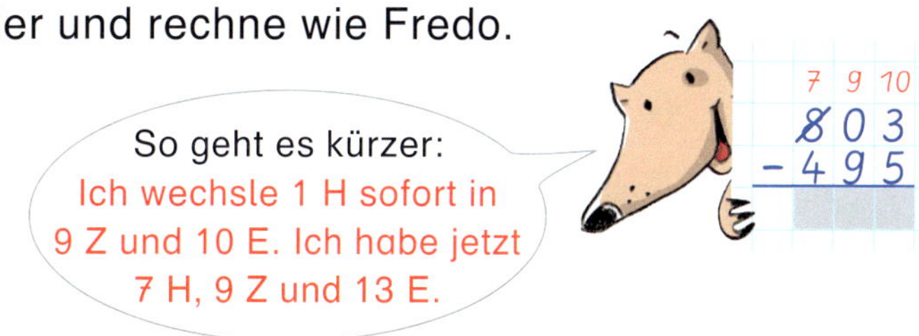

7 Schreibe stellengerecht untereinander und subtrahiere.
Kontrolliere mit der Umkehraufgabe.

a) 813 – 592
580 – 328
496 – 273

b) 941 – 487
708 – 109
606 – 83

c) 658 – 130
406 – 78
826 – 87

d) 342 – 254
904 – 58
513 – 427

8 Aufgabenfolgen: Wie geht es weiter? Erkläre.

910	907	904			
– 420	–	–	–	–	–
					485

Schriftliches Subtrahieren üben

AH S. 63

1 Wie würdest du die Aufgaben rechnen? Ordne zu. Erkläre.

2 Rechne im Kopf.

a) 903 – 600 b) 680 – 230 c) 800 – 40 d) 500 – 220 e) 475 – 150

3 Im Kopf oder schriftlich? Rechne.

a) 690 – 320	b) 894 – 428	c) 800 – 701	d) 987 – 498	e) 600 – 120
f) 825 – 376	g) 135 – 45	h) 528 – 265	i) 445 – 256	j) 802 – 799
k) 564 – 295	l) 444 – 265	m) 667 – 334	n) 819 – 432	o) 905 – 236

4 Welche Ziffern fehlen?

	a)	b)	c)	d)	e)
	6 5 5	6 1 5	7 5 □	4 7 7	5 □ 5
–	1 □ 3	□ □ 3	4 □ 3	3 5 □	□ 1 4
	□ 1 □	3 1 □	□ 5 2	1 □ 3	1 3 □

5 Welche Ziffern fehlen?

	a)	b)	c)	d)	e)
	2 7 6	8 0 7	5 2 6	8 □ □	7 □ 8
–	1 □ 7	□ 8 □	□ □ 8	4 5 0	□ 6 5
	1 5 □	3 □ 4	3 1 □	□ 9 2	4 8 □

6 Welche Ziffern fehlen? Finde möglichst viele Lösungen.

	a)	b)
	□ 4 9	8 1 1
–	3 8 □	1 □ 5
	3 6 □	6 □ 6

1 Diese Zahlen heißen AHA-Zahlen. Warum heißen sie so? Erkläre.

2 a) Finde 10 weitere AHA-Zahlen. Verwende die Ziffern von 1 bis 9.
Notiere jede Zahl auf einen Zettel.

b) Vergleicht eure AHA-Zahlen. Wie viele verschiedene habt ihr gefunden?

c) Sammelt die verschiedenen AHA-Zahlen an der Tafel,
und sortiert sie. Habt ihr allen Zahlen gefunden?

3 Mit AHA-Zahlen kann man besondere Aufgaben bilden.

868	434	626	959	323	535
– 686	– 343	– 262	– 595	– 232	– 353

a) Wie werden AHA-Aufgaben gebildet? Erkläre.

b) Rechne die Aufgaben. Was fällt dir auf?

c) Bilde eigene Aufgaben mit AHA-Zahlen.
Schreibe jede Aufgabe auf einen Zettel und rechne.

d) Vergleicht eure Aufgaben. Wie könnt ihr sie sortieren?

e) Vergleicht eure Lösungen in der Klasse.

4 Was fällt dir bei den Ergebnissen auf?

Hunderter *... wird um ... kleiner.*
Einer *Zehner* *... wird um ... größer.*

5 a) Suche dir Aufgaben mit gleichem Ergebnis heraus. Vergleiche sie.
Was fällt dir auf? Tipp: Achte auf den Unterschied zwischen den Ziffern.

b) Zum Ergebnis 364 gibt es fünf Aufgaben. Schreibe sie auf.

6 Zu welcher Ergebniszahl gibt es die meisten Aufgaben? Warum ist das so?

Wiegen und vergleichen

... ist schwerer als ...
... ist leichter als ...
... ist genauso schwer wie ...
... und ... sind gleich schwer

die Waage
das Gleichgewicht
das Ungleichgewicht

1 Nehmt die abgebildeten Gegenstände aus euren Schultaschen.

a) Ordnet sie von leicht nach schwer.
b) Vergleicht eure Anordnungen in der Klasse.
c) Überprüft eure Anordnung mit einer Kleiderbügelwaage oder einer Tafelwaage.

im Gleichgewicht

im Ungleichgewicht

2 Schreibe Vergleichssätze zu den Gegenständen in dein Heft. Der Wortspeicher hilft dir.

a) die Schere – der Radiergummi
b) der Schnellhefter – das Heft
c) das Buch – die Brotdose
d) Finde selbst weitere Beispiele.

Das Heft ist leichter als das Buch.

3 Überlege: Wie oft musst du mindestens wiegen, um herauszufinden, welches Päckchen das schwerste ist?

a)

b)

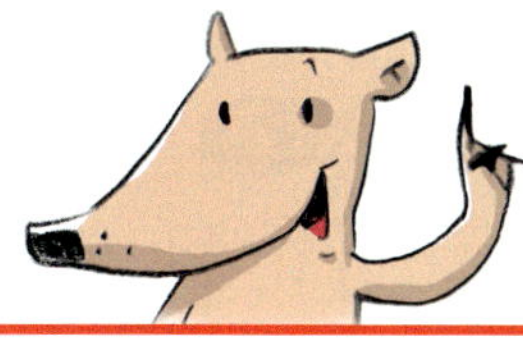

1 000 Gramm = 1 Kilogramm !
1 000 g = 1 kg

4 Beim Wiegen mit einer Tafelwaage verwendet man Gewichtssteine.
Ein Gewichtssatz besteht aus 13 Gewichtssteinen.

a) Wie funktioniert eine Tafelwaage?
b) Welche Gewichtssteine enthält ein Gewichtssatz?
c) Mit welchen Gewichtssteinen kannst du den Zucker noch abwiegen?
d) Wie viel wiegen alle Gewichtssteine zusammen?

5 Wie schwer ist das Obst und Gemüse?

a)

b)
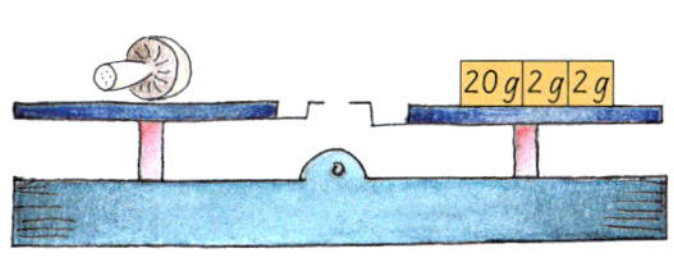

c)
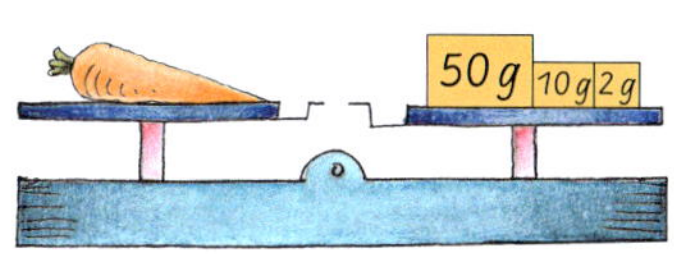

d)

e)

f)

6 Schau dir die Tafelwaagen von Aufgabe 5 an. Mit welchen anderen Gewichtssteinen könntest du das Obst und Gemüse auch wiegen?

7 Bei einem Gewichtssatz fehlt der 5-Gramm-Stein.
Welche Gewichte kannst du nun nicht mehr auswiegen? Finde 10 Beispiele.

Anregung: Im Internet nach verschiedenen Waagen recherchieren (*Suchen und Verarbeiten*)

Große und kleine Gewichte

AH S. 65

1 g | 10 g | 100 g | 250 g | 500 g | 1 kg

1 Finde Gegenstände in deiner Schultasche oder im Klassenraum, die ungefähr so viel wiegen wie die oben abgebildeten Gegenstände.

2 Ordne die Gewichtsangaben.

a) Beginne mit dem kleinsten Gewicht. 300 g 3 kg 3 g 30 kg 33 g

b) Beginne mit dem größten Gewicht. 11 g 11 kg 111 kg 111 g 1 kg 100 g

3 a) Ordne die Gewichtsangaben. Beginne mit dem kleinsten Gewicht.

3 g 5 kg 160 g 34 kg 430 g 80 kg 1 kg 200 g 600 kg 15 kg 900 kg

b) Ordne richtig zu.

3 g: Stift

Auto

Katze

Mann

Kind

Schultasche

Ball

Apfel

Fahrrad

Stift

Pferd

4 Kann das stimmen? Die Mathematikbücher aller Kinder deiner Klasse wiegen zusammen mehr als 20 kg.

---

5 Kilogramm und Gramm: Schreibe mit Komma.

	kg	g	
6 kg 400 g	6	400	6,400 kg
6 kg 40 g	6	040	6,040 kg
6 kg 4 g	6	004	6,004 kg

a) 6 kg 400 g
2 kg 800 g
3 kg 100 g

b) 10 kg 80 g
0 kg 200 g
6 kg 750 g

c) 1 kg 8 g
9 kg 20 g
4 kg 35 g

d) 15 kg 250 g
22 kg 90 g
34 kg 6 g

Die rückenfreundliche Schultasche

Ist deine Schultasche zu schwer?	
Körpergewicht	**Höchstgewicht der Schultasche**
25 kg	2,5 kg
26 kg	2,6 kg
27 kg	2,7 kg
28 kg	2,8 kg
29 kg	2,9 kg
30 kg	3,0 kg
31 kg	3,1 kg
32 kg	3,2 kg
33 kg	3,3 kg
34 kg	3,4 kg
35 kg	3,5 kg

1 Ist Jettes Schultasche zu schwer?

2 a) Wiege deine Schultasche. Überprüfe, ob sie zu schwer ist.
b) Warum sind eure Schultaschen unterschiedlich schwer?
c) Wie könnt ihr beim Packen eurer Schultasche Gewicht einsparen?

3 Wie schwer sind die gepackten Schultaschen?

Ali: 1 kg + 2 kg 300 g = ▢

	Ali	Jana	Tobi	Kim
Leergewicht der Schultasche	1 kg	1 kg	1 kg 110 g	1 kg 200 g
Gewicht des Inhalts	2 kg 300 g	1 kg 750 g	2 kg	2 kg 600 g
Gesamtgewicht der Schultasche	▢	▢	▢	▢

4 Bei welchen Kindern ist die Schultasche zu schwer?

	Pia	Lukas	Emilio	Lea
Körpergewicht	28 kg	30 kg	32 kg	29 kg
Leergewicht der Schultasche	1 kg	1 kg 100 g	1 kg 200 g	1 kg 100 g
Gewicht des Inhalts	1 kg 900 g	2 kg 850 g	2 kg	1 kg 900 g

5 Wie schwer sind die Schultaschen?

Alis Tasche ist 100 g schwerer als Bens Tasche.
Bens Tasche wiegt 200 g mehr als Olgas Tasche.
Noemis Tasche ist 400 g leichter als Alis Tasche.
Olgas Tasche wiegt 2 kg und 700 g.

Steckbrief

Südamerikanischer Nasenbär

Körperlänge:
W: 45–55 cm
M: 50–70 cm

Gewicht: ______

Nahrung: ______

Alter: ______

Tragzeit: 77 Tage

Geburtsgewicht: ______

Junge pro Wurf: 3–7

Der Südamerikanische Nasenbär

Der Nasenbär lebt in den Wäldern Südamerikas.

Bei seiner Geburt wiegt ein Nasenbär ungefähr 150 Gramm. Ausgewachsen wiegt er 3 bis 6 Kilogramm und ist vom Kopf bis zum Po 45 bis 70 Zentimeter lang. Der Schwanz ist noch einmal ungefähr so lang wie der Körper. Die Männchen sind schwerer und größer als die Weibchen.

Nasenbären sind Allesfresser. Sie ernähren sich von Beeren, Früchten, Eiern, Vögeln, Fischen sowie Insekten aller Art.
Ihre Nahrung suchen die Nasenbären meist auf dem Boden oder am Wasser.
Zum Schlafen klettern sie auf Bäume.
Beim Laufen auf dem Boden wird der Schwanz senkrecht in die Höhe gestreckt.
Beim Klettern dient er zur Balance.

Weibchen und Jungtiere leben in Gruppen von 4 bis 20 Tieren. Die Männchen sind Einzelgänger.

In der Natur werden Nasenbären bis zu 14 Jahre alt.

1 a) Du kannst im Text vieles über Nasenbären erfahren. Welche Information findest du interessant? Erzähle.
b) Ergänze den Steckbrief des Nasenbären und schreibe ihn in dein Heft.

2 Körperlänge von Nasenbären

a) Wie lang wird ein kleines Weibchen vom Kopf bis zur Schwanzspitze?
b) Wie lang wird ein großes Männchen vom Kopf bis zur Schwanzspitze?

3 Gewicht von Nasenbären

a) Wie schwer werden Nasenbären mindestens?
b) Wie schwer werden Nasenbären höchstens?
c) Welches Tier wiegt ungefähr so viel wie ein Nasenbär?
d) Wie viele Nasenbären sind so schwer wie du?
e) Ein Weibchen wiegt 3,8 kg.
Wie viel Gewicht hat es seit der Geburt zugenommen?
f) Ein Männchen wiegt 5,6 kg.
Wie viel Gewicht hat es seit der Geburt zugenommen?

4 Nachwuchs von Nasenbären

a) Nach wie vielen Wochen Tragzeit kommen die jungen Nasenbären zur Welt?
b) Eine Nasenbärin bekommt einmal im Jahr Junge, zum ersten Mal im Alter von 2 Jahren. Wie viele Junge kann sie in ihrem Leben höchstens bekommen?

Steckbrief

Große Braune Fledermaus

Länge: ca. 12 cm

Gewicht: 18–20 g

Nahrung: Insekten

Alter: bis 15 Jahre

Tragzeit: 60 Tage

Geburtsgewicht: 3 g

Junge pro Wurf: 1–2

Die Große Braune Fledermaus

Es gibt auf der Welt ungefähr 900 Arten Fledermäuse. Die meisten Fledermäuse sind nachtaktiv. Auch die Großen Braunen Fledermäuse gehen nachts auf Nahrungssuche. Sie ernähren sich von Insekten. Mit ihren 32 Zähnen können sie leicht den Panzer von Käfern und ähnlichen Tieren knacken. Jede Nacht jagen sie ca. 100 Minuten lang. Den Rest der Nacht verbringen sie in einem Unterschlupf.

Diese Fledermäuse haben eine Flügelspannweite von 30 bis 33 Zentimetern. Im Flug schlagen sie über 9-mal pro Sekunde mit ihren Flügeln. Ihre Ohren sind 40 Millimeter lang.

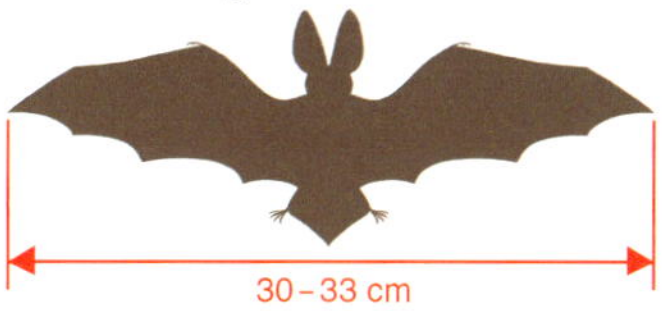

Weibchen und Jungtiere leben in großen Gruppen. Eine Gruppe kann aus mehreren Hundert Fledermäusen bestehen.
Die Männchen leben als Einzelgänger oder in kleinen Gruppen.
Im Frühjahr und Sommer fressen sich die Fledermäuse eine Fettschicht an. Im Winter halten die Tiere mehrere Monate Winterruhe in hohlen Bäumen. In dieser Zeit verliert eine Fledermaus ein Viertel ihres Gewichts.

5 Welche Aussagen sind richtig? Schreibe sie auf.

a) Eine Fledermaus wird ungefähr 30 cm lang.
b) Bei der Geburt wiegt eine Fledermaus 3 g.
c) Ausgewachsen ist sie 18 g bis 20 g schwer.
d) Eine Fledermaus kann bis zu 60 Tage alt werden.

6 Welche Aussagen sind richtig? Schreibe sie auf.

a) Eine ausgewachsene Fledermaus hat seit der Geburt etwa 7 g zugenommen.
b) Eine ausgewachsene Fledermaus ist ungefähr 7-mal so schwer wie bei ihrer Geburt.
c) 10 Fledermäuse sind so schwer wie eine Tafel Schokolade.
d) Der Körper einer Fledermaus ist dreimal so lang wie ihre Ohren.
e) Die Flügelspannweite der Fledermaus ist mehr als doppelt so lang wie ihre Körperlänge.
f) Die Fledermaus jagt pro Nacht mehr als 2 Stunden.

7 Beantworte die Fragen.

a) Eine Fledermaus wiegt im Herbst 20 g. Wie viel wiegt sie nach der Winterruhe?
b) Wenn sie Jungtiere hat, frisst eine Fledermaus jede Nacht ihr eigenes Körpergewicht an Insekten. Wie viele Insekten muss sie fressen, wenn ein Insekt ein halbes Gramm wiegt?
c) Wie oft schlägt eine Fledermaus in einer Minute mit den Flügeln?

Anregung: Interessante Informationen und Zahlen über ein Tier im Internet recherchieren und einen Steckbrief erstellen (*Suchen und Verarbeiten*)

Alles Zufall?

AH S. 69

Bastelanleitung

Nehmt ein Quadrat aus Pappe. Die Seitenlänge soll 6 cm sein. Verbindet die Eckpunkte mit Lineal und Bleistift. In die Mitte steckt ihr einen Zahnstocher. 

1

a) Jette und Justus führen ein Zufallsexperiment durch. Wie gehen sie vor? Erkläre.

b) Jette und Justus drehen den Kreisel 50-mal. Vermute: Hat Jette recht?

> das Zufallsexperiment
>
> sicher
> möglich
> unmöglich
> wahrscheinlich
> unwahrscheinlich
>
> Die Chance ist groß, dass …
> Die Chance ist größer, dass …

2 Baut einen Kreisel wie Jette und Justus. Die Anleitung hilft euch.

a) Dreht den Kreisel mindestens 50-mal. Tragt die Ergebnisse in eine Tabelle ein.

b) Vergleicht eure Ergebnisse mit anderen Zweiergruppen.

c) Sammelt die Ergebnisse in der Klasse.

d) Ändern sich die Ergebnisse, wenn ihr den Kreisel so einfärbt? Begründet eure Meinung.

3 Baut einen weiteren Kreisel und färbt drei Dreiecke rot und ein Dreieck blau.

a) Vermutet: Welche Farbe gewinnt?

b) Überprüft: Dreht den Kreisel 20-mal. Tragt die Ergebnisse in eine Tabelle ein.

c) Vergleicht eure Ergebnisse miteinander. Was fällt euch auf?

4 Wie musst du deine Kreisel einfärben, damit die folgenden Aussagen stimmen? Zeichne jeweils einen passenden Kreisel.

a) Es ist sicher, dass Rot gewinnt.

b) Es ist unmöglich, dass Rot gewinnt.

c) Die Chance ist groß, dass Rot gewinnt.

d) Die Chance ist groß, dass Blau gewinnt.

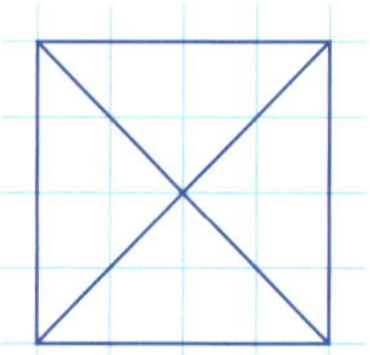

Gewinnregeln:
1) Du gewinnst bei Rot.
2) Du gewinnst bei Rot oder Blau.
3) Du gewinnst bei Grün.
4) Du gewinnst bei Rot, Grün oder Blau.
5) Du gewinnst bei Blau.
6) Du gewinnst bei Grün oder Blau.

5 Du drehst am Glücksrad. Wähle eine der Regeln aus, bei der …
a) es sicher ist, dass du gewinnst.
b) es möglich ist, dass du gewinnst.
c) die Chance groß ist, dass du gewinnst.

6 Bei welchen beiden Regeln ist die Chance gleich groß zu gewinnen? Begründe.

7 Ordne die Regeln nach der Anzahl ihrer Gewinnfelder.

Bei Regel … gibt es insgesamt … Gewinnfelder.

8 Denke dir eine Regel aus, bei der es unmöglich ist zu gewinnen.

9 Bei welchem Rad ist die Chance größer, dass Rot gewinnt? Begründe.

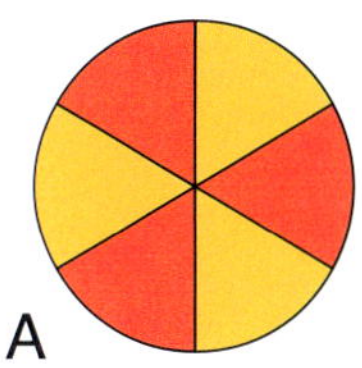
A

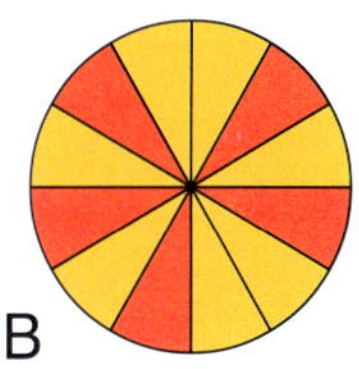
B

10 Bei welchem Rad ist die Chance größer oder kleiner, dass Blau gewinnt?

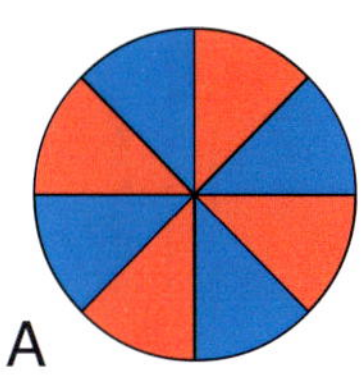
A

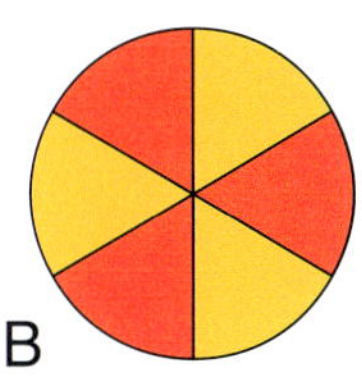
B

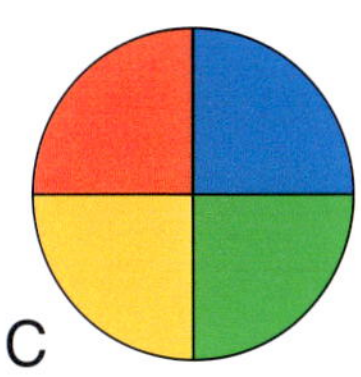
C

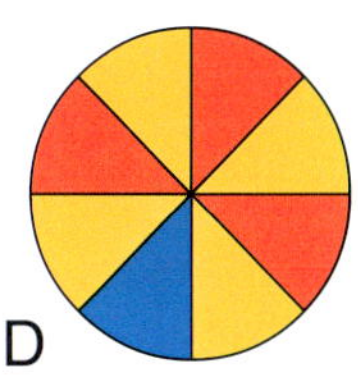
D

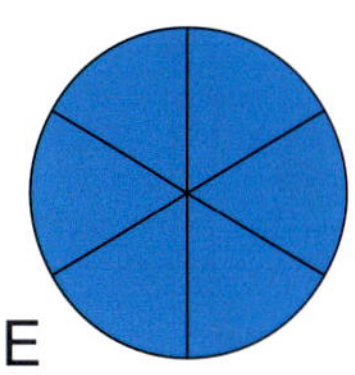
E

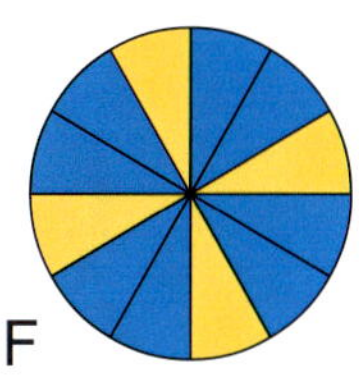
F

Zeichne die Skala in dein Heft und ordne die Buchstaben der Räder passend an.

11 Beschreibe, wie du Rad B von Aufgabe 9 verändern müsstest, damit bei beiden Rädern die Chance gleich groß ist zu gewinnen.

 AH S. 70

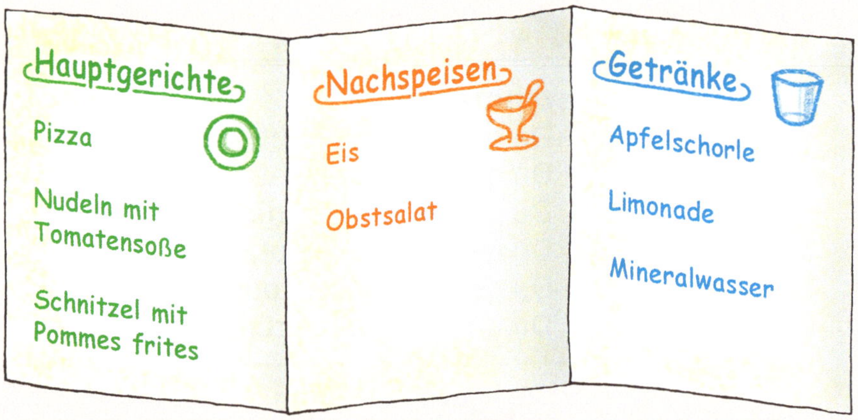

1 a) Erzähle: Was gehört zu einem Kindermenü? Was würdest du wählen?
b) Schätze: Wie viele verschiedene Möglichkeiten gibt es für ein Kindermenü?

2 a) Finde viele verschiedene Möglichkeiten für ein Kindermenü. Wähle immer ein Hauptgericht, eine Nachspeise und ein Getränk aus. Notiere jede Möglichkeit auf einem neuen Zettel.

b) Vergleicht eure Lösungen. Legt gleiche Lösungen aufeinander. Einigt euch auf eine Anordnung und ordnet die Lösungen auf einem Plakat.

c) Stellt in der Klasse eure Plakate vor. Wie haben die anderen geordnet?

3 Wie haben Ali und Jana geordnet? Notiere alle Möglichkeiten in deinem Heft.

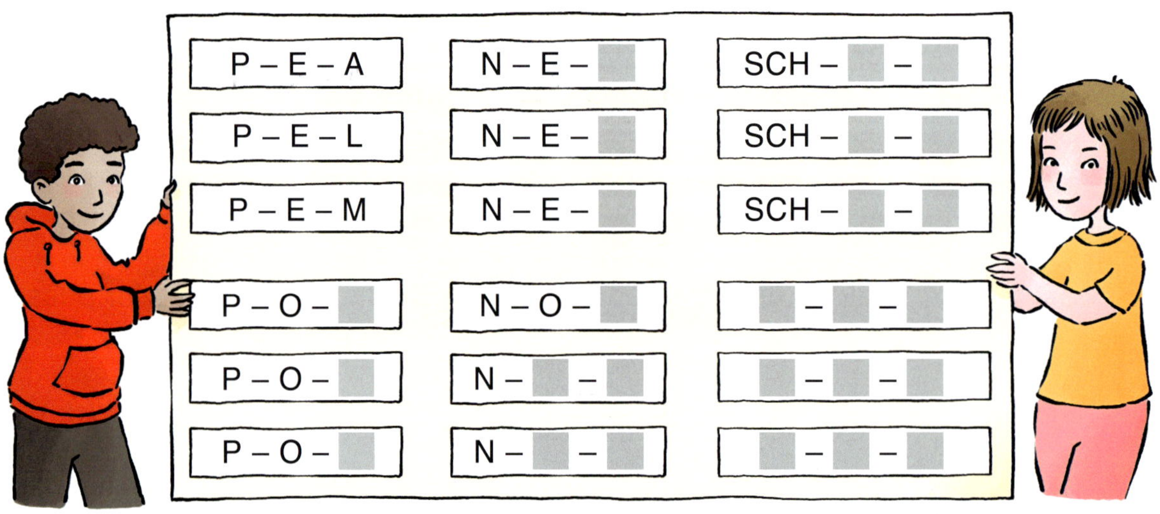

4 Wie viele Möglichkeiten gibt es bei einem Kindermenü mit 3 Hauptgerichten, 3 Getränken und 3 Nachspeisen?

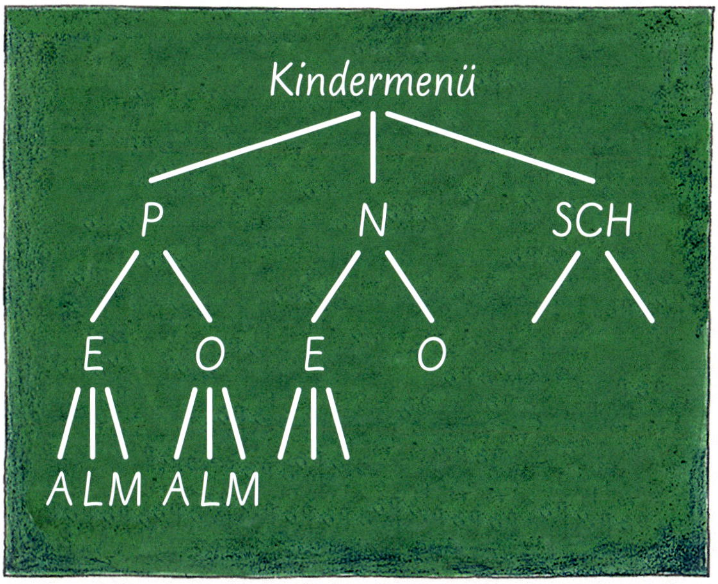

das Baumdiagramm
kombinieren
die Möglichkeiten

5 a) Eine weitere Methode, um alle Möglichkeiten zu finden, ist ein Baumdiagramm. Erkläre.

b) Zeichne das Baumdiagramm vollständig in dein Heft.

c) Vergleicht mit euren Plakaten von Aufgabe 2.

6 Wähle immer ein Hauptgericht und eine Beilage.
Zeichne ein Baumdiagramm.
Wie viele Möglichkeiten gibt es?

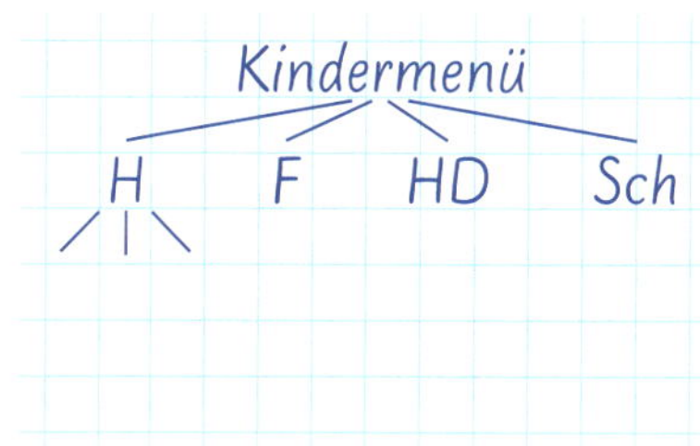

7 Wähle immer ein Hauptgericht, eine Beilage und ein Getränk. Zeichne ein Baumdiagramm.
Wie viele Möglichkeiten gibt es?

8 Erfinde eine eigene Speisekarte mit 4 Hauptgerichten, 4 Nachspeisen und 2 Getränken.
Zeichne ein Baumdiagramm.
Wie viele Möglichkeiten gibt es?

Mal-Plus-Häuser

AH S. 71

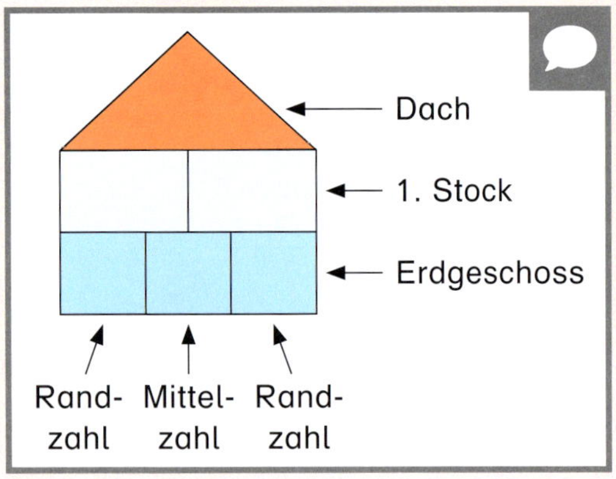

1 Wie muss Jette die Steine aufbauen? Habt ihr alle die gleiche Lösung?

2 Rechne in deinem Heft.

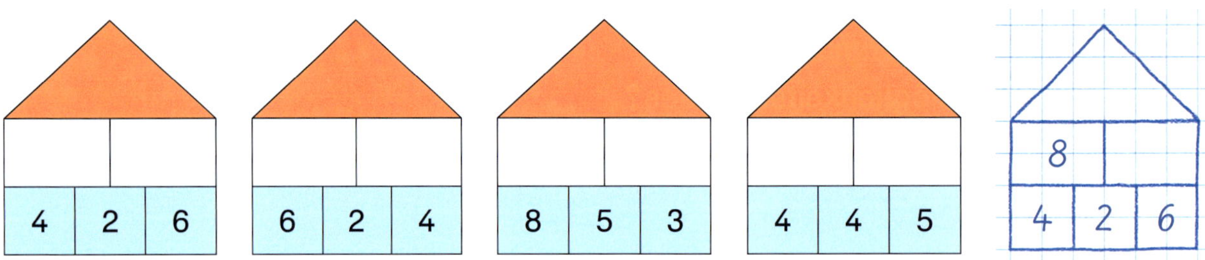

3 Rechne in deinem Heft.

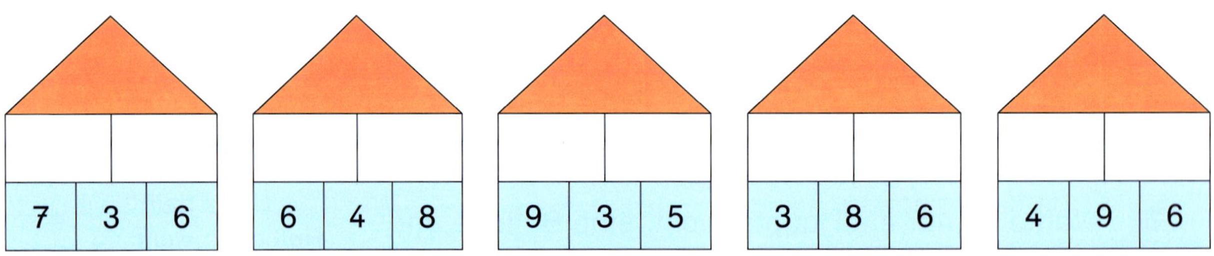

4 Wo gehören diese Zahlen hin?
Trage sie in ein Mal-Plus-Haus ein.

a) 4 9 2 54 18 36   b) 7 90 6 48 42 8

Wähle drei Zahlen für das Erdgeschoss und baue damit Mal-Plus-Häuser.

5 Rechne in deinem Heft.

a)

Dach	Mitte	Erdgeschoss
	_ / 12	5 / 3 / _
	_ / 16	7 / 2 / _
	16 / _	_ / 4 / 5
	24 / _	_ / 8 / 7
	24 / _	4 / _ / 5

b)

Dach	Mitte	Erdgeschoss
65	_ / 30	_ / 5 / _
52	_ / 28	_ / 4 / _
72	_ / 48	_ / _ / 8
36	21 / _	7 / _ / _
60	36 / _	_ / 4 / _

6 Was passiert mit der **Dachzahl**, wenn die **linke Randzahl** um 1 größer wird?
Rechne in deinem Heft und überprüfe deine Vermutung.

a)

6 3 2 → **7** 3 2 → **8** 3 2 → **9** 3 2

b)

6 5 2 → **7** 5 2 → **8** 5 2 → **9** 5 2

7 Wie heißen die Zahlen im Erdgeschoss?
Probiere in deinem Heft.

Dach	Mitte
35	15 / 20
72	27 / 45
49	14 / 35

8 Wie heißen die Zahlen im Erdgeschoss?
Notiere 3 Möglichkeiten.

Dach	Mitte
36	12 / 24

9 Finde ein Haus.
Dachzahl: 25
Mittelzahl: 5

10 Finde mehrere Häuser.
Dachzahl: 36
Mittelzahl: 4

11 Finde acht Häuser.
Dachzahl: 81
Mittelzahl: 9

Mal-Plus-Häuser untersuchen

1 Rechne in deinem Heft. Was fällt dir bei den Häusern auf?

			1	5	9
			10	5	0
		20	6		4
50	15		3		
		25	5	5	

2 Hier gibt es viel zu entdecken!

9			1		8
18			2		7
27			3		6
36			4		5
45			5		4

a) Wie heißen die fehlenden Zahlen? Probiere in deinem Heft.

b) Setze die Häuserreihe fort.

c) Vervollständige die Aussagen.

Die beiden Randzahlen ergeben zusammen immer __.

Die Dachzahl ist immer __-mal so groß wie die ...

Die Mittelzahl wird immer um __ ...

Die Dachzahl wird immer um __ größer.

Alle Dachzahlen sind aus der __-Reihe.

3 Rechne in deinem Heft.

a)	24				4	
b)	24				6	
c)	24			2	8	
d)	24			4	3	

4 Wie viele verschiedene Lösungen findest du? Probiere im Heft.

a)	48				8	
b)	48				6	

5 Wie viele Häuser gibt es? Probiere im Heft.

35					

Die höchste Dachzahl gewinnt

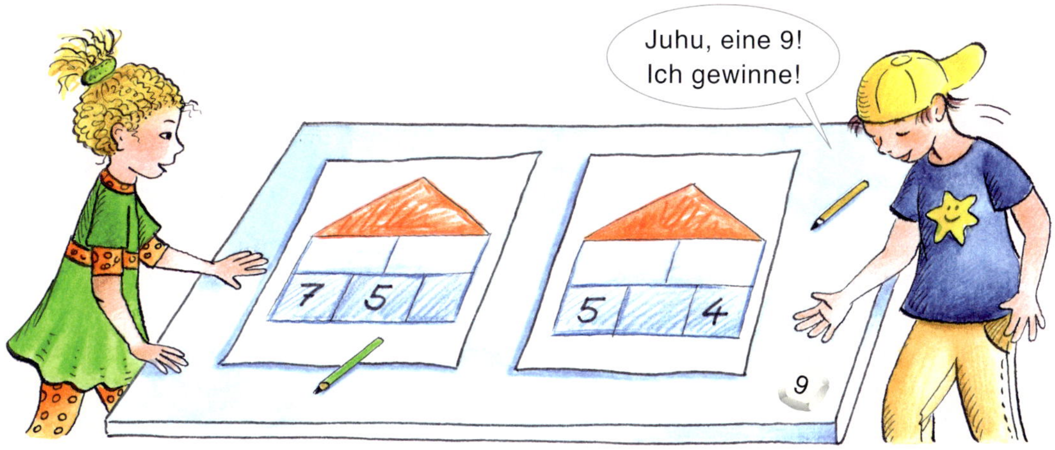

1 a) Spielt das Spiel „Die höchste Dachzahl gewinnt“.
b) Ist es wirklich sicher, dass Justus gewinnt? Erkläre.

2 Mit welchen Würfelzahlen kann Jette gewinnen? Schreibe die Zahlen auf.

0 1 2 3 4 5 6 7 8 9 10

a)

b)

3 Welche Aussage ist richtig? Begründe.

a) Es ist möglich, aber nicht sicher, dass Jette gewinnt.

b) Es ist sicher, dass Jette gewinnt.

c) Es ist unmöglich, dass Jette gewinnt.

4 Jette hat gewonnen.

Welche Zahlen könnten Justus und Jette gewürfelt haben?

Finde mehrere Möglichkeiten.

Multiplizieren mit Zehnerzahlen

1 Was fällt dir auf? Was meint Jette? Erkläre.

> multiplizieren = malnehmen
> die Multiplikation

2 Lege mit dem Material und rechne.

a)	b)	c)	d)	e)	f)
4 · 3 Z	2 · 5 Z	3 · 4 Z	4 · 5 Z	5 · 3 Z	6 · 2 Z
4 · 30	2 · 50	3 · 40	4 · 50	5 · 30	6 · 20

3 Rechne. Bilde vier weitere Aufgabenpaare.

a)	b)	c)	d)	e)	f)
6 · 6 Z	7 · 8 Z	9 · 4 Z	8 · __ Z	5 · __ Z	4 · __ Z
6 · 60	7 · 80	9 · 40	8 · 30	5 · 70	4 · 90

4 Rechne. Finde vier weitere Aufgabenpaare.

a)	b)	c)	d)
6 · __ = 54	3 · __ = 24	7 · __ = 63	5 · __ = 20
6 · __ = 540	3 · __ = 240	7 · __ = 630	5 · __ = 200

5 Tauschaufgaben

a)	b)	c)	d)	e)	f)
5 · 60	8 · 90	4 · 70	9 · 30	7 · 50	3 · 20
60 · 5	90 · 8	70 · 4	90 · 3	50 · 7	20 · 3

6 Rechne.

a)	b)	c)	d)
3 · __ = 150	60 · __ = 420	9 · __ = 180	80 · __ = 640
40 · __ = 360	50 · __ = 450	8 · __ = 320	7 · __ = 490

7 Finde möglichst viele Malaufgaben, bei denen das Ergebnis größer als 500 ist.

 Beilagen zum Schulbuch: Dienes-Material

Dividieren durch Zehnerzahlen

1 Wie rechnet Jette die Aufgabe 80 : 40?
Wie rechnest du diese Aufgabe? Erkläre.

> dividieren = teilen
> die Division
> die Umkehraufgabe

2 Lege mit Material und rechne.

a) 12 Z : 4 Z	b) 18 Z : 3 Z	c) 25 Z : 5 Z	d) 18 Z : 9 Z	e) 16 Z : 4 Z
120 : 40	180 : 30	250 : 50	180 : 90	160 : 40

3 Rechne. Kontrolliere mit der Umkehraufgabe.

a) 180 : 20	b) 150 : 30	c) 360 : 60	d) 480 : 80
250 : 50	720 : 90	400 : 50	210 : 30
810 : 90	160 : 40	120 : 40	500 : 50

a) 180 : 20 = 9
9 · 20 = 180

4 Für das Jugendschwimmabzeichen Bronze muss Jette 200 m schwimmen.
Wie viele 50-Meter-Bahnen sind das?

5 Zahlenrätsel

Wenn ich meine Zahl mit 50 multipliziere und dann 10 addiere, erhalte ich 310.

Wenn ich meine Zahl durch 4 dividiere und dann 20 subtrahiere, erhalte ich 60.

Denke dir eigene Zahlenrätsel aus. Gib sie einem Partnerkind zum Lösen.

Beilagen zum Schulbuch: Dienes-Material

Dividieren üben

AH S. 75

1 Justus und Jette verteilen zuerst die Würfel und dann die Zehnerstangen. Welche Aufgaben legen sie? Was fällt dir auf? Erkläre.

2 Lege mit Material und rechne.

a)	b)	c)	d)	e)
9 Z : 3	8 Z : 2	12 Z : 4	15 Z : 3	20 Z : 5
90 : 3	80 : 2	120 : 4	150 : 3	200 : 5

3 Rechne. Kontrolliere mit der Umkehraufgabe.

a)	b)	c)	d)
450 : 9	640 : 8	320 : 8	160 : 4
350 : 5	360 : 6	210 : 3	200 : 5
280 : 4	540 : 9	560 : 7	300 : 6

a) 450 : 9 = 50
50 · 9 = 450

4 Die Kinder kaufen sich von ihrem Taschengeld eine Box mit 180 Stickern. Wie viele Sticker bekommt jedes Kind, wenn es …

a) 2 Kinder sind? b) 3 Kinder sind? c) 6 Kinder sind?

a) 180 : 2 = __

5 Rechne. Kontrolliere mit der Umkehraufgabe.

a)	b)	c)	d)
240 : __ = 60	720 : __ = 90	__ : 80 = 8	__ : 60 = 3
320 : __ = 80	480 : __ = 60	__ : 50 = 5	__ : 70 = 8
160 : __ = 40	120 : __ = 20	__ : 60 = 7	__ : 50 = 9

6 Finde möglichst viele dreistellige Zahlen, die sich durch 40 teilen lassen. Notiere die Aufgaben.

Notiere zu diesen Zahlen möglichst viele Geteiltaufgaben ohne Rest.

120 270 180 240

 Beilagen zum Schulbuch: Dienes-Material

7 Rechne.

a) 12 Z : 4	b) 15 Z : 3	c) 21 Z : 7	d) 36 Z : 6	e) 24 Z : 8
120 : 4	150 : 3	210 : 7	360 : 6	240 : 8
12 Z : 4 Z	15 Z : 3 Z	21 Z : 7 Z	36 Z : 6 Z	24 Z : 8 Z
120 : 40	150 : 30	210 : 70	360 : 60	240 : 80

8 Rechne. Kontrolliere mit der Umkehraufgabe.

a) 450 : 5	b) 270 : 9	c) 630 : 9	d) 320 : 8	e) 200 : 5
450 : 50	270 : 90	630 : 90	320 : 80	200 : 50

9 Finde weitere Aufgabenpaare wie bei Aufgabe 8.

---

10 Stimmt das? Schreibe die richtige Aussage in dein Heft.

a) 30 Schildkröten haben mehr als 1 000 Beine.
b) 30 Marienkäfer haben mehr als 500 Beine.
c) 30 Spinnen haben mehr als 25 Beine.
d) 30 Enten haben mehr als 50 Beine.

11 Stimmt das? Korrigiere, falls nötig. Schreibe die richtige Aussage in dein Heft.

a) Ein Elchkalb wiegt etwa 10 kg. Eine Elchkuh wiegt etwa 300 kg.
Das ist etwa 3-mal so viel.
b) Ein Kälbchen wiegt 40 kg. Die Mutterkuh wiegt etwa 600 kg.
Das ist etwa 15-mal so viel.

12 Ein Huhn legt pro Woche etwa 4 Eier.
Die Bäuerin sammelt jede Woche 160 Eier ein.
Wie viele Hühner hat sie ungefähr?

13 Ein Bauer hat Schweine und Hühner. Es sind 100 Tiere.
Zusammen haben sie 260 Beine.
Wie viele Schweine und Hühner sind es?

Anregung zum Recherchieren: Wie viel mal so schwer ist ein Erwachsener im Vergleich zu einem Neugeborenen? (*Suchen und Verarbeiten*)

Halbschriftliches Multiplizieren

AH S. 76, 77

Wie viele Stunden hat eine Woche?

Eine Woche hat 7 Tage. Ein Tag hat 24 Stunden.

```
  24
  24
  24
  24
  24
  24
+ 24
 12
 168
```
Kim

$7 \cdot 24 =$ ☐

$7 \cdot 10 = 70$
$7 \cdot 10 = 70$
$7 \cdot 4 = 28$

$70 + 70 + 28 = 168$

Nico

$7 \cdot 24 =$ ☐

$7 \cdot 20 = 140$
$7 \cdot 4 = 28$

$140 + 28 = 168$

Justus

1 Wie haben die Kinder gerechnet? Welchen Rechenweg findest du einfach?

2 Rechne wie Justus.

a) 6 · 14 = ☐
6 · 10 = ☐
6 · 4 = ☐
☐ + ☐ = ☐

b) 3 · 24 = ☐
3 · 20 = ☐
3 · 4 = ☐
☐ + ☐ = ☐

c) 3 · 32 = ☐
3 · 30 = ☐
3 · 2 = ☐
☐ + ☐ = ☐

d) 4 · 36 = ☐
4 · 30 = ☐
4 · 6 = ☐
☐ + ☐ = ☐

e) 5 · 42 = ☐
5 · ☐ = ☐
5 · ☐ = ☐
☐ + ☐ = ☐

f) 9 · 18 = ☐
9 · ☐ = ☐
9 · ☐ = ☐
☐ + ☐ = ☐

g) 6 · 38 = ☐
☐ · ☐ = ☐
☐ · ☐ = ☐
☐ + ☐ = ☐

h) 8 · 45 = ☐
☐ · ☐ = ☐
☐ · ☐ = ☐
☐ + ☐ = ☐

3 Rechne wie Justus.

a) 4 · 17
6 · 13
5 · 18

b) 4 · 32
6 · 51
5 · 63

c) 2 · 85
7 · 23
3 · 73

d) 3 · 47
9 · 27
7 · 43

e) 8 · 36
4 · 89
3 · 56

4 Wie heißt die Aufgabe?

a) ☐ · ☐ = ☐
4 · ☐ = 40
☐ · 7 = 28

b) ☐ · ☐ = ☐
3 · ☐ = 90
3 · ☐ = 24

c) ☐ · ☐ = ☐
7 · ☐ = 140
☐ · ☐ = 49

d) ☐ · ☐ = ☐
8 · ☐ = 400
☐ · ☐ = 72

5 Wie viele Minuten hat ein Tag?
Löse in Schritten und vergleiche mit einem Partnerkind.

42 · 6

Jette	Tauschaufgabe
4 2 · 6 = 2 5 2	6 · 4 2 = 2 5 2
4 0 · 6 = 2 4 0	6 · 4 0 = 2 4 0
2 · 6 = 1 2	6 · 2 = 1 2
2 4 0 + 1 2 = 2 5 2	2 4 0 + 1 2 = 2 5 2

6 Vergleiche die Rechenwege. Was ist gleich? Was ist anders?

7 Rechne wie Jette.

a)	b)	c)	d)
17 · 3 = ☐	21 · 7 = ☐	36 · 2 = ☐	42 · 3 = ☐
10 · 3 = ☐	20 · 7 = ☐	30 · ☐ = ☐	☐ · ☐ = ☐
7 · 3 = ☐	1 · 7 = ☐	6 · ☐ = ☐	☐ · ☐ = ☐
☐ + ☐ = ☐	☐ + ☐ = ☐	☐ + ☐ = ☐	☐ + ☐ = ☐

8 Rechne wie Jette.

a)	b)	c)	d)	e)
42 · 6	44 · 5	33 · 7	27 · 5	19 · 7
59 · 4	23 · 9	81 · 2	36 · 0	54 · 8
74 · 3	64 · 4	47 · 6	23 · 8	71 · 3

9 Rechne wie Fredo. Notiere kürzer.

a) 4 · 1 1 = 4 0 + 4 = 4 4

a)	b)	c)	d)
4 · 11	5 · 12	3 · 15	6 · 12
4 · 22	5 · 24	3 · 35	6 · 18
4 · 33	5 · 36	3 · 45	6 · 25
4 · 44	5 · 48	3 · 65	6 · 33

10 Welche Aufgaben kannst du schon im Kopf rechnen?
Notiere bei den anderen Aufgaben den Rechenweg.

a)	b)	c)	d)
4 · 18	5 · 28	20 · 7	40 · 3
4 · 20	5 · 30	26 · 7	45 · 3
4 · 24	5 · 21	25 · 7	47 · 3
4 · 25	5 · 15	30 · 7	50 · 3

11 Addiere jeweils die beiden Ergebnisse. Was fällt dir auf? Erkläre.

a)	b)	c)	d)	e)
6 · 35	4 · 71	7 · 57	3 · 38	8 · 56
6 · 65	4 · 29	7 · 43	3 · 62	8 · 44

Halbschriftliches Multiplizieren üben

AH S. 78

1 Erkläre die Rechenwege. Wie rechnest du diese Aufgabe?

2 Rechne wie Jette.

a) 3 · 125 = ☐
3 · 100 = ☐
3 · 20 = ☐
3 · 5 = ☐

b) 5 · 142 = ☐
5 · 100 = ☐
5 · 40 = ☐
5 · 2 = ☐

c) 2 · 175 = ☐
2 · 100 = ☐
2 · 70 = ☐
2 · 5 = ☐

d) 3 · 255 = ☐
3 · 200 = ☐
3 · 50 = ☐
3 · 5 = ☐

3 Rechne.

a) 2 · 316
4 · 248
8 · 123
2 · 386

b) 128 · 5
138 · 7
158 · 5
234 · 3

c) 9 · 109
3 · 305
2 · 407
6 · 103

d) Vergleicht eure Rechenschritte.

4 Rechne im Kopf oder in Schritten.

a) 199 · 3
b) 4 · 125
c) 298 · 2
d) 4 · 250
e) 198 · 4
f) 2 · 175
g) 205 · 4
h) 6 · 150

5 Übertrage die Tabellen in dein Heft und rechne.

a)

·	40	8	48
5			
6			
7			

b)

·	70	3	73
3			
4			
5			

c)

·	200	34	234
1			
2			
0			

4 · 44 = 124	42 · 9 = 378	356 · 3 = 105
10 · 23 = 230	2 · 25 = 500	6 · 32 = 242
5 · 105 = 525	9 · 91 = 819	71 · 5 = 715
5 · 29 = 245	10 · 31 = 620	2 · 312 = 624

6 Bei welchen Aufgaben siehst du sofort, dass das Ergebnis nicht stimmen kann? Woran erkennst du das? Begründe.

7 Multipliziere in Schritten.

a)	b)	c)	d)
3 · 76	4 · 64	6 · 43	7 · 35
4 · 76	5 · 64	7 · 43	8 · 35
5 · 76	6 · 64	8 · 43	9 · 35

8 Bei welchen Aufgaben siehst du sofort, dass das Ergebnis nicht stimmen kann? Rechne diese Aufgaben richtig aus.

a)	b)	c)	d)
4 · 25 = 80	2 · 35 = 70	61 · 4 = 248	4 · 125 = 425
3 · 33 = 99	6 · 24 = 180	32 · 10 = 320	5 · 102 = 510
10 · 25 = 205	5 · 12 = 100	22 · 5 = 110	254 · 2 = 608

9 Wähle immer zwei Zahlen und multipliziere sie.
Das Ergebnis soll kleiner als 350 sein. Rechne zehn Aufgaben.

5 | 7 | 3 | 4 | 6 | 8 96 | 72 | 67 | 54 | 41 | 56 | 29 | 78

10 Wähle immer zwei Zahlen und multipliziere sie.
Das Ergebnis soll größer als 350 und kleiner als 600 sein.
Rechne zehn Aufgaben.

6 · 67 = 402

11 Bilde mit diesen drei Ziffern Malaufgaben.

a) 7 | 3 | 4 b) 8 | 3 | 4 c) 2 | 5 | 6

a) 7 · 43 =

Wie viele Aufgaben findest du?

12 Bilde immer die Aufgabe mit dem größten und mit dem kleinsten Ergebnis.

a) 9 | 7 | 8 b) 3 | 6 | 9 c) 2 | 8 | 4 d) 7 | 5 | 6

Beilagen zum Schulbuch: Ziffernkarten

AH S. 79

PST! Punktrechnung vor Strichrechnung. Also erst (·) oder (:), dann (+) oder (−) rechnen. **!**

1 Warum haben Justus und Jette unterschiedliche Ergebnisse? Erkläre.

2 Rechne. Denke an die Rechenregel.

a) 8 · 7 – 6 b) 9 + 3 · 8 c) 300 – 2 · 50 d) 150 : 5 – 10

e) 30 – 5 · 6 f) 5 · 7 + 5 g) 100 · 2 + 50 h) 80 + 3 · 20

3 Rechne. Denke an die Rechenregel.

a) 6 · 9 – 4 b) 3 + 3 · 4 c) 140 – 4 · 5 d) 180 : 6 + 20

e) 100 – 10 · 5 f) 3 · 60 + 20 g) 210 – 30 : 6 h) 10 + 70 · 7

4 Übertrage in dein Heft und setze ein: (+), (−), (·), (:)

a) 5 · 4 ◯ 8 = 28 b) 6 · 7 ◯ 2 = 40 c) 20 : 4 ◯ 5 = 10

d) 4 ◯ 50 ◯ 4 = 50 e) 250 ◯ 5 ◯ 5 = 10 f) 6 ◯ 50 ◯ 20 = 280

g) 360 ◯ 4 ◯ 10 = 100 h) 500 ◯ 50 ◯ 50 = 400 i) 120 ◯ 4 ◯ 30 = 0

5 Übertrage in dein Heft und setze ein: (+), (−), (·), (:)

a) 250 ◯ 50 ◯ 50 = 251 b) 120 ◯ 30 ◯ 5 = 114

c) 1000 ◯ 250 ◯ 2 = 500 d) 340 ◯ 6 ◯ 80 = 820

---

6 Zahlenspielerei

1. Denke dir eine Zahl zwischen 10 und 100.
2. Multipliziere die Zahl mit 10.
3. Addiere zu deinem Ergebnis 10.
4. Streiche die letzte Ziffer durch.
5. Subtrahiere das Ergebnis von 1000.
6. Addiere deine gedachte Zahl.
7. Vergleiche mit deinen Nachbarn.

Zahlenfolgen

AH S. 79

1 Wie geht es weiter? Setze die Zahlenfolge fort.

> die Zahlenfolge
> die Regel
> das Rechenzeichen
> immer abwechselnd

2 Wie geht es weiter? Wie lautet die Regel? Setze die Zahlenfolge fort.

a) 2, 4, 3, 5, 4 … 8

b) 1, 2, 3 … 31

a) 2 →(+ 2) 4 →(− 1) 3 →(+ 2) 5 →(− 1) 4 …
2, 4, 3, 5, 4 …

b) 1 →(· 2) 2 →(+ 1) 3 …
1, 2, 3 …

3 Wie geht es weiter? Wie lautet die Regel? Setze die Zahlenfolge fort.

a) 2, 10, 5, 25 … 475
b) 1000, 200, 250, 50 …14
c) 1, 20, 2, 40, 4 …16

a) 2 →(· 5) 10 →(− __) 5 →(__ __) 25 …
2, 10, 5, 25 …

4 Wie heißen die nächsten fünf Zahlen? Finde zwei verschiedene Möglichkeiten und notiere die Rechenregeln.

2, 7, 14, 19, __, __, __, __, __

Erfinde eigene Zahlenfolgen.

Schriftliches Subtrahieren – Ergänzen

Es gibt verschiedene Möglichkeiten, schriftlich zu subtrahieren. Das Ergänzen ist eine davon.

325 – 162

H	Z	E
	10	
3	2	5
– 1	6	2
1 (Übertrag)		
1	6	3

1 Was bedeuten die kleinen roten Zahlen? Was meint Fredo? Erkläre.

2 Rechne von unten nach oben, ergänze. Beginne bei den Einern.

So schreibst du auf:	So sprichst du dazu:
H Z E / 3 2 5 / – 1 6 2 / 3	2 E plus wie viel ist gleich 5 E? 2 E + **3 E** = 5 E, schreibe **3**.
H Z E / 10 / 3 2 5 / – 1 6 2 / 1 / 3	6 Z plus wie viel ist gleich 2 Z? Das geht nicht, deshalb nehme ich 10 Z dazu. Zusammen sind es 12 Z. Als Ausgleich übertrage ich 1 H.
H Z E / 10 / 3 2 5 / – 1 6 2 / 1 / 6 3	6 Z plus wie viel ist gleich 12 Z? 6 Z + **6 Z** = 12 Z, schreibe **6**.
H Z E / 10 / 3 2 5 / – 1 6 2 / 1 / 1 6 3	2 H plus wie viel ist gleich 3 H? 2 H + **1 H** = 3 H, schreibe **1**.

	10					
3	2	5	Probe:	1	6	3
– 1	6	2		+ 1	6	2
1				1		
1	6	3		3	2	5

Anregung: Einen Erklärfilm oder eine Fotodokumentation zur schriftlichen Subtraktion anfertigen (Produzieren und Präsentieren)

3 Bei vier Aufgaben entsteht ein Übertrag. Erkennst du das, bevor du rechnest?
Kontrolliere diese mit der Umkehraufgabe (Probe).

$\begin{array}{r} 328 \\ -175 \\ \hline \end{array}$ $\begin{array}{r} 843 \\ -691 \\ \hline \end{array}$ $\begin{array}{r} 453 \\ -321 \\ \hline \end{array}$ $\begin{array}{r} 764 \\ -582 \\ \hline \end{array}$ $\begin{array}{r} 259 \\ -168 \\ \hline \end{array}$ $\begin{array}{r} 587 \\ -224 \\ \hline \end{array}$

4 An welcher Stelle entsteht ein Übertrag? Erkennst du das, bevor du rechnest?
Kontrolliere mit der Umkehraufgabe (Probe).

$\begin{array}{r} 652 \\ -413 \\ \hline \end{array}$ $\begin{array}{r} 924 \\ -731 \\ \hline \end{array}$ $\begin{array}{r} 316 \\ -154 \\ \hline \end{array}$ $\begin{array}{r} 465 \\ -238 \\ \hline \end{array}$ $\begin{array}{r} 582 \\ -347 \\ \hline \end{array}$ $\begin{array}{r} 769 \\ -579 \\ \hline \end{array}$

5 Bei welchen Aufgaben findest du Fehler?
Welche Fehler wurden gemacht? Notiere.

a) $\begin{array}{r} 729 \\ -234 \\ {\scriptstyle 1} \\ \hline 496 \end{array}$ b) $\begin{array}{r} 581 \\ -368 \\ \hline 227 \end{array}$ c) $\begin{array}{l} 958 \\ -76 \\ {\scriptstyle 1} \\ \hline 192 \end{array}$

d) $\begin{array}{r} 428 \\ -184 \\ {\scriptstyle 1} \\ \hline 244 \end{array}$ e) $\begin{array}{r} 618 \\ -470 \\ \hline 248 \end{array}$ f) $\begin{array}{r} 294 \\ -168 \\ {\scriptstyle 1} \\ \hline 126 \end{array}$

Diese Beschreibungen können dir helfen:

Übertrag vergessen

falsche Rechenrichtung

falsch untereinander geschrieben

Rechenfehler

Schreibe falsch berechnete Aufgaben ins Heft
und rechne sie richtig.

6 Schreibe stellengerecht untereinander und subtrahiere.

a) 347 – 126	b) 752 – 319	c) 628 – 290	d) 957 – 632
557 – 396	441 – 115	836 – 95	729 – 88
698 – 460	293 – 76	583 – 71	682 – 536

Lege mit den Ziffernkarten zwei dreistellige Zahlen und subtrahiere.

1 2 3 4 5 6 7 8 9

a) Bilde Minusaufgaben ohne Übertrag.
b) Bilde Minusaufgaben mit einem Übertrag.

453 – 285

Bei dieser Aufgabe gibt es zwei Überträge.

1 Wie erkennt Jette das? Erkläre.

So schreibst du auf:

So sprichst du dazu:

H	Z	E
4	5	3
– 2	8	5
	1	
		8

5 E plus wie viel ist gleich 13 E?
5 E + 8 E = 13 E, schreibe 8.
Übertrage 1 Z.

H	Z	E
4	5	3
– 2	8	5
1	1	
	6	8

9 Z plus wie viel ist gleich 15 Z?
9 Z + 6 Z = 15 Z, schreibe 6.
Übertrage 1 H.

H	Z	E
4	5	3
– 2	8	5
1	1	
1	6	8

3 H plus wie viel ist gleich 4 H?
3 H + 1 H = 4 H, schreibe 1.

2 Rechne die Aufgaben und kontrolliere mit der Umkehraufgabe.

453	725	564	432	542	976
– 285	– 436	– 198	– 265	– 387	– 589
814	635	951	742	654	850
– 576	– 389	– 463	– 257	– 268	– 694

3 Lege mit den Ziffernkarten Minusaufgaben mit zwei dreistelligen Zahlen. Notiere und rechne.

1 2 3 4 5 6 7 8 9

Welches ist die Aufgabe mit dem größten Ergebnis und mit dem kleinsten Ergebnis?

a) Lege Aufgaben mit möglichst großem Ergebnis.
b) Lege Aufgaben mit möglichst kleinem Ergebnis.
c) Lege Aufgaben, deren Ergebnis zwischen 300 und 400 liegt.
d) Lege Aufgaben mit dem Ergebnis 222, 333, 444, 555, 666.

Beilagen zum Schulbuch: Ziffernkarten

Fredo 3

Mathematik

Das kann ich jetzt!

Dieses Heft gehört:

Cornelsen

Zahlen bis 1000

SB S. 32–45

1 Zahlen lesen und schreiben

achthundertdrei ______ sechshundertsechsundvierzig ______

dreihundertelf ______ einhundertneunundachtzig ______

2 Zahlen in Hunderter, Zehner und Einer zerlegen

568 = ____ + ___ + __ 955 = ____ + ___ + __

297 = ____ + ___ + __ 431 = ____ + ___ + __

3 Zahlen am Zahlenstrahl benennen

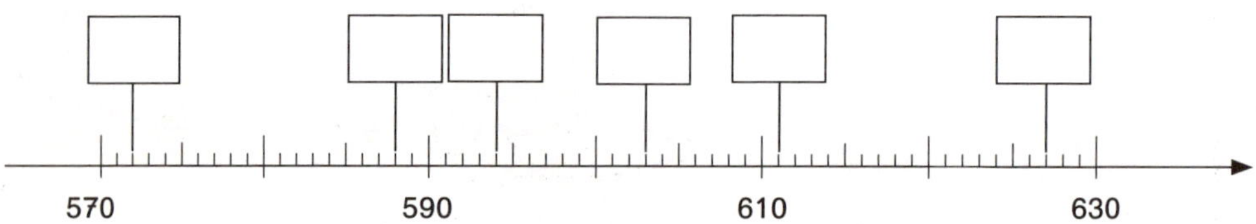

4 Nachbarzahlen benennen

____ 741 ____ ____ 589 ____ ____ 265 ____

5 Nachbar-Zehner benennen

____ 741 ____ ____ 589 ____ ____ 265 ____

6 Zahlen mit (>), (<), (=) vergleichen

500 ◯ 600 851 ◯ 815 798 ◯ 801

338 ◯ 358 296 ◯ 296 470 ◯ 465

1 Eigenschaften von Körpern benennen

Körper	Anzahl der Ecken	Anzahl der Kanten	Anzahl der Flächen
Quader			
Zylinder			
Würfel			
Pyramide			

2 Figuren zu Würfelnetzen ergänzen

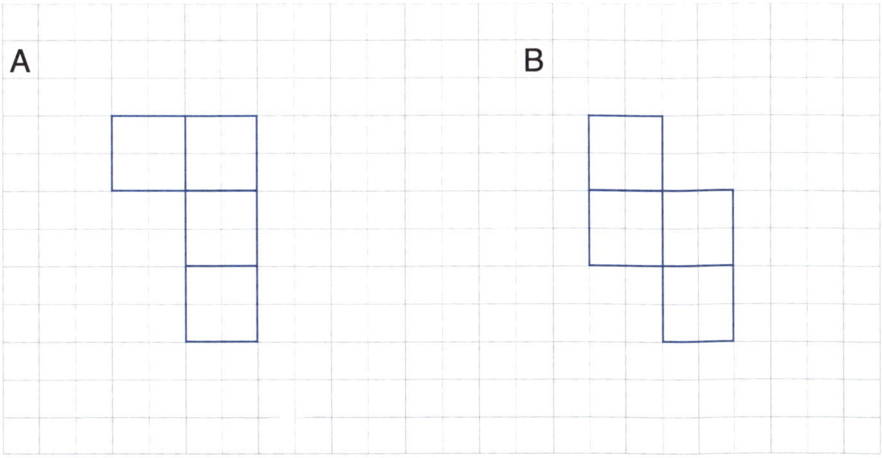

3 Zu Würfelgebäuden Baupläne erstellen

Größen: Geld

1 Geldbeträge darstellen

500 €

… mit 4 Scheinen: ____________________

… mit 6 Scheinen: ____________________

2 Geldbeträge in Euro und Cent umwandeln

4,30 € = ___ € _____ ct

77,65 € = ____________

21,04 € = ____________

0,17 € = ____________

3 Geldbeträge in Kommaschreibweise umwandeln

6 € 50 ct = ____________ €

42 € 79 ct = ____________

33 ct = ____________ €

76 € 8 ct = ____________

4 Geldbeträge mit (>), (<), (=) vergleichen

67 ct ◯ 6 € 70 ct

3 € 99 ct ◯ 399 ct

220 ct ◯ 2 € 2 ct

7,56 € ◯ 7 € 65 ct

5 Sachaufgaben in Schritten lösen

Ali kauft am Kiosk ein: 2 Flaschen Saft für je 1,50 €, ein Eis für 2 € und 3 Postkarten für je 0,50 €. Er bezahlt mit einem 20-Euro-Schein. Wie viel Geld bekommt er zurück?

A: ____

Datum:

Hinweise:

Addition und Subtraktion bis 1 000

SB S. 60–69

1 Zum Nachbarhunderter und dann weiter rechnen

a) 260 + ____ = 334   320 + ____ = 417

260

b) 875 – ____ = 770   515 – ____ = 200

875

2 Meinen Rechenweg notieren

465 + 399 = ____   178 + 742 = ____

3 Meinen Rechenweg notieren

720 – 498 = ____   402 – 395 = ____

1 Figuren in angegebener Flächengröße zeichnen

Fläche: 7 EQ 10 EQ 12 EQ

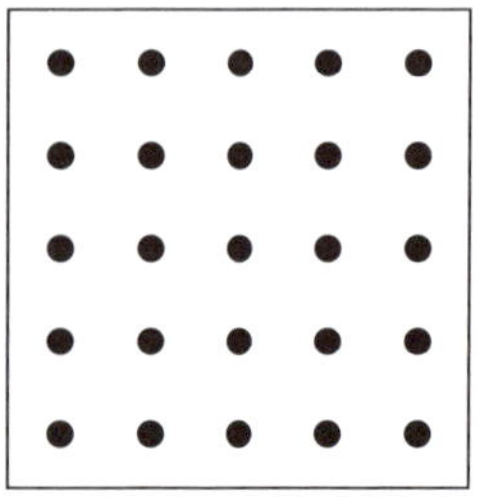
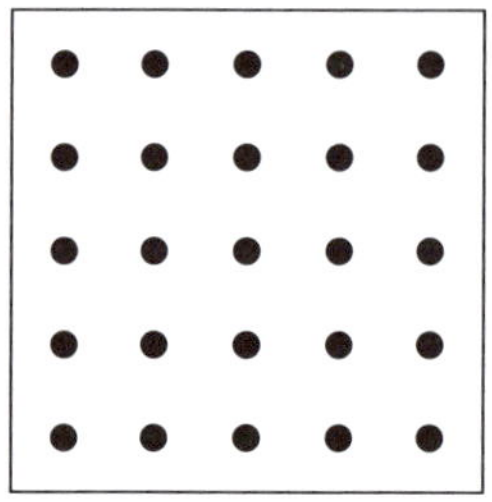
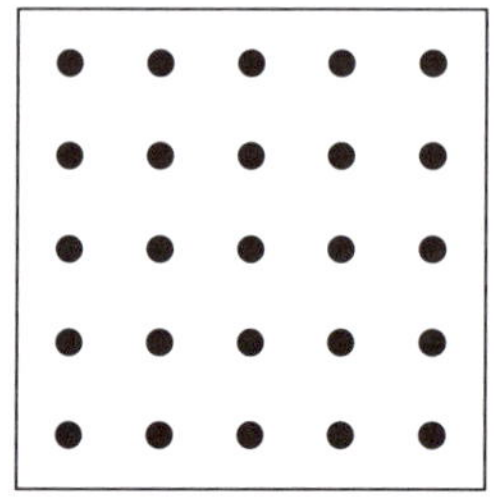

2 Die Größe einer Fläche in EQ bestimmen

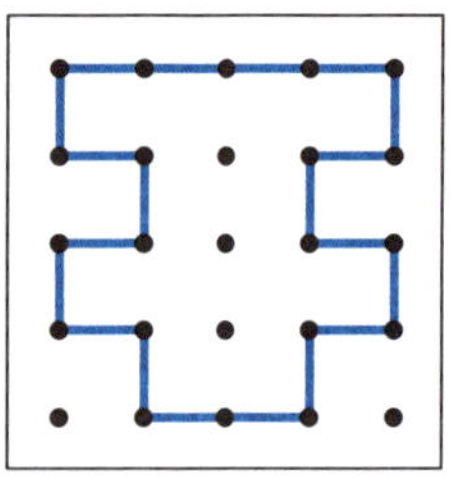
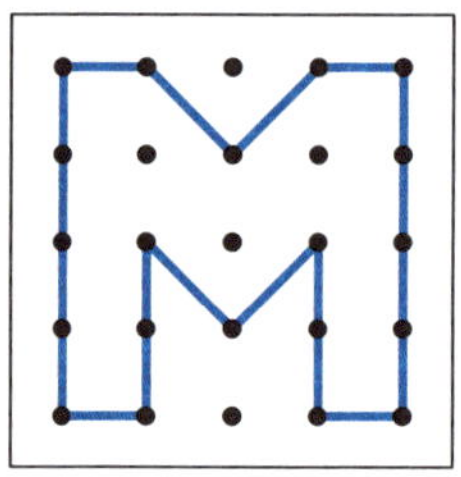
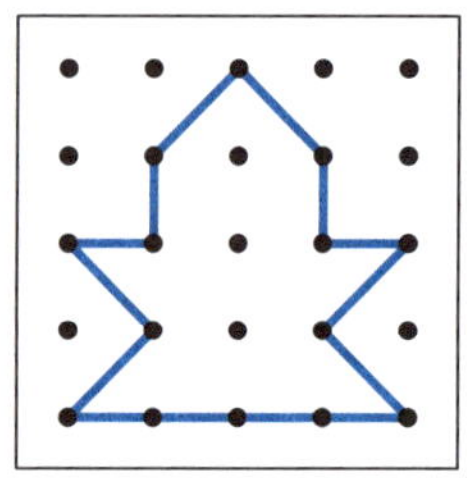

_______ EQ _______ _______

3 Figuren achsensymmetrisch ergänzen

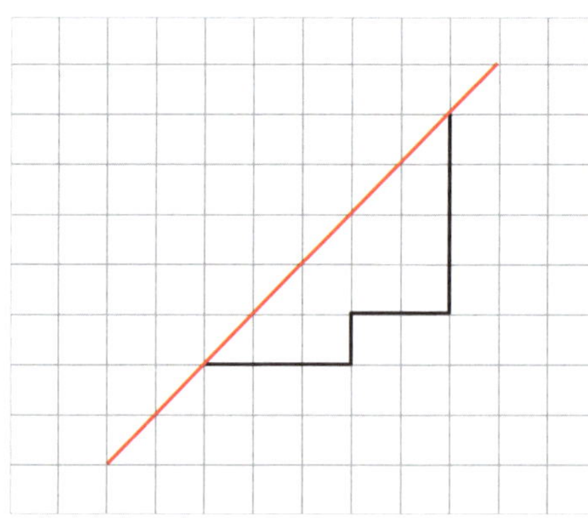

Datum: Hinweise:

1 Zahlen schriftlich addieren

	7	5	2
+	1	3	7

	6	4	1
+	2	7	5

	3	7	4
+	5	1	8

	4	3	9
+		8	2

2 Zahlen stellengerecht untereinanderschreiben und addieren

a) 274 + 315 b) 583 + 94 c) 669 + 177 d) 416 + 285

3 Fehlende Ziffern passend ergänzen

	4	5	
+	2		8
		7	4

	1		8
+		4	2
	5	2	

	6	3	4
+			
	8	3	3

+	5	7	2
	9	8	1

4 Additionsaufgaben schriftlich oder im Kopf lösen

a) 670 + 120 = _____ b) 386 + 455 = _____

c) 239 + 697 = _____ d) 504 + 306 = _____

SB S. 82–91

1 Längen in m und cm umwandeln

8,56 m = ___ m ____ cm

498 cm = ____________________

1,07 m = ____________________

320 cm = ____________________

2 Längen in cm und mm umwandeln

5,3 cm = ___ cm ___ mm

9,1 cm = ________________

12 mm = ________________

65 mm = ________________

3 Strecken zeichnen

73 mm

2 cm 6 mm

4 Längenangaben vergleichen und ordnen

5,5 cm   45 mm   5,4 mm   56 cm   505 mm

_______ < _______ < _______ < _______ < _______

5 Längenangaben auf einen Kilometer ergänzen

209 m + ______ = 1 km

598 m + ______ = 1 km

777 m + ______ = 1 km

912 m + ______ = 1 km

Datum:

Hinweise:

Vierecke untersuchen, Muster

SB S. 92–97

1 Vierecke benennen

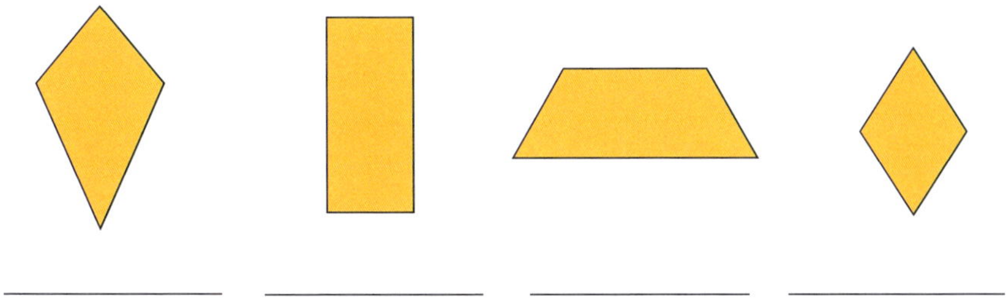

2 Vierecke ergänzen und rechte Winkel einzeichnen

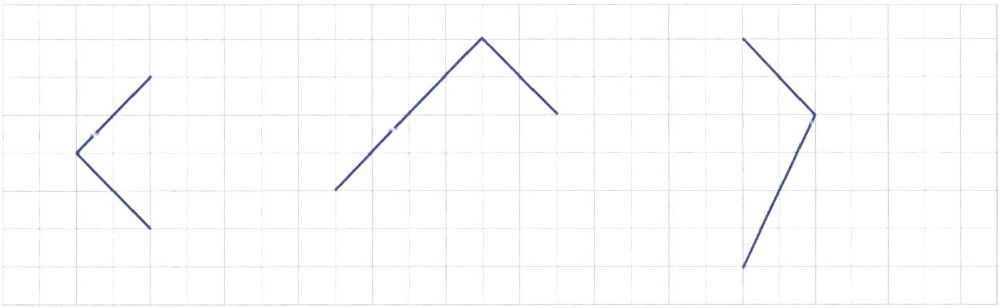

Quadrat Rechteck Drachen

3 Parallele Seiten erkennen und markieren

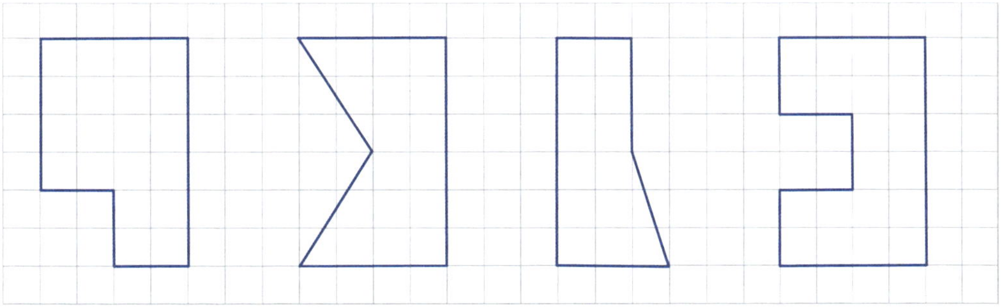

4 Muster in beide Richtungen fortsetzen

1 Zeitangaben auf eine Minute ergänzen

26 s + ________ = 1 min   4 s + ________ = 1 min

58 s + ________ = 1 min   33 s + ________ = 1 min

2 Uhrzeiten ablesen

________ Uhr ________ ________ ________

________ Uhr ________ ________ ________

3 Zeitspannen berechnen

a) ____ min: 16:14 → 16:41   ____ min: 09:03 → 09:59

b) ____ min: 17:56 → 18:47   ____ min: 22:48 → 23:36

Ergänze zuerst zur vollen Stunde.

Datum: Hinweise:

 SB S. 108–113

1 Schriftlich subtrahieren und mit der Umkehraufgabe kontrollieren

	8	1	2
−	3	3	6

Probe:

+			

	6	4	4
−	2	7	8

Probe:

+			

2 Zahlen stellengerecht untereinanderschreiben und subtrahieren

a) 703 – 517   b) 926 – 183   c) 654 – 495   d) 331 – 252

3 Fehlende Ziffern passend ergänzen

	6	4	3
−	2		8
		2	

	3	0	9
−	1		
		8	1

	7		
−	5	9	8
		5	8

		1	2
−	1		6
	3	3	

4 Subtraktionsaufgaben schriftlich oder im Kopf lösen

a) 900 – 560 = _____   b) 743 – 465 = _____

c) 619 – 358 = _____   d) 895 – 201 = _____

Größen: Gewichte

SB S. 114–119

1 Gewichtsangaben richtig zuordnen

150 g	4 kg	14 kg	30 kg	1000 kg

2 Gewichtsangaben der Größe nach ordnen

14 kg   40 g   1 kg 400 g   4 kg 40 g   400 g   40 kg

_______ < _______________________________________

____

3 Gewichtsangaben in Kommaschreibweise umwandeln

7 kg 500 g = ____ , ______ kg

0 kg 750 g = ______________

10 kg 800 g = ______________

3 kg 400 g = ______________

62 kg 40 g = ______________

5 kg 5 g = ______________

14 kg 30 g = ______________

28 kg 1 g = ______________

Datum:

Hinweise:

1 Wahrscheinlichkeiten vergleichen

Kreuze jeweils das Glücksrad an, bei dem die Chance größer ist, dass Blau gewinnt.

a)
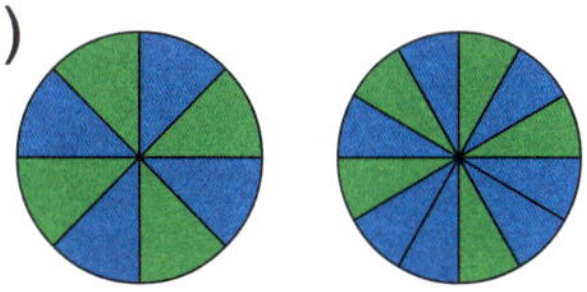
☐ ☐

b)
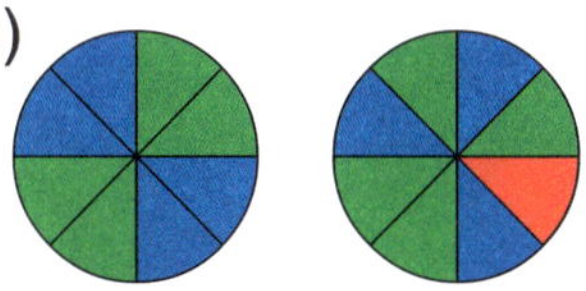
☐ ☐

c)
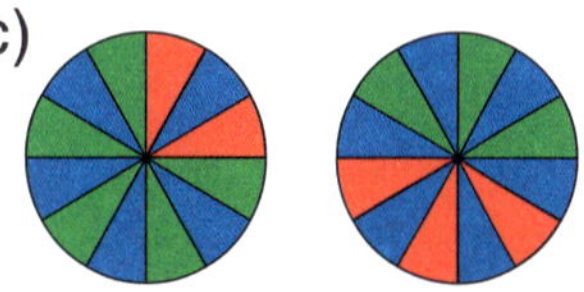
☐ ☐

2 Die Wahrscheinlichkeit auf einer Skala einschätzen

A B C D

unmöglich ———————————————— sicher

3 Alle Kombinationsmöglichkeiten in einem Baumdiagramm darstellen

Robin deckt den Tisch: Er hat 4 Teller und 4 Tassen in je 4 Farben: **b**lau, **g**rün, **r**ot, **o**range. Teller und Tasse sollen nicht die gleiche Farbe haben. Wie viele Möglichkeiten gibt es?

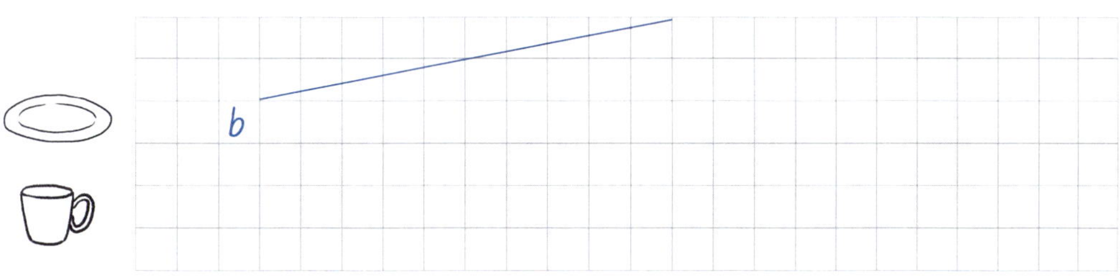

A: Es gibt _____ Möglichkeiten.

1 Mit Zehnerzahlen multiplizieren

a) 4 · ___ = 36 8 · ___ = 64

4 · ___ = 360 8 · ___ = 640

b) 6 · ___ = 480 50 · ___ = 350

60 · ___ = 480 5 · ___ = 350

c) 9 · ___ = 270 80 · ___ = 320 4 · ___ = 160

d) 7 · ___ = 560 30 · ___ = 180 20 · ___ = 180

2 Dividieren und mit der Umkehraufgabe kontrollieren

a) 630 : 70 = ___ 240 : 80 = ___ 270 : 30 = ___

___ · 70 = ___ ______________ ______________

b) 350 : 7 = ___ 360 : 9 = ___ 450 : 5 = ___

___ · 7 = ___ ______________ ______________

c) ___ : 90 = 9 ___ : 50 = 4 ___ : 30 = 8

___ · 90 = ___ ______________ ______________

3 Textaufgaben lösen

Auf einem Bauernhof gibt es 8 Pferde, 20 Schafe und 15 Enten.
Wie viele Beine haben die Tiere zusammen?

A: ______________________________

4 Zahlen halbschriftlich multiplizieren

a)

27 · 3 =

48 · 9 =

6 · 54 =

b)

8 · 124 =

473 · 2 =

5 Rechenregeln richtig anwenden

5 + 60 · 4 = ______

320 – 32 : 8 = ______

160 + 5 · 6 = ______

480 : 6 + 12 = ______

7 · 3 – 20 = ______

270 : 9 – 4 = ______

Fredo 3
Mathematik

Das muss ich üben. Das kann ich gut.

Erarbeitet von: Rita Dürr, Nicole Franzen-Stephan, Ute Plötzer, Anne Strothmann, Margot Torke

Redaktion: Marlen Dietz, Penny Paulus

Illustration: Friederike Ablang (alle Illustrationen mit Ausnahme der nachfolgend genannten); Martina Theisen (Fredo): S. 2, 3, 6, 7, 8, 9, 10, 12, 13, 14, 15; Irina Zinner (Fredo nach Vorlagen von Martina Theisen): Cover

Grafik: Detlef Seidensticker

Umschlaggestaltung: Corinna Babylon und Jule Kienecker, Berlin

Technische Umsetzung: zweiband.media, Berlin

Dieses Heft ist Bestandteil des Schulbuchs Fredo Mathematik 3 (ISBN 978-3-06-084884-3) und nicht einzeln bestellbar. Es kann im 10er-Pack nachbestellt werden (ISBN 978-3-06-084936-9).

4 Schreibe stellengerecht untereinander und subtrahiere.
Kontrolliere mit der Umkehraufgabe.

a) 304 – 156	b) 503 – 287	c) 500 – 263	d) 580 – 328
801 – 563	602 – 324	300 – 109	606 – 83
406 – 78	705 – 409	813 – 592	496 – 273
623 – 251	314 – 76	647 – 85	932 – 68

5 Stimmen die Ergebnisse? Kontrolliere mit der Umkehraufgabe.
Rechne die Aufgaben mit falschem Ergebnis schriftlich.

a) 931 – 475 = 456	b) 763 – 381 = 472
c) 406 – 187 = 229	d) 1 000 – 835 = 165
e) 836 – 570 = 266	f) 610 – 108 = 508
g) 640 – 245 = 305	h) 300 – 56 = 244

Probe: 456
+ 474

6 Aufgabenfolgen: Wie geht es weiter? Erkläre.

706	705	704	703		
– 107	– 206	– 305	–	–	–
					99

7 Aufgabenfolgen: Wie geht es weiter? Erkläre.

910	907	904			
– 420	–	–	–	–	–
					485

Bilde Minusaufgaben mit diesen Zahlen.

354	876	603	762	436	298	542	139

a) Die Ergebnisse sollen größer als 500 sein.
b) Die Ergebnisse sollen kleiner als 400 sein.
c) Das Ergebnis soll zwischen 400 und 500 liegen.

Zahlen

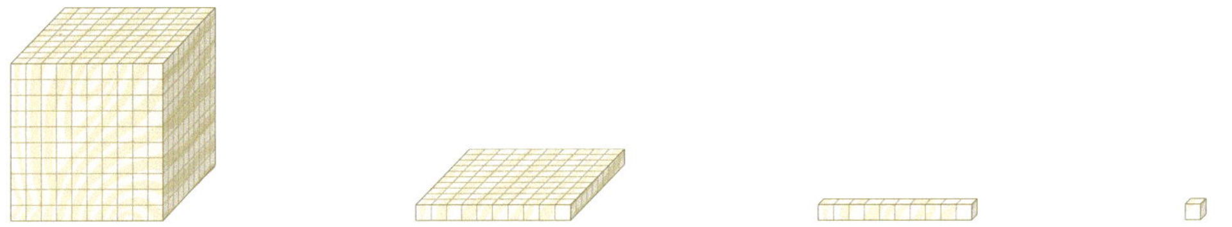

10 Hunderterplatten = 1 Tausenderwürfel	10 Zehnerstangen = 1 Hunderterplatte	10 Würfel = 1 Zehnerstange	1 Würfel
Tausender	Hunderter	Zehner	Einer

Zahlen darstellen

das **Zahlwort:**

vierhundertzweiundsechzig

die **Zahlenkarten:**

4 6 2

die **Zahl:**

462

die **Stellenwerttafel:**

T	H	Z	E
	4	6	2

das **Zahlbild:**

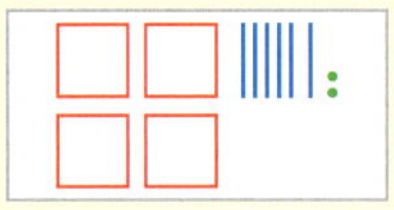

die **Ziffern:**

4 6 2

Zahlen am Zahlenstrahl

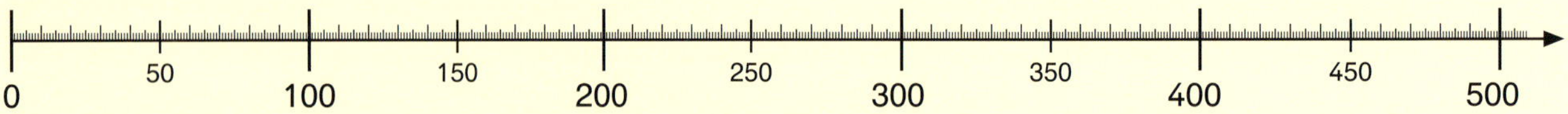

der **Hunderterstrich** der **Fünfzigerstrich**
der **Zehnerstrich** der **Fünferstrich** der **Einerstrich**

Nachbarzahlen:	298, 299, 300	300, 301, 302	543, 544, 545
Nachbar-Zehner:	290, 299, 300	300, 301, 310	540, 544, 550
Nachbar-Hunderter:	200, 299, 300	300, 301, 400	500, 544, 600

Grundrechenarten

die **Addition**	die **Subtraktion**	die **Multiplikation**	die **Division**
addieren	subtrahieren	multiplizieren	dividieren
320 + 430 = 750	780 – 340 = 440	3 · 24 = 72	450 : 5 = 90
der **Summand**	der **Minuend**		
die **Summanden**	der **Subtrahend**		
die **Summe**	die **Differenz**	das **Produkt**	der **Quotient**

Werkzeugkoffer für Rechenwege

Addition

die **Gleichung:**

456 + 328 = ___

456 + 300 = 756

756 + 20 = 776

776 + 8 = 784

der **Rechenstrich:**

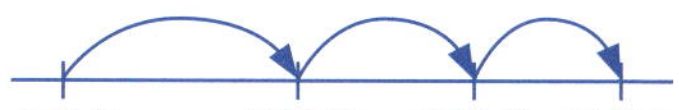

275 + 299 = ___

275 + 300 − 1 = 574

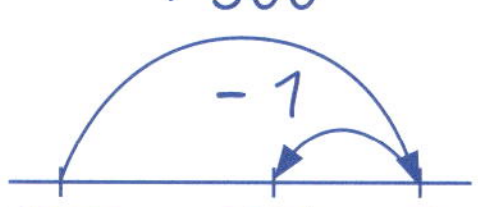

456 + 328 = ___

400 + 300 = 700

50 + 20 = 70

6 + 8 = 14

700 + 70 + 14 = 784

Subtraktion

586 − 328 = ___

586 − 300 = 286

286 − 20 = 266

266 − 8 = 258

725 − 399 = ___

725 − 400 + 1 = 326

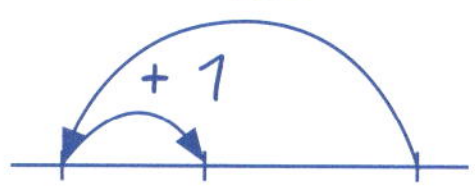

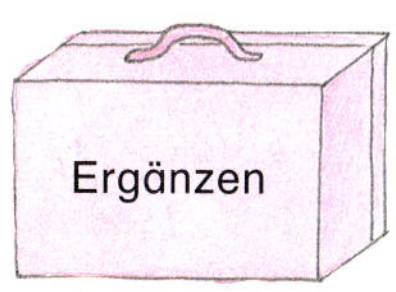

312 − 298 = ___

298 + ___ = 312

298 + 2 + 12 = 312

Rechenverfahren

schriftliche Addition

```
   3 5 1
 + 2 7 4
   1
 -------
   6 2 5
```

schriftliche Subtraktion

abziehen:

```
   2 10
   3̸ 2 5
 − 1 6 2
 -------
   1 6 3
```

ergänzen:

```
     10
   3 2 5
 − 1 6 2
   1
 -------
   1 6 3
```

halbschriftliche Multiplikation

7 · 24 = ___

7 · 20 = 140

7 · 4 = 28

140 + 28 = 168

Geometrische Körper

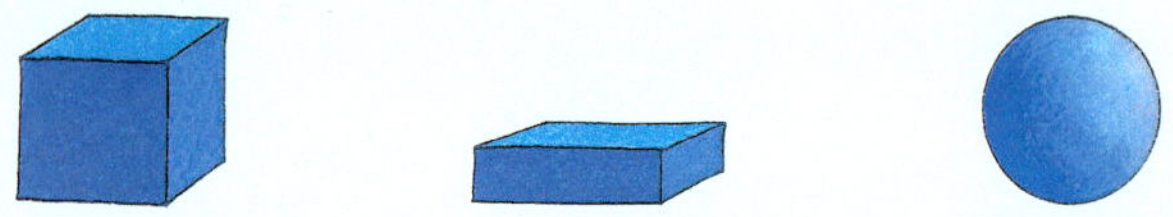

der Würfel | der Quader | die Kugel

der Zylinder | der Kegel | die Pyramide | das Prisma

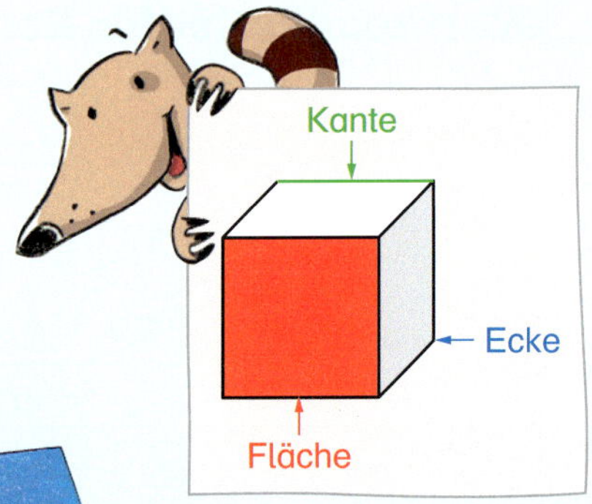

Vierecke

Quadrat | Rechteck | Parallelogramm | Raute | Drachen | unsymmetrisches Trapez | symmetrisches Trapez | unregelmäßiges Viereck

Flächenvergleich

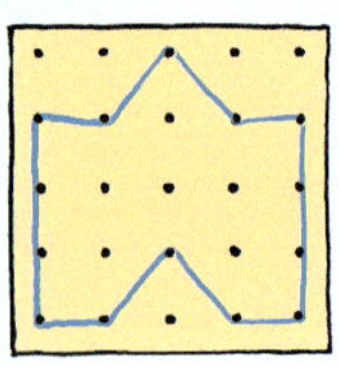

Zwei Einheitsdreiecke ergeben zusammen ein Einheitsquadrat.

das Einheitsquadrat (EQ)
das Einheitsdreieck (ED)

Achsensymmetrie

Der Fisch ist achsensymmetrisch. Die gegenüberliegenden Punkte haben den gleichen Abstand zur Symmetrieachse.

Dieses Viereck ist nicht achsensymmetrisch, weil die beiden Teile nicht deckungsgleich sind.

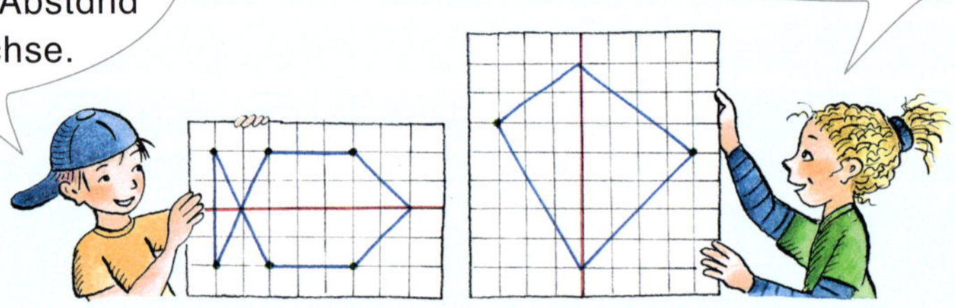

achsensymmetrisch
die Symmetrieachse
der Abstand
deckungsgleich

Senkrechte und parallele Linien

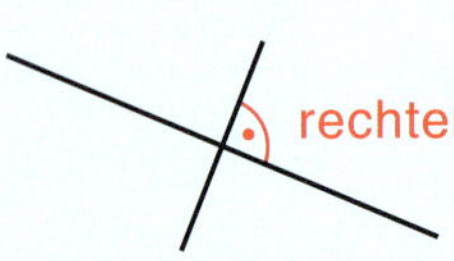

senkrecht zueinander

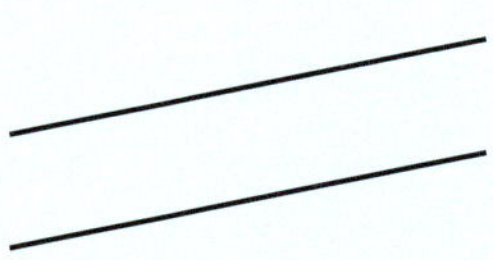

parallel zueinander

Würfelgebäude

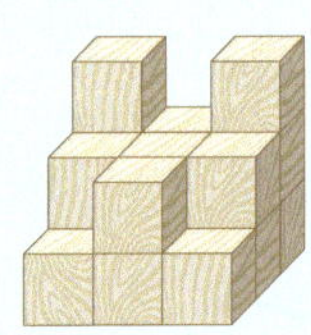

das Würfelgebäude

3	2	3
2	2	2
1	2	1

der Bauplan

MISSOURI

LES VENTRES NOIRS

Dessin : Carpentrie — Scénario : Giroud

Couleurs : Carla Leonardo

DUPUIS

L'on voit encore certains animaux farouches, des mâles et des femelles, répandus par la campagne, noirs, livides, et tout brûlés de soleil, attachés à la terre qu'ils fouillent et qu'ils remuent avec une opiniâtreté invincible : ils ont comme une voix articulée, et, quand ils se lèvent sur leurs pieds, ils montrent une face humaine... et en effet ils sont des hommes!

La Bruyère (1645-1696), *Les Caractères.*

Maquette : Yves Amateis.

Dépôt légal: mars 1989 D.1989/0089/31
ISBN 2-8001-1627-7 ISSN 0775/6550

Imprimé en Belgique.

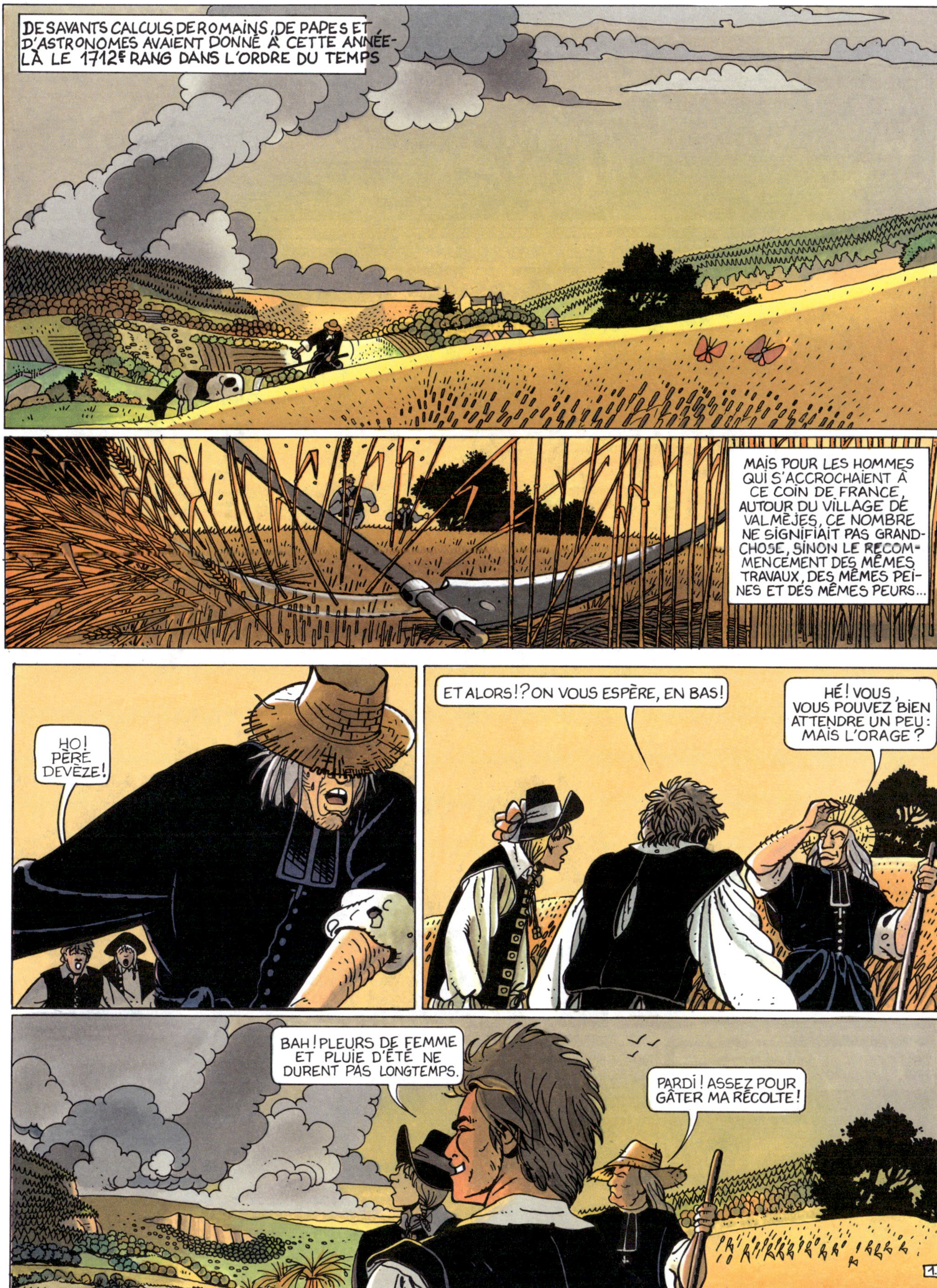
DE SAVANTS CALCULS DE ROMAINS, DE PAPES ET D'ASTRONOMES AVAIENT DONNÉ À CETTE ANNÉE-LÀ LE 1712E RANG DANS L'ORDRE DU TEMPS
MAIS POUR LES HOMMES QUI S'ACCROCHAIENT À CE COIN DE FRANCE, AUTOUR DU VILLAGE DE VALMÈJES, CE NOMBRE NE SIGNIFIAIT PAS GRAND-CHOSE, SINON LE RECOMMENCEMENT DES MÊMES TRAVAUX, DES MÊMES PEINES ET DES MÊMES PEURS...
HO! PÈRE DEVÈZE!
ET ALORS!? ON VOUS ESPÈRE, EN BAS!
HÉ! VOUS, VOUS POUVEZ BIEN ATTENDRE UN PEU: MAIS L'ORAGE?
BAH! PLEURS DE FEMME ET PLUIE D'ÉTÉ NE DURENT PAS LONGTEMPS.
PARDI! ASSEZ POUR GÂTER MA RÉCOLTE!
1.

TIENS, LES LANTEUIL! C'EST POUR NOTRE FÊTE QU'ILS SE PAONNENT DANS CE CARROSSE ?
CE N'EST PAS LE LEUR...
... C'EST CELUI D'UNE PARENTE PARISIENNE QUI VIENT PASSER QUELQUES JOURS CHEZ EUX.
2
DIANTRE! C'EST DONC CARNAVAL, QUE TOUS VOS MANANTS SOIENT ATTIFÉS COMME DES NOTAIRES?
NON. C'EST UN ...MARIAGE.
IL SEMBLE VOUS CONTRARIER, MON AMI ?
C'EST QUE... C'EST CELUI DE MARGUERITE BEYNAC.
CELLE DONT ME PARLAIENT VOS LETTRES! ? MON DIEU! LE PAUVRE HENRI !
OUI. JE FAIS TOUT POUR LE DISTRAIRE, MAIS JE N'Y PARVIENS GUÈRE...
ATTENTION!!
2B

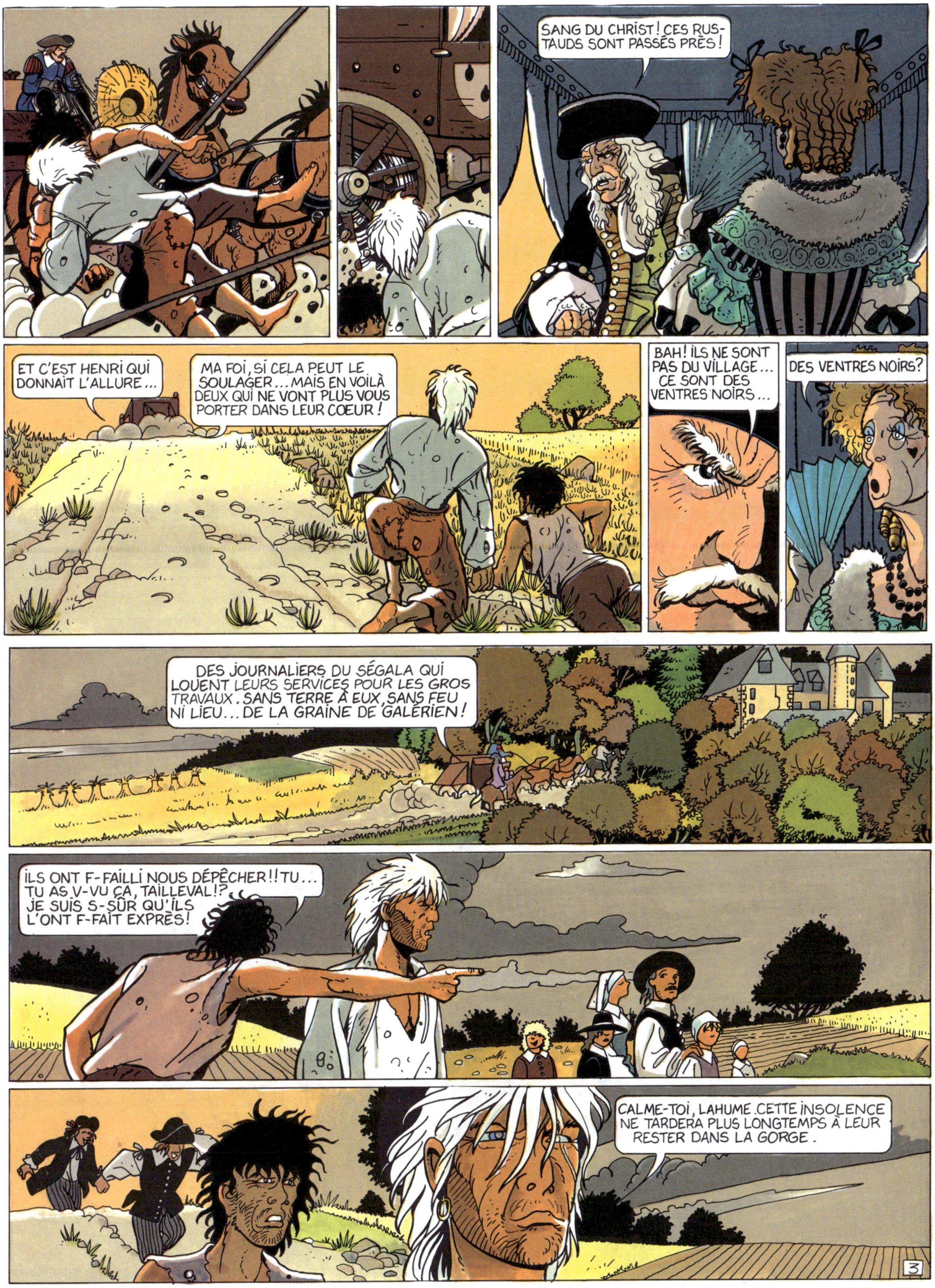
SANG DU CHRIST! CES RUSTAUDS SONT PASSÉS PRÈS!
ET C'EST HENRI QUI DONNAIT L'ALLURE...
MA FOI, SI CELA PEUT LE SOULAGER... MAIS EN VOILÀ DEUX QUI NE VONT PLUS VOUS PORTER DANS LEUR COEUR!
BAH! ILS NE SONT PAS DU VILLAGE... CE SONT DES VENTRES NOIRS...
DES VENTRES NOIRS?
DES JOURNALIERS DU SÉGALA QUI LOUENT LEURS SERVICES POUR LES GROS TRAVAUX. SANS TERRE À EUX, SANS FEU NI LIEU... DE LA GRAINE DE GALÉRIEN!
ILS ONT F-FAILLI NOUS DÉPÊCHER!! TU... TU AS V-VU ÇA, TAILLEVAL!? JE SUIS S-SÛR QU'ILS L'ONT F-FAIT EXPRÈS!
CALME-TOI, LAHUME. CETTE INSOLENCE NE TARDERA PLUS LONGTEMPS À LEUR RESTER DANS LA GORGE.
3

ALORS, LES FAUCHEURS, VOUS VENEZ? LA CÉLÉBRATION A DÉJÀ DÛ COMMENCER!
NOUS SOMMES PAYÉS POUR PARTAGER VOS TRAVAUX. PAS VOS JOIES.
NE FAIS DONC PAS TANT D'HISTOIRES, VENTRE NOIR! LE VIEUX BEYNAC N'APPRÉCIERAIT SÛREMENT PAS QU'ON BOUDE SA FÊTE!

VENTRE-DIEU ! REGARDEZ-MOI CES FACES RÉJOUIES ! TOUT LE CLAN EST LÀ ET NOUS NARGUE !
QU'Y FAIRE?
JE NE SAIS, MAIS IL N'EST JAMAIS BON DE LAISSER LE DERNIER MOT À DES CROQUANTS.
MMH... J'AI PEUT-ÊTRE UNE IDÉE POUR LEUR GELER LE BEC...
...ET RESTER AINSI UNIS POUR LE MEILLEUR ET POUR LE PIRE. NUNC, ITE IN PACE ATQUE AMORE, FILII MEI !
UN INSTANT !

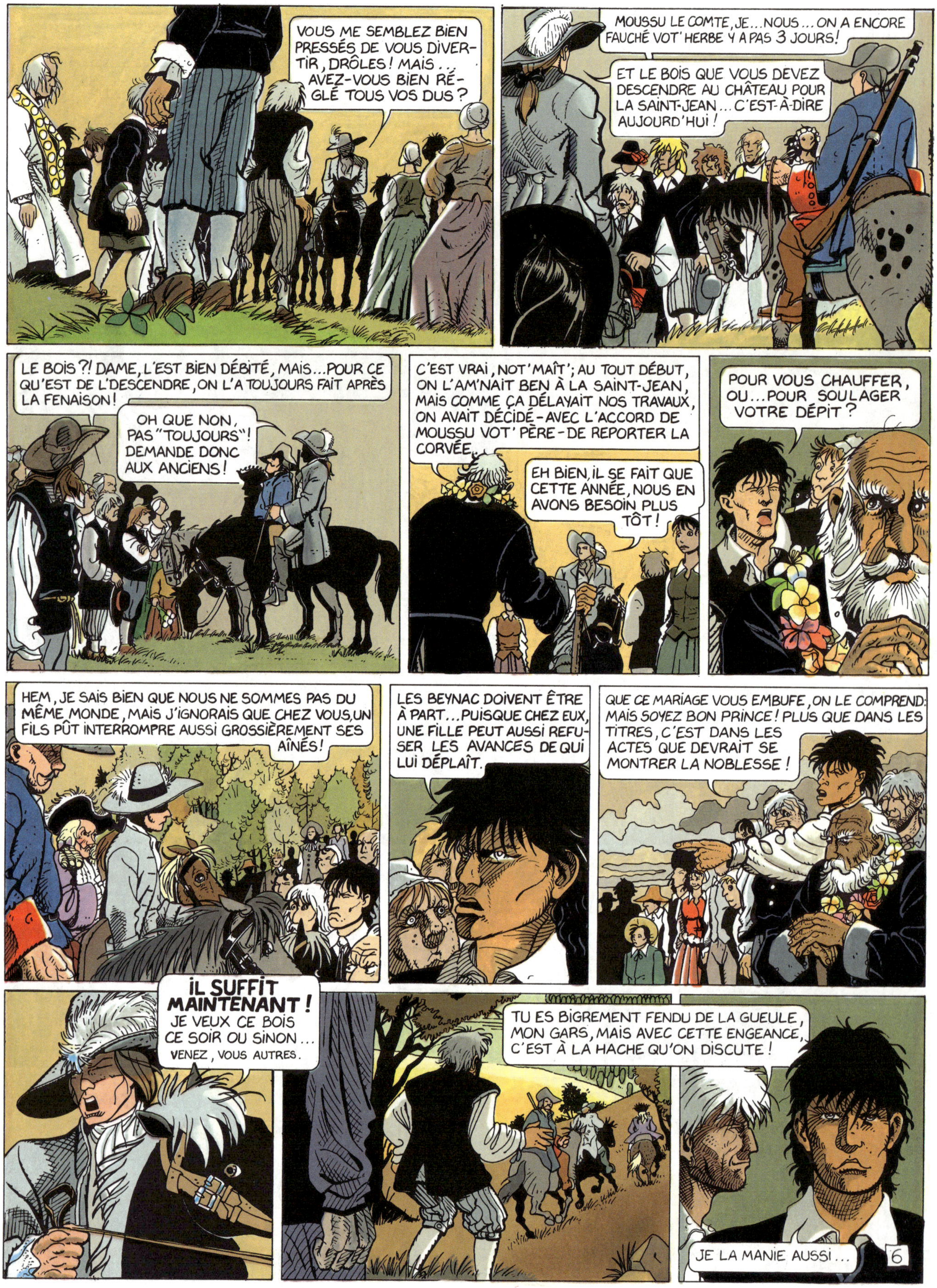
VOUS ME SEMBLEZ BIEN PRESSÉS DE VOUS DIVERTIR, DRÔLES ! MAIS... AVEZ-VOUS BIEN RÉGLÉ TOUS VOS DUS ?
MOUSSU LE COMTE, JE... NOUS... ON A ENCORE FAUCHÉ VOT' HERBE Y A PAS 3 JOURS !
ET LE BOIS QUE VOUS DEVEZ DESCENDRE AU CHÂTEAU POUR LA SAINT-JEAN... C'EST-À-DIRE AUJOURD'HUI !
LE BOIS ?! DAME, L'EST BIEN DÉBITÉ, MAIS... POUR CE QU'EST DE L'DESCENDRE, ON L'A TOUJOURS FAIT APRÈS LA FENAISON !
OH QUE NON, PAS "TOUJOURS" ! DEMANDE DONC AUX ANCIENS !
C'EST VRAI, NOT' MAÎT' ; AU TOUT DÉBUT, ON L'AM'NAIT BEN À LA SAINT-JEAN, MAIS COMME ÇA DÉLAYAIT NOS TRAVAUX, ON AVAIT DÉCIDÉ - AVEC L'ACCORD DE MOUSSU VOT' PÈRE - DE REPORTER LA CORVÉE.
EH BIEN, IL SE FAIT QUE CETTE ANNÉE, NOUS EN AVONS BESOIN PLUS TÔT !
POUR VOUS CHAUFFER, OU... POUR SOULAGER VOTRE DÉPIT ?
HEM, JE SAIS BIEN QUE NOUS NE SOMMES PAS DU MÊME MONDE, MAIS J'IGNORAIS QUE CHEZ VOUS, UN FILS PÛT INTERROMPRE AUSSI GROSSIÈREMENT SES AÎNÉS !
LES BEYNAC DOIVENT ÊTRE À PART... PUISQUE CHEZ EUX, UNE FILLE PEUT AUSSI REFUSER LES AVANCES DE QUI LUI DÉPLAÎT.
QUE CE MARIAGE VOUS EMBUFE, ON LE COMPREND : MAIS SOYEZ BON PRINCE ! PLUS QUE DANS LES TITRES, C'EST DANS LES ACTES QUE DEVRAIT SE MONTRER LA NOBLESSE !
IL SUFFIT MAINTENANT ! JE VEUX CE BOIS CE SOIR OU SINON... VENEZ, VOUS AUTRES.
TU ES BIGREMENT FENDU DE LA GUEULE, MON GARS, MAIS AVEC CETTE ENGEANCE, C'EST À LA HACHE QU'ON DISCUTE !
JE LA MANIE AUSSI...
6

HEM! EN TOUT CAS, VOILÀ NOTRE FÊTE PROPREMENT COMPROMISE...
HOLÀ!
VOUS VOILÀ BIEN MARMITEUX, MES GUILLAUMES! VOUS TROUVEZ DONC LES OCCASIONS DE S'AMUSER TROP FRÉQUENTES, QU'ON LES GÂCHE POUR UN RIEN!?
MAIS... LA CORVÉE?
QUOI, LA CORVÉE? CE BEC JAUNE A DEMANDÉ QU'ON LUI APPORTE SON BOIS: IL N'A PAS DIT COMMENT!
ALLEZ, COMPÈRES! AMUSEZ-VOUS! L'AMI TOUSSAINT SE CHARGE DE TOUT!
SI LES FAISEURS DE RELIGION AVAIENT EU L'IDÉE D'INVENTER UN DIEU DES FARCES ET DE LA JOIE DE VIVRE, ILS LUI AURAIENT SANS DOUTE DONNÉ LE VISAGE DE TOUSSAINT LATREILLE...
ALORS QU'ELLES AVAIENT POURVU LA PLUPART DES PAYSANS D'UN MASQUE DE DOULEUR, LA SÉCHERESSE ET LES GELÉES, LES PEINES ET LA SUEUR N'AVAIENT SCULPTÉ SUR LUI QUE DES CRAQUELURES EN FORME DE RIRE...
TIENS? DE LA MUSIQUE! ALORS ILS BAMBOCHENT QUAND MÊME?
BROOOMMMM
Dah. Carpentrie

BRROOOOOOOOM
¡¡¡¡¡¡¡¡
ROOOOOOM
¡¡¡¡¡¡¡¡¡¡
BHEEHEHEEE
¡¡¡¡¡¡¡¡¡¡¡¡¡¡¡¡¡¡¡¡¡¡¡¡¡
?!
OOOOOOOOOMM
DON. CARPENTHIE 87
8
LE COMPTE Y EST, MESSIRE! DANS LES TEMPS! ET QUAND VOUS VOUDREZ UNE AUTRE LIVRAISON, N'HÉSITEZ PAS !
CE SOIR-LÀ, NUAGES ET VIEILLES PEURS AVAIENT QUITTÉ LE CIEL ET DÉSERTÉ LES COEURS ...
MAIS LA NATURE ET LES PUISSANTS N'AVAIENT PAS RENONCÉ, ET DERRIÈRE L'ÉPHÉMÈRE CRÉPITEMENT DES FEUX DE JOIE SE TAPISSAIENT DÉJÀ LES MENACES FUTURES...
8

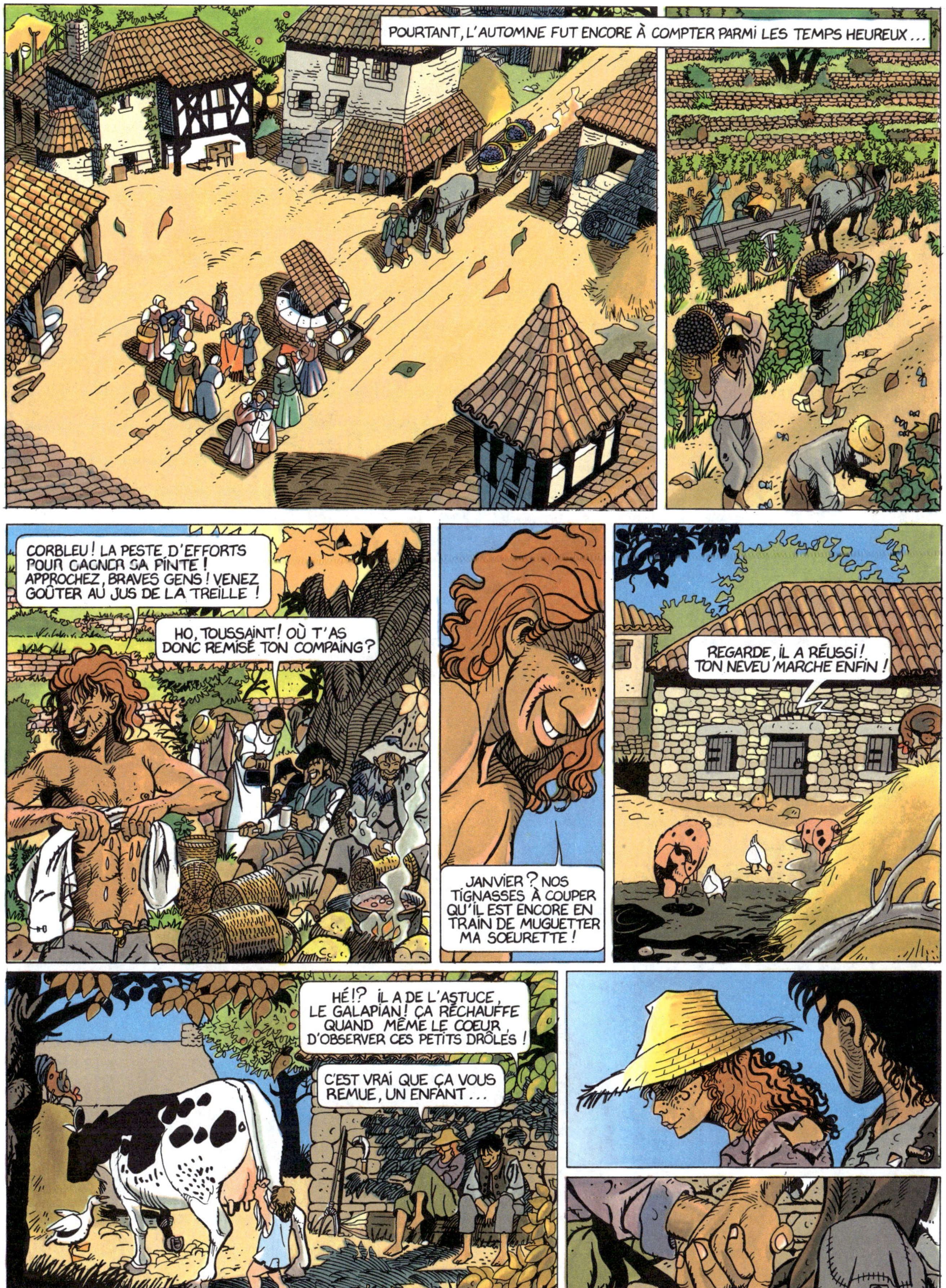
POURTANT, L'AUTOMNE FUT ENCORE À COMPTER PARMI LES TEMPS HEUREUX...
CORBLEU ! LA PESTE D'EFFORTS POUR GAGNER SA PINTE ! APPROCHEZ, BRAVES GENS ! VENEZ GOÛTER AU JUS DE LA TREILLE !
HO, TOUSSAINT ! OÙ T'AS DONC REMISÉ TON COMPAING ?
JANVIER ? NOS TIGNASSES À COUPER QU'IL EST ENCORE EN TRAIN DE MUGUETTER MA SOEURETTE !
REGARDE, IL A RÉUSSI ! TON NEVEU MARCHE ENFIN !
HÉ !? IL A DE L'ASTUCE, LE GALAPIAN ! ÇA RÉCHAUFFE QUAND MÊME LE COEUR D'OBSERVER CES PETITS DRÔLES !
C'EST VRAI QUE ÇA VOUS REMUE, UN ENFANT...

PUIS VINT L'HIVER.
UN HIVER COMME ON EN VIT RAREMENT À VALMÈGES.
UN HIVER RUDE ET TUEUR DE PROMESSES.
C'ÉTAIT UNE BONNE FEMME, LA PERRINE...
ALORS IL N'EN FAUT PAS CONCEVOIR TROP DE PÂTIMENT. ELLE VA SÛREMENT CONNAÎTRE DES JOURS MEILLEURS QU'ICI-BAS. D'AILLEURS, SOUS BIEN DES CIEUX, LA MORT N'EST PAS CHOSE TRISTE! C'EST UN SIMPLE PASSAGE, QU'ON FÊTE PARFOIS JOYEUSEMENT!
C'EST VRAI?
HÉ! S'IL LE DIT! C'EST QU'IL EN A VU DES PAYS, HEIN, STRABON?

OH! JE N'AI MÊME PAS VISITÉ LA QUINTE PARTIE DES TERRES CONNUES ET IL Y EN A TANT D'IGNORÉES!
ET CELLES-LÀ, QUE REPRÉSENTENT CES GRAVURES, ON LES CONNAÎT BIEN ?
AH, LES AMÉRIQUES, JANVIER! LES AMÉRIQUES!...
... UN PAYS DE MERVEILLES... SUR LA CÔTE, L'ANGLAIS Y EST CHEZ LUI DEPUIS BEAU TEMPS, MAIS LE ROY POSSÈDE DES TERRES PLUS À L'OUEST, ET LES NÔTRES COMMENCENT À Y VENIR...
ON Y TROUVE DES SAUVAGES AIMABLES ET NATURELS, À LA PEAU ROUGE ET SOUVENT NUS... ET TOUS FEMMES ET HOMMES, D'AGRÉABLE COMMERCE!...
... LE GIBIER Y FOISONNE, L'AIR Y EST DOUX, LA TERRE RICHE ET GRASSE, ET SURTOUT...... ELLE EST À QUI SAIT LA PRENDRE!
LÀ-BAS, POINT DE MAÎTRES NI CORVÉES, POINT DE DÎME NI CHAMPART! SI BONHEUR ET LIBERTÉ NE SONT PAS DE VAINES CHIMÈRES EN CE MONDE...
... C'EST LÀ-BAS QU'ON LES TROUVE!

JE COMPRENDS VOS RAISONS, MESSIRE INTENDANT...
MAIS L'HIVER S'ANNONCE PARTICULIÈREMENT LONG ET LA RÉCOLTE À VENIR CATASTROPHIQUE. IL EST JUSTE QUE MES PAYSANS TIENNENT QUELQUES RÉSERVES POUR AFFRONTER UNE PROBABLE DISETTE...
ET NOS TROUPES !? L'ENNEMI EST AUX PORTES ! IL A MÊME FORCÉ NOS FRONTIÈRES : SOUFFRIREZ-VOUS QU'IL VIENNE PLUS AVANT METTRE À MAL NOS CAMPAGNES ?
HÉ DAME ! SI NOS CROQUANTS DONNENT LE PEU QU'ILS ONT, IL N'Y AURA PLUS QUE DES CADAVRES, À METTRE À MAL !
LA FIÈVRE LES SERRE, VOS RIBAUDS ! ONT-ILS TANT DE CHICHETÉ QU'ILS NE PEUVENT SE DÉPARTIR DE QUELQUES SACS DE GRAINS !? LE ROY LUI-MÊME, MONSIEUR, A VENDU SA VAISSELLE D'ARGENT POUR NOURRIR NOS SOLDATS !
SI LES GENS DE VALMÈGES AVAIENT DE LA VAISSELLE D'ARGENT, ILS LA DONNERAIENT SÛREMENT. MAIS C'EST DE LEUR BROUET QUOTIDIEN QU'IL S'AGIT...
BASTE ! DE TOUTE FAÇON, J'AI DES ORDRES STRICTS.
NOS RÉGIMENTS SONT DÉMUNIS ET JE DOIS PRENDRE LE BLÉ LÀ OÙ IL EST...

UNE RÉQUISITION, MAINTENANT ! MANQUAIT PLUS QUE ÇA...
ET PENDANT CE TEMPS-LÀ, AU CHÂTEAU, ILS SE GAVENT DE PAIN DE RIVE ET DE CARRÉ D'AGNEAU !
CE NE SONT POINT LÀ LES GENS DU COMTE, JANVIER ! LES ORDRES VIENNENT DE VERSAILLES...
ET CES DEUX-LÀ !?
SI L'IDÉE N'EST PAS DES LANTEUIL, ILS ONT QUAND MÊME BIEN DONNÉ LA MAIN !
CELA SUFFIRA. JE NE TIENS PAS À VOIR LES PLUS MISÉREUX SE JOINDRE AUX RÉVOLTÉS.
LES RÉVOLTÉS?
LES VENTRES NOIRS ! CES GUEUX ONT GROSSI LEURS RANGS DE TOUS LES VAUNÉANTS QUE LA FAIM JETTE SUR LES ROUTES... ET COMME NOS TROUPES SONT OCCUPÉES À POURFENDRE LE HOLLANDAIS, CES BÉLÎTRES NOUS TIENNENT LE PALOT !
PAR BONHEUR, ILS EFFRAIENT PLUS NOS PAYSANS QU'ILS NE LES ATTIRENT. TOUT EST SERVI ?
UN MOMENT... UN DE CES MARAUDS EST PASSÉ AU TRAVERS !
HO, VOUS AUTRES ! OÙ SE CACHE ENCORE CE PIAFFARD DE BOUFFE-L'AZUR ?!
13

J'EN AI UN, GOBEMERLE !
DÉSOLÉ, COMPAING... T'ES FIN BIAU, MAIS FAUT BEN MANGER, HEIN ?
Y A ENCORE 3 COLLETS ICI. 'CUPE-T'EN. JE FILE À VOIR CEUX DE ROCHEFORTE.
HOLÀ, GOBEMERLE ! QU'EST-CE QUE TU FOUINES PAR ICI ? TU SERAIS PAS EN TRAIN DE BRACONNER, PAR HASARD ?
M-MOI ? P-P-PAS DU TOUT, MESSIRE CORNEBŒUF !... ON RECHERCHAIT JUSTE LE CHIEN DE BOUFFE-L'AZUR QUI S'EST ENSAUVÉ PAR LE BOIS...
JE VOIS ! ET... TU N'AS PAS UNE PETITE IDÉE DE L'ENDROIT OÙ IL SE CACHE, CE CABOT ?
EUH... JE... NON ! C'EST-À-DIRE... P'T'ÊT' BEN VERS LES BAUGES-D'EN HAUT...
REGARDE, CARDON, ENCORE UN ! ET UN GROS ! ON VA SE PRÉPARER UNE DE CES GALIMAFRÉES, CE SOIR !
À TA PLACE, BOUFFE-L'AZUR, J'AURAIS PEUR QU'ELLE ME RESTE DANS LE GARGAMEL !

CORNEBOEUF!?
EH OUI, CORNEBOEUF... SACRÉE SURPRISE, HEIN?
ET TOI, GOBEMERLE, FILS DE BAGASSE!! TU M'AS DONNÉ, HEIN?
C'EST... C'EST EUX BOUFFE-L'AZUR! Y... Y M'ONT FORCÉ À...
PAIX!
PAIX, L'EXCITÉ! ON T'AURAIT TROUVÉ QUAND MÊME.
TU SAIS LE PRIX QU'IL VA T'EN COÛTER?
CE QUE JE SAIS, C'EST QUE...
WOUA
WOUA
...C'EST PAS À TOI QUE JE LE PAIERAI!
DESSUS, GASCON! PRENDS-LE! SUS AU PIAFFARD!
WOUAH
WOUAH
YAAAAA
WOF WOF WOF
Carpentrie 86
15

OW
VENTRE-DIEU! MA CHEVILLE... JE...
BLAMM
TOUT BEAU, MESSEIGNEURS! LA COURSE EST INÉGALE, IL ME SEMBLE!
WOF WOF
CORBLEU! ÔTE-TOI DU CHEMIN, FAQUIN! TU FAIS OBSTACLE À LA JUSTICE DES LANTEUIL!
TARARE! ET PAS D'INJURES, CAVALIER, OU TU VAS GOÛTER CELLE DE NOS FUSILS.
ALLEZ, FILE... AVANT QUE LES DOIGTS NOUS DÉMANGENT PAR TROP!
C'EST BON, PENDARD! TU MARQUES UN POINT... MAIS GARE À LA REVOYURE!
ALORS, MON GAUTIER? EN RÉVOLTE CONTRE L'AUTORITÉ?
ALORS, SOIS LE BIENVENU CHEZ LES VENTRES NOIRS!

"QUAND LOS CORBASSES SON A L'EMBATH, MOSSU L'IVERN ES BEN PASSAT."
"QUAND LES CORBEAUX VOLENT BAS", CONSTATAIT LE BON SENS POPULAIRE, "MESSIRE HIVER N'EST PLUS LÀ."
MAIS IL LAISSAIT DERRIÈRE LUI DES MARQUES CRUELLES, MÊME CHEZ LES PUISSANTS.
SUR LES TERRES DE VALMÈGES, LE VIEUX LANTEUIL PASSAIT LA MAIN. LE VILLAGE ALLAIT CONNAÎTRE UNE LOI PLUS AMÈRE ...
MAIS C'EST CAHUZE !? QUE FAIT-IL LÀ ?!
DIS DONC, TOI ! QUELLE MOUCHE TE PIQUE, DE TE TRANTOLER AU SOLEIL AU LIEU DE PORTER NOS BÊTES AU PACAGE !?
CAHUZE, Y BEUT BUS BASSER : NE GOMTE, Y N'A MIS NA BARRIE. ET NES BÊTES, Y BEUT BUS ENTRER NON BUS !
QU'EST-CE QUE C'EST ENCORE QUE CETTE PIPERIE ? LANTEUIL NOUS INTERDIRAIT LES COMMUNAUX, MAINTENANT !?
17

TIENS! CES MESSIEURS DE VALMÈGES... QUEL EST L'OBJET DE CETTE PROCESSION PRINTANIÈRE?
PARDONNEZ-NOUS, MOSSU LE COMTE... C'EST À PROPOS DES COMMUNAUX: C'EST-Y VRAI QUE VOUS LES INTERDISEZ À NOS BÊTES?
NULLEMENT! JE VOUS LAISSE TOUTE JOUISSANCE DES LANDES DE PERCEDRAILLE ET DES SOUS-BOIS DE FAYSSES. MAIS CETTE TERRE-CI EST TROP BONNE POUR L'ABANDONNER AU BÉTAIL ET J'AI DÉCIDÉ DE LA METTRE EN CULTURE.
MAIS... LÀ OÙ VOUS DITES, Y A RIEN À GRAPPILLER!? C'TE TERRE-CI, C'EST LA SEULE QUI PUISSE UN PEU ENGRAISSER NOS BREBIS!
ALLONS DONC! CES ANIMAUX TROUVERAIENT LEUR PITANCE EN PLEIN DÉSERT!
C'EST UNE VIOLATION DE LA COUTUME! CES COMMUNAUX SONT AUTANT NOTRE POSSESSION QUE LA VÔTRE!
TU AS LE CAQUET TOUJOURS AUSSI AFFILÉ, HEIN, BEYNAC?
MAIS L'OCTROI DE CES TERRES N'ÉTAIT QU'UNE FAVEUR DE MES ANCÊTRES: J'Y FERAI CE QUE BON ME SEMBLE, CAR ELLES SONT PLEINE PROPRIÉTÉ DES LANTEUIL!
IL N'Y A NUL SEIGNEUR SANS TITRE, QUE JE SACHE: ALORS OÙ SONT LES VÔTRES?
UN JOUR, TON INSOLENCE TE COÛTERA CHER, PIAFFARD! EN ATTENDANT, JE TE RÉPONDRAI QU'IL N'Y A NULLE TERRE SANS SEIGNEUR. CELLE-CI EST DONC MIENNE... À MOINS QUE VOUS NE PUISSIEZ PRODUIRE UNE CHARTE PROUVANT VOS DROITS!
MAIS SI VOUS EN ÊTES INCAPABLES, ALORS FILEZ ET NE REVENEZ PLUS SUR CE SUJET!
18

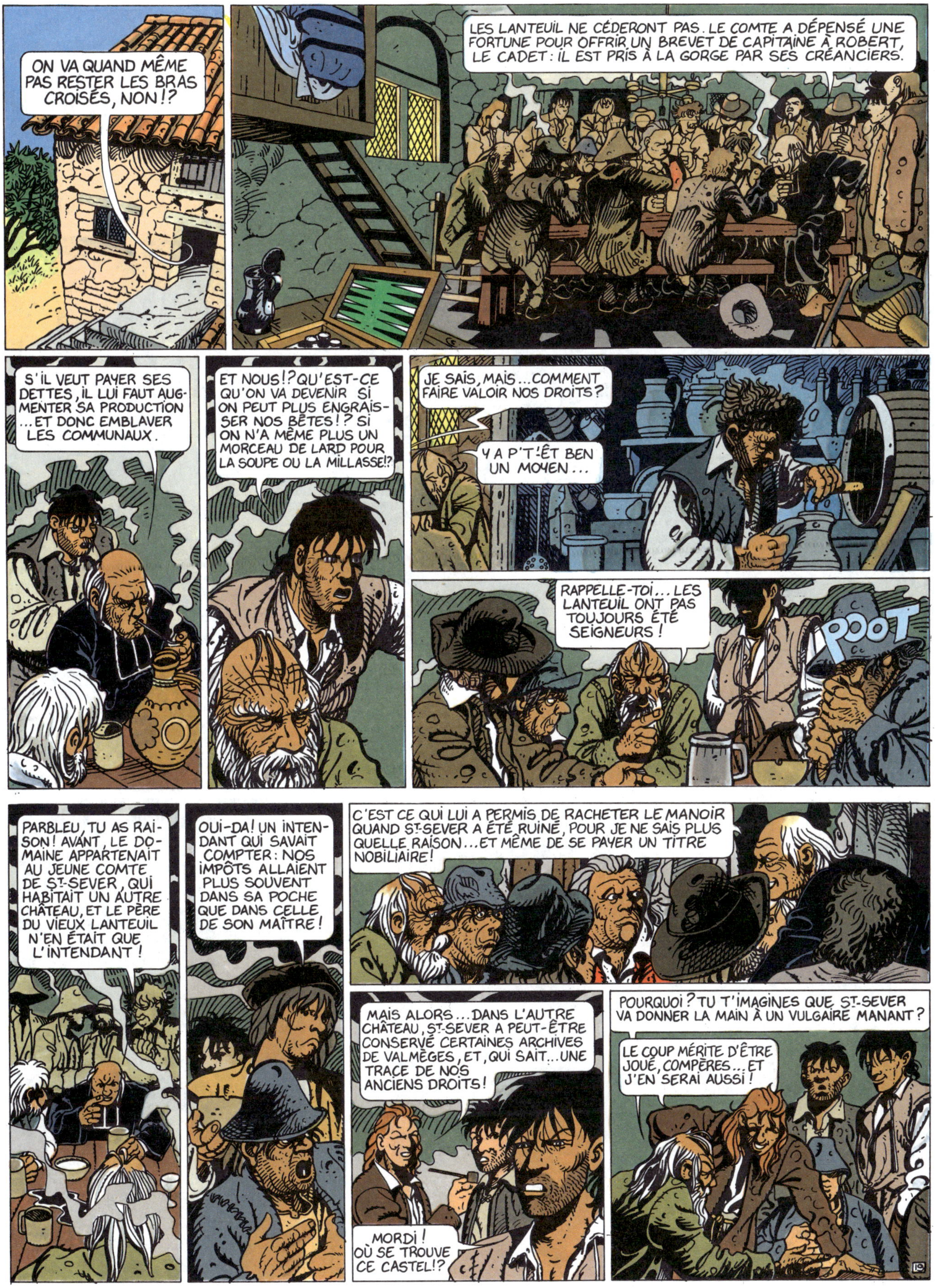
ON VA QUAND MÊME PAS RESTER LES BRAS CROISÉS, NON !?
LES LANTEUIL NE CÉDERONT PAS. LE COMTE A DÉPENSÉ UNE FORTUNE POUR OFFRIR UN BREVET DE CAPITAINE À ROBERT, LE CADET : IL EST PRIS À LA GORGE PAR SES CRÉANCIERS.
S'IL VEUT PAYER SES DETTES, IL LUI FAUT AUGMENTER SA PRODUCTION ... ET DONC EMBLAVER LES COMMUNAUX.
ET NOUS !? QU'EST-CE QU'ON VA DEVENIR SI ON PEUT PLUS ENGRAISSER NOS BÊTES !? SI ON N'A MÊME PLUS UN MORCEAU DE LARD POUR LA SOUPE OU LA MILLASSE !?
JE SAIS, MAIS ... COMMENT FAIRE VALOIR NOS DROITS ?
Y A P'T'ÊT BEN UN MOYEN ...
RAPPELLE-TOI ... LES LANTEUIL ONT PAS TOUJOURS ÉTÉ SEIGNEURS !
POOT
PARBLEU, TU AS RAISON ! AVANT, LE DOMAINE APPARTENAIT AU JEUNE COMTE DE ST-SEVER, QUI HABITAIT UN AUTRE CHÂTEAU, ET LE PÈRE DU VIEUX LANTEUIL N'EN ÉTAIT QUE L'INTENDANT !
OUI-DA ! UN INTENDANT QUI SAVAIT COMPTER : NOS IMPÔTS ALLAIENT PLUS SOUVENT DANS SA POCHE QUE DANS CELLE DE SON MAÎTRE !
C'EST CE QUI LUI A PERMIS DE RACHETER LE MANOIR QUAND ST-SEVER A ÉTÉ RUINÉ, POUR JE NE SAIS PLUS QUELLE RAISON ... ET MÊME DE SE PAYER UN TITRE NOBILIAIRE !
MAIS ALORS ... DANS L'AUTRE CHÂTEAU, ST-SEVER A PEUT-ÊTRE CONSERVÉ CERTAINES ARCHIVES DE VALMÈGES, ET, QUI SAIT ... UNE TRACE DE NOS ANCIENS DROITS !
MORDI ! OÙ SE TROUVE CE CASTEL !?
POURQUOI ? TU T'IMAGINES QUE ST-SEVER VA DONNER LA MAIN À UN VULGAIRE MANANT ?
LE COUP MÉRITE D'ÊTRE JOUÉ, COMPÈRES ... ET J'EN SERAI AUSSI !

AINSI, ILS SERAIENT PRÊTS À POUSSER JUSQU'À ST-SEVER?
C'EST CE QU'ILS ONT DIT, MESSIRE...
ET POURQUOI VIENS-TU NOUS CONTER CELA?
J'AI QU'DEUX ARPENTS POUR NOURRIR MES SIX DRÔLES, MOSSU LE COMTE. C'EST D'JÀ DUR EN TEMPS NORMAL, MAIS LA DERNIÈRE RÉQUISITION A VIDÉ TOUT MON CELLIER : JE ME SUIS PENSÉ QUE... P'TÊT' BEN...
HA HA HA... SIX ENFANTS!? QUEL GUILLERI, GOBEMERLE! T'EN SERAIS PAS LÀ SI TU TAQUINAIS LA BÊCHE AU LIEU DE BISCOTTER TOUT LE JOUR TA BAGASSE!... HA HA HA HA HA!
C'EST BON, GASCON : DONNE À CE MANANT UN BOISSEAU DE GRAINS... À MOINS QU'IL NE PRÉFÈRE TRENTE DENIERS!
QUELLE RACE DE POURCEAUX! CES CHICHE-FACES S'ENTRE-DÉCHIRERAIENT POUR UN BOL DE SOUPE! ET D'AUCUNS VOUDRAIENT EN FAIRE NOS ÉGAUX!
EN ATTENDANT, CE RIBAUD NOUS A BIEN SERVI : QUI SAIT OÙ PEUT MENER CETTE EXPÉDITION CHEZ ST-SEVER!
JE NE PENSE PAS QU'IL Y AIT DANGER PRESSANT, MAIS... VOIS QUAND MÊME CE QUE TU PEUX FAIRE, CORNEBOEUF...
...LA ROUTE EST LONGUE, D'ICI LÀ!

QUINZE LIEUES À S'ESCUMER SOUS CE SOLEIL ! J'AIME ENCORE MIEUX LA SUÉE DES VENDANGES !
UN PEU DE COEUR, TOUSSAINT ! TU CONNAIS L'ENJEU...
DIANTRE SOIT DE L'ÉQUIPÉE ! ELLE ME COÛTE DÉJÀ UNE PAIRE D'ALPARGATES !
NE LES PLEURE PAS, BAGUENAUD ! TU N'EN AURAS TANTÔT PLUS L'USAGE !
SI C'EST APRÈS LES CLIQUAILLES QUE VOUS COUREZ, VOUS FRAPPEZ À LA MAUVAISE PORTE : NOTRE BOURSE EST AUSSI PLATE QU'UNE GALETTE D'ARMOR !
PEU NOUS CHAUT TA BOURSE, COQUARDEAU...
...C'EST À VOS PEAUX QU'ON EN VEUT !
21

SLINK
PUISQUE CES DRÔLES VEULENT SE FAIRE CARESSER L'ÉCHINE... ...ON VA LES SERVIR !
TU FERAIS BIEN DE CLABAUDER MOINS ET D'AJUSTER MIEUX, BESACIER !
À TON SERVICE, FEUTRARD !
À REVERS, GRIMBOIS ! TOURNE-LE !
TAÏAUT !
PAF
HA, HA, TU FAIS MOINS LE FENDANT, À PRÉSENT !
?
ATTENTION !
BANG
TOUSSAINT !
22

G... GARDE-TOI, JANVIER!
TRANQUILLE, COMPAING...
CES BAS DE POILS ONT COMPRIS
LES VOYAGES FORMENT LA CONNAISSANCE... JANVIER APPRIT LE MÊME JOUR L'ART DU FICELAGE ET CELUI DU BANDAGE.
OOooOOH! JE...AAAH! CE TROUILLEFOU M'A DÉGONDÉ L'ÉPAULE!
CORBLEU! CESSE DE HUCHER COMME UNE BÂCHELETTE! LA BALLE T'A À PEINE ÉRAFLÉ!
À PEINE ÉRAFLÉ!? J'AI PERDU AU MOINS TROIS PINTES DE SANG!
TROIS DÉS À COUDRE, OUI! DANS UNE SEMAINE, TU SERAS PRÊT À RECOMMENCER TES CABRIOLES!
POUR TOI, PAR CONTRE, LA DANSE EST FINIE. ALORS? QUI VOUS A ENVOYÉS?
VA AU DIABLE!
SI TU PARLES, ON RACONTE AU JUGE QUE TU NOUS AS ÉPARGNÉS...
...SINON, C'EST LE BOURREAU... ET LA ROUE!...
TU AS DÉJÀ VU UN HOMME ROUÉ VIF!?...
...AVEC LA BARRE QUI TE CASSE UNE JAMBE, PUIS LE BRAS, PUIS L'AUTRE BRAS...
23

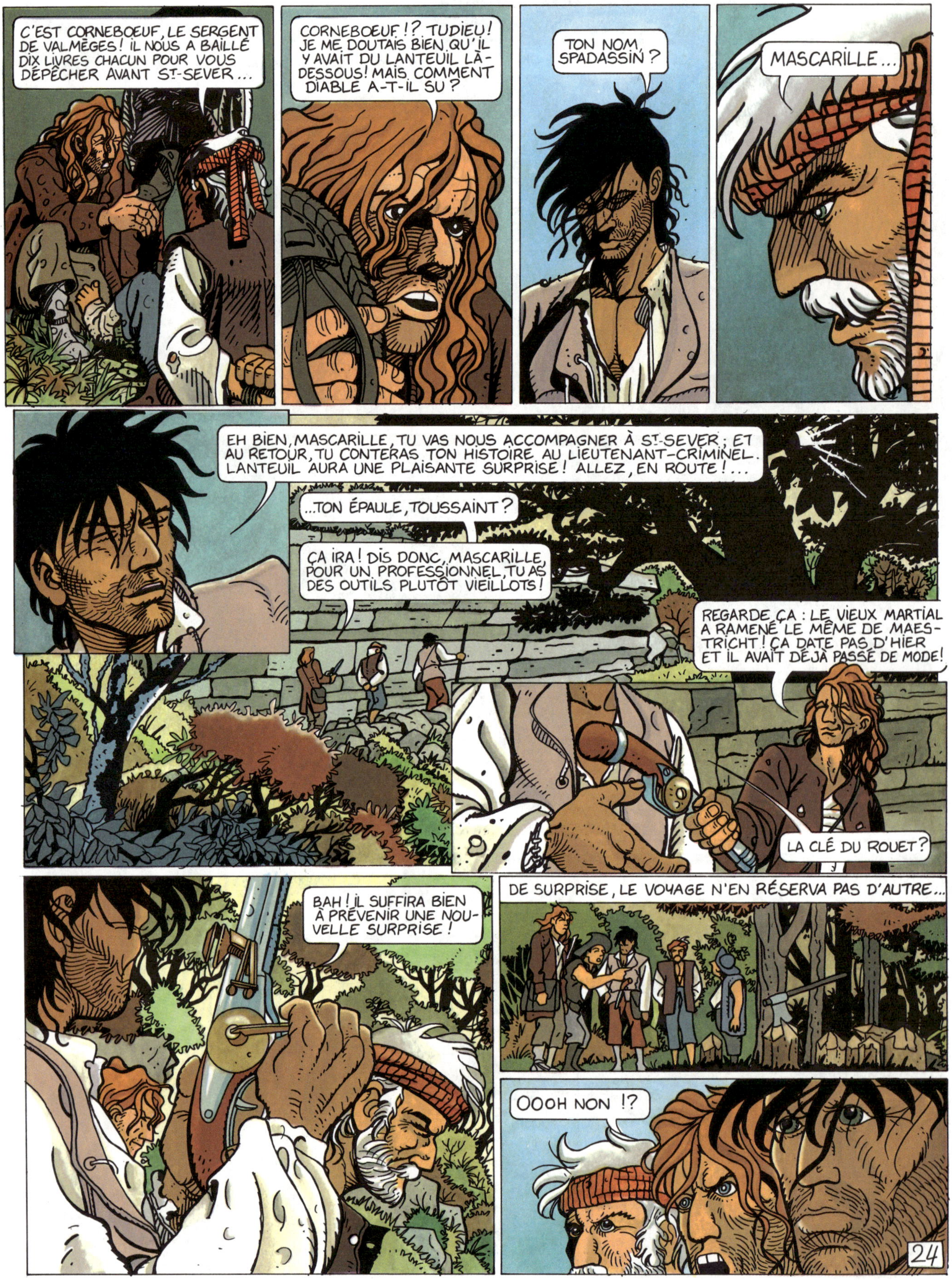

C'EST CORNEBOEUF, LE SERGENT DE VALMÈGES! IL NOUS A BAILLÉ DIX LIVRES CHACUN POUR VOUS DÉPÊCHER AVANT ST-SEVER...
CORNEBOEUF !? TUDIEU! JE ME DOUTAIS BIEN QU'IL Y AVAIT DU LANTEUIL LÀ-DESSOUS! MAIS COMMENT DIABLE A-T-IL SU?
TON NOM, SPADASSIN?
MASCARILLE...
EH BIEN, MASCARILLE, TU VAS NOUS ACCOMPAGNER À ST-SEVER; ET AU RETOUR, TU CONTERAS TON HISTOIRE AU LIEUTENANT-CRIMINEL. LANTEUIL AURA UNE PLAISANTE SURPRISE! ALLEZ, EN ROUTE!...
...TON ÉPAULE, TOUSSAINT?
ÇA IRA! DIS DONC, MASCARILLE, POUR UN PROFESSIONNEL, TU AS DES OUTILS PLUTÔT VIEILLOTS!
REGARDE ÇA: LE VIEUX MARTIAL A RAMENÉ LE MÊME DE MAESTRICHT! ÇA DATE PAS D'HIER ET IL AVAIT DÉJÀ PASSÉ DE MODE!
LA CLÉ DU ROUET?
BAH! IL SUFFIRA BIEN À PRÉVENIR UNE NOUVELLE SURPRISE!
DE SURPRISE, LE VOYAGE N'EN RÉSERVA PAS D'AUTRE...
OOOH NON !?
24

...MAIS CELLE QUI ATTENDAIT LES 2 COMPAGNONS À ST-SEVER ÉTAIT DE TAILLE !
DIABLE ! HORMIS RATS ET CORBEAUX, M'EST AVIS QU'ON NE RENCONTRERA PAS GRAND MONDE DANS CE BASTIDOU !
C'EST LE PETIT COMTE QUE VOUS CHERCHEZ ?
AH, MES PAUVRES ! ÇA FAIT BEAU TEMPS QU'IL S'EN EST ALLÉ ! À CAUSE DE CE MAUDIT VENT QUI LUI BALAYAIT LE DEDANS DU CRÂNE...
UN VENT ?
LE VENT DES INDES ! LE SOUFFLE DE L'INCONNU ! L'APPEL DES TERRES IGNORÉES ! MESSIRE PHILIPPE BRÛLAIT D'EN SAVOIR PLUS ET PASSAIT SES JOURS ENFERMÉ LÀ-DEDANS AVEC LIVRES ET INSTRUMENTS...
25
À 16 ANS, QUAND IL A HÉRITÉ DU DOMAINE, IL S'EST EMPRESSÉ DE MONTER UNE EXPÉDITION EN MER DES INDES. C'EST CHARLES, SON DEMI-FRÈRE, QUI COMMANDAIT L'"ALOUETTE", UN FIN NAVIRE...
...QUI DISPARUT CORPS ET BIENS. ST-SEVER SE RETROUVA RUINÉ ET BOURRELÉ DE REMORDS.
À L'EXCEPTION DE CE MANOIR, IL VENDIT TOUT SON HÉRITAGE AFIN DE REMBOURSER LES DETTES CONTRACTÉES POUR L'ARMEMENT DE SA FRÉGATE. PUIS IL SE PERDIT DANS LA NATURE...
MISÈRE ! UNE ÉPAULE NAVRÉE ET TRENTE LIEUES POUR RIEN !
PAS TOUT À FAIT...
GRÂCE AUX AVEUX DE CE CAPON, JE COMPTE BIEN QUE LANTEUIL REMBOURSE TOUS NOS DAMS !
25

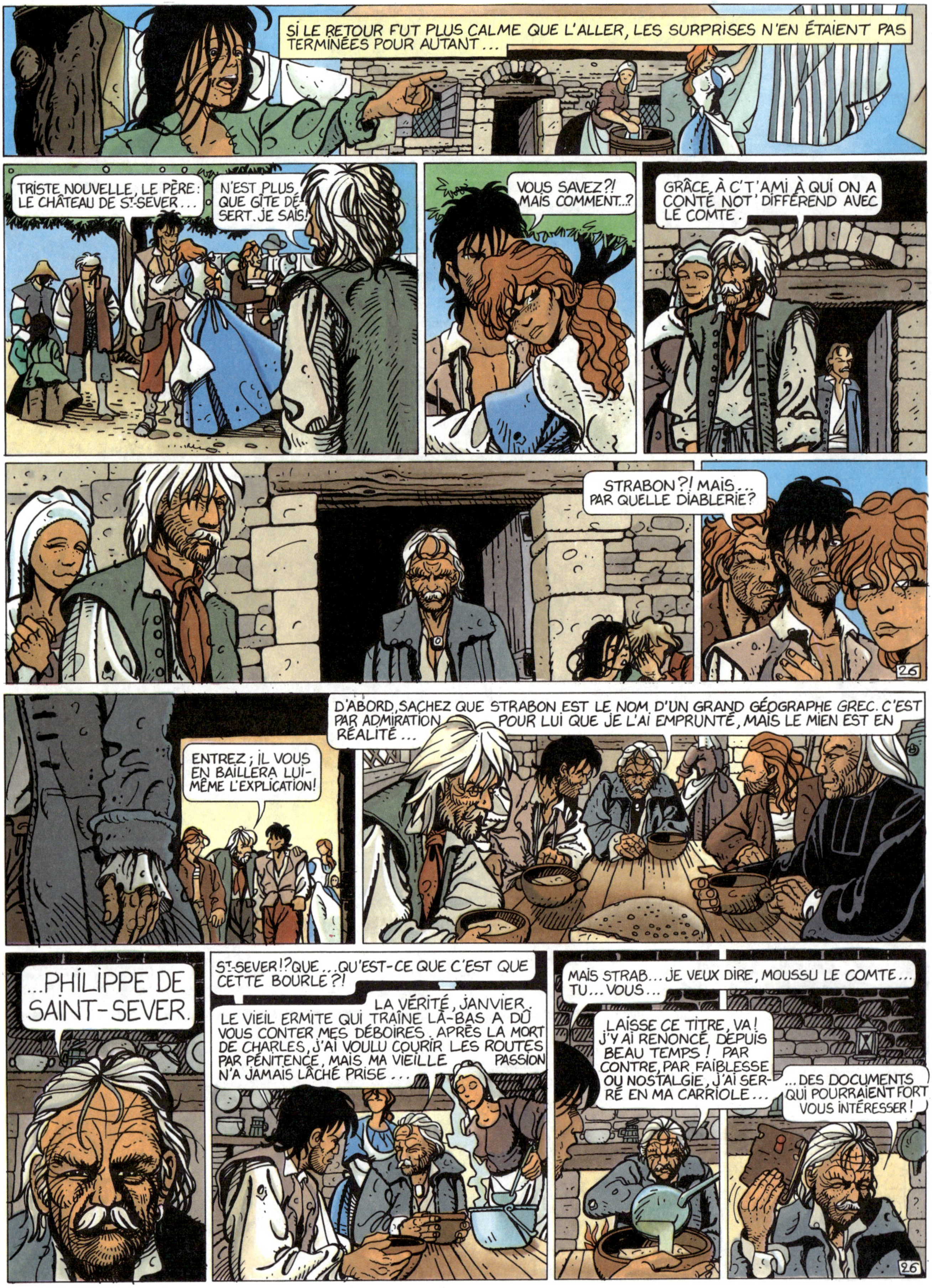
SI LE RETOUR FUT PLUS CALME QUE L'ALLER, LES SURPRISES N'EN ÉTAIENT PAS TERMINÉES POUR AUTANT...
TRISTE NOUVELLE, LE PÈRE: LE CHÂTEAU DE ST-SEVER...
N'EST PLUS QUE GÎTE DÉSERT. JE SAIS!
VOUS SAVEZ?! MAIS COMMENT..?
GRÂCE À C'T'AMI À QUI ON A CONTÉ NOT' DIFFÉREND AVEC LE COMTE.
STRABON?! MAIS... PAR QUELLE DIABLERIE?
26
ENTREZ; IL VOUS EN BAILLERA LUI-MÊME L'EXPLICATION!
D'ABORD, SACHEZ QUE STRABON EST LE NOM D'UN GRAND GÉOGRAPHE GREC. C'EST PAR ADMIRATION POUR LUI QUE JE L'AI EMPRUNTÉ, MAIS LE MIEN EST EN RÉALITÉ...
...PHILIPPE DE SAINT-SEVER.
ST-SEVER!? QUE... QU'EST-CE QUE C'EST QUE CETTE BOURLE?!
LA VÉRITÉ, JANVIER. LE VIEIL ERMITE QUI TRAÎNE LÀ-BAS A DÛ VOUS CONTER MES DÉBOIRES. APRÈS LA MORT DE CHARLES, J'AI VOULU COURIR LES ROUTES PAR PÉNITENCE, MAIS MA VIEILLE PASSION N'A JAMAIS LÂCHÉ PRISE...
MAIS STRAB... JE VEUX DIRE, MOUSSU LE COMTE... TU... VOUS...
LAISSE CE TITRE, VA! J'Y AI RENONCÉ DEPUIS BEAU TEMPS! PAR CONTRE, PAR FAIBLESSE OU NOSTALGIE, J'AI SERRÉ EN MA CARRIOLE...
...DES DOCUMENTS QUI POURRAIENT FORT VOUS INTÉRESSER!
26

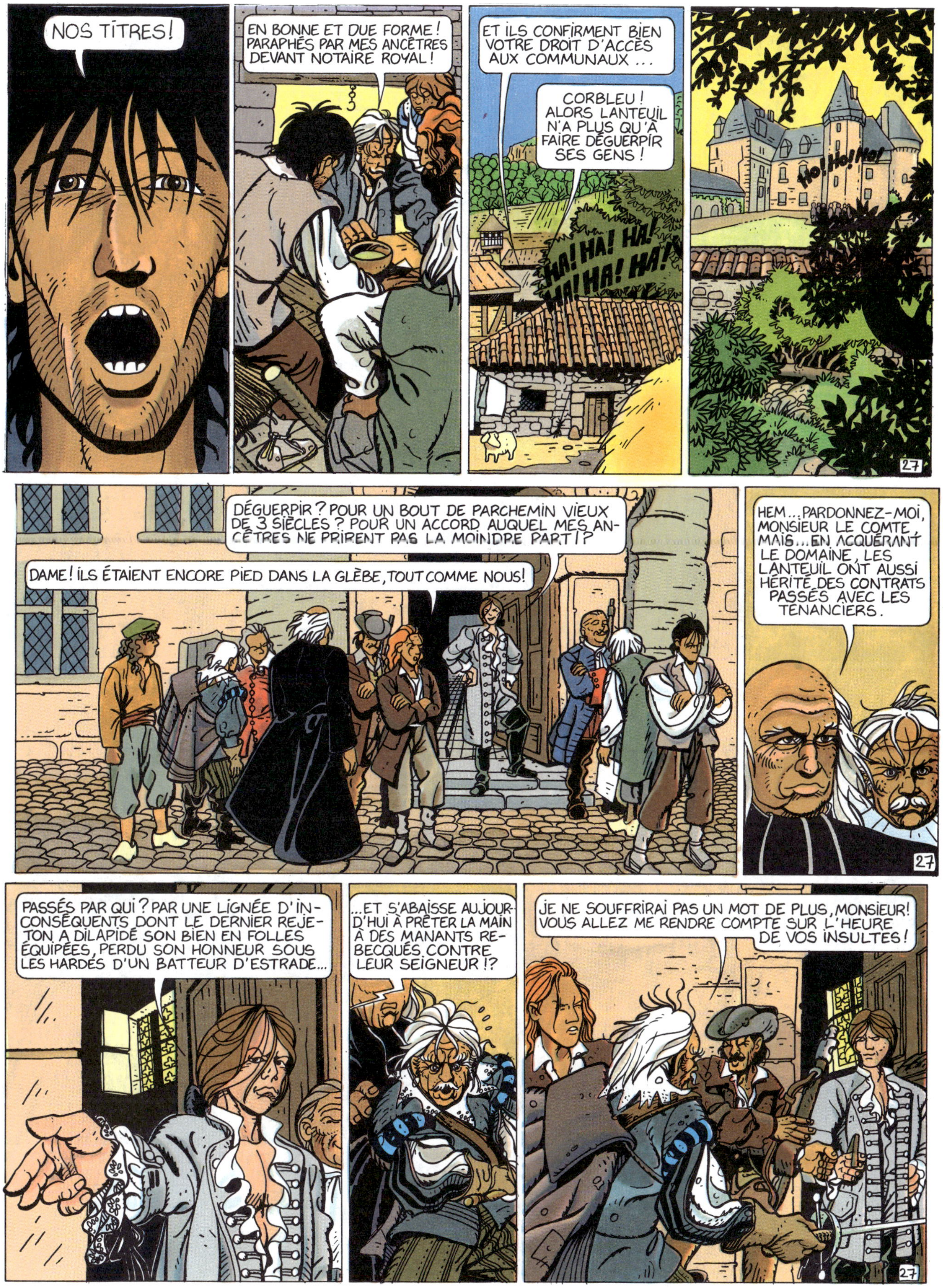
NOS TITRES!
EN BONNE ET DUE FORME! PARAPHÉS PAR MES ANCÊTRES DEVANT NOTAIRE ROYAL!
ET ILS CONFIRMENT BIEN VOTRE DROIT D'ACCÈS AUX COMMUNAUX...
CORBLEU! ALORS LANTEUIL N'A PLUS QU'À FAIRE DÉGUERPIR SES GENS!
HA! HA! HA! HA! HA! HA!
HO! HO! HO!
27
DÉGUERPIR? POUR UN BOUT DE PARCHEMIN VIEUX DE 3 SIÈCLES? POUR UN ACCORD AUQUEL MES ANCÊTRES NE PRIRENT PAS LA MOINDRE PART!?
DAME! ILS ÉTAIENT ENCORE PIED DANS LA GLÈBE, TOUT COMME NOUS!
HEM... PARDONNEZ-MOI, MONSIEUR LE COMTE, MAIS... EN ACQUÉRANT LE DOMAINE, LES LANTEUIL ONT AUSSI HÉRITÉ DES CONTRATS PASSÉS AVEC LES TENANCIERS.
27
PASSÉS PAR QUI? PAR UNE LIGNÉE D'INCONSÉQUENTS DONT LE DERNIER REJETON A DILAPIDÉ SON BIEN EN FOLLES ÉQUIPÉES, PERDU SON HONNEUR SOUS LES HARDES D'UN BATTEUR D'ESTRADE...
...ET S'ABAISSE AUJOURD'HUI À PRÊTER LA MAIN À DES MANANTS REBECQUÉS CONTRE LEUR SEIGNEUR!?
JE NE SOUFFRIRAI PAS UN MOT DE PLUS, MONSIEUR! VOUS ALLEZ ME RENDRE COMPTE SUR L'HEURE DE VOS INSULTES!
27

UN DUEL ? ET QUEL HONNEUR TIRERAIS-JE À OCCIRE UN VIEILLARD DÉBILE QUI N'EST PLUS MÊME DE MON RANG ?
VOUS NE VOUS ÊTES PAS POSÉ PAREILLE QUESTION, QUAND VOUS AVEZ LANCÉ VOS SPADASSINS CONTRE NOUS !
QUELLE EST CETTE FABLE ?
ALLEZ DONC L'OUÏR EN L'HÔTEL DU LIEUTENANT-CRIMINEL : UN NOMMÉ MASCARILLE L'Y CONTERA DÈS DEMAIN ! ON Y PARLERA AUSSI DE VOS AUTRES VILEINIES...
SHLAK
SHLAK
28
SHLAK
CLIC
NON... NON, JE NE VOUS DONNERAI PAS LE PLAISIR DE ME FAIRE PENDRE, EN VOUS RENDANT CES COUPS !
MAIS J'AI FIANCE EN LA JUSTICE DE NOTRE ROY ET VOUS LUI RENDREZ BIENTÔT RAISON DE TOUTES CES AVANIES...
Carpentrie 28

AU BOURG VOISIN, LA SEULE VENUE D'UN MALANDRIN ENCHAÎNÉ ÉTAIT DÉJÀ UNE PÂTURE DE CHOIX POUR LA CURIOSITÉ PUBLIQUE. MAIS CE JOUR-LÀ, LA BIZARRERIE DE L'ESCORTE L'AIGUISA PLUS ENCORE...
29
DIANTRE! J'AI PEINE À Y CROIRE...
MAIS SI CE MASCARILLE CONFIRME VOS DIRES, JE ME RENDRAI SUR L'HEURE CHEZ MONSIEUR DE LANTEUIL.
ALORS, COQUIN! ON ASSASSINE LES BONNES GENS? QUI T'A PAYÉ?
JE... J'LAI DÉJÀ DIT À MOUSSU BEYNAC, MESSIRE! C'EST... C'EST...
BENG
29

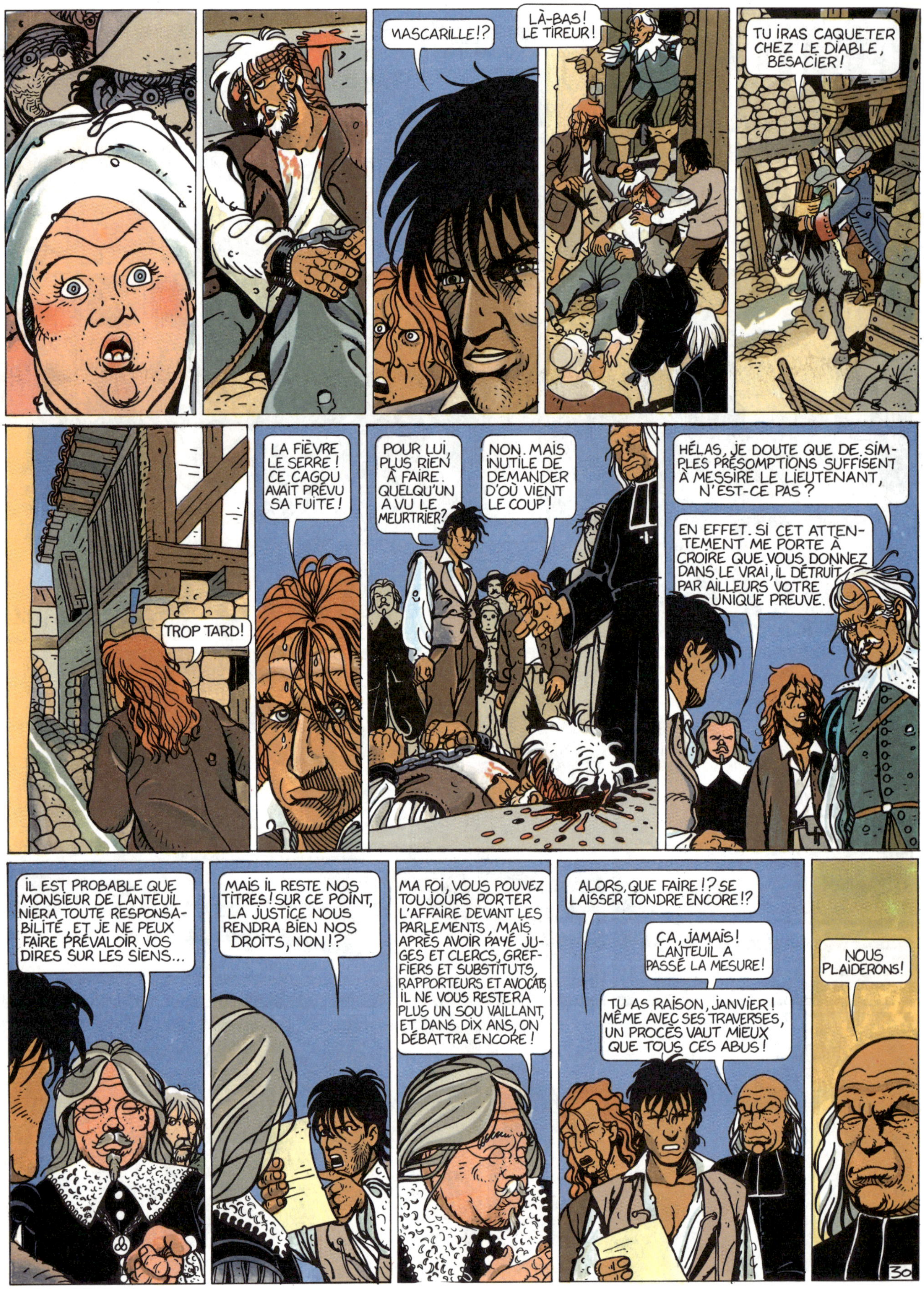

MASCARILLE!?
LÀ-BAS! LE TIREUR!
TU IRAS CAQUETER CHEZ LE DIABLE, BESACIER!
TROP TARD!
LA FIÈVRE LE SERRE! CE CAGOU AVAIT PRÉVU SA FUITE!
POUR LUI, PLUS RIEN À FAIRE. QUELQU'UN A VU LE MEURTRIER?
NON. MAIS INUTILE DE DEMANDER D'OÙ VIENT LE COUP!
HÉLAS, JE DOUTE QUE DE SIMPLES PRÉSOMPTIONS SUFFISENT À MESSIRE LE LIEUTENANT, N'EST-CE PAS?
EN EFFET. SI CET ATTENTEMENT ME PORTE À CROIRE QUE VOUS DONNEZ DANS LE VRAI, IL DÉTRUIT PAR AILLEURS VOTRE UNIQUE PREUVE.
IL EST PROBABLE QUE MONSIEUR DE LANTEUIL NIERA TOUTE RESPONSABILITÉ, ET JE NE PEUX FAIRE PRÉVALOIR VOS DIRES SUR LES SIENS...
MAIS IL RESTE NOS TITRES! SUR CE POINT, LA JUSTICE NOUS RENDRA BIEN NOS DROITS, NON!?
MA FOI, VOUS POUVEZ TOUJOURS PORTER L'AFFAIRE DEVANT LES PARLEMENTS, MAIS APRÈS AVOIR PAYÉ JUGES ET CLERCS, GREFFIERS ET SUBSTITUTS, RAPPORTEURS ET AVOCATS, IL NE VOUS RESTERA PLUS UN SOU VAILLANT, ET DANS DIX ANS, ON DÉBATTRA ENCORE!
ALORS, QUE FAIRE!? SE LAISSER TONDRE ENCORE!?
ÇA, JAMAIS! LANTEUIL A PASSÉ LA MESURE!
TU AS RAISON, JANVIER! MÊME AVEC SES TRAVERSES, UN PROCÈS VAUT MIEUX QUE TOUS CES ABUS!
NOUS PLAIDERONS!
30

ILS PLAIDÈRENT. LE TEMPS PASSA ET LES DENIERS FONDIRENT, MAIS L'ÉTÉ REVINT SANS QUE L'AFFAIRE EÛT AVANCÉ D'UN POUCE...
NOS PAYSANS ONT ÉTÉ SÉVÈREMENT ÉPROUVÉS, CET HIVER...
...ET LES PLUS DÉMUNIS AURONT PEINE À S'ACQUITTER DE LEUR CENS. AUSSI, VEILLEZ À ÊTRE INDULGENT, HENRI.
MON PÈRE, VOUS CONNAISSEZ NOTRE SITUATION FINANCIÈRE. SI VOUS VOULIEZ FAIRE LE MAGNIFIQUE, IL NE FALLAIT PAS OFFRIR À ROBERT UNE CHARGE AUSSI RUINEUSE !
31
HENRI, MON FILS ! VOUS SAVEZ BIEN CE QUE REPRÉSENTAIT POUR VOTRE FRÈRE CE BREVET DE CAPITAINE : SANS LUI, IL... HENRI !
HENRI ?!
HENRI !
PAR MAISON D'UNE PIÈCE, VINGT-HUIT SOUS SIX DENIERS. PAR ARPENT DE JARDIN, UN DEMI-BOISSEAU DE SEIGLE.
POUR L'USAGE DES COMMUNAUX, À RÉPARTIR ENTRE VOUS, QUATRE LIVRES TOURNOIS, DIX GERBES DE FROMENT ET DEUX SETIERS D'AVOINE...
QUOI !?
31

QUELLE EST CETTE SAILLIE !? D'OÙ TIREZ-VOUS CES COMPTES ?
DÉCIDÉMENT, BEYNAC, IL N'Y AURA GUÈRE QUE LA CORDE POUR TE GELER LE BEC À JAMAIS...
MAIS JE VEUX BIEN RÉPONDRE. COMME VOUS L'AVEZ VU, J'AI REPRIS POUR MON USAGE PERSONNEL UNE PARTIE DES COMMUNAUX, VOUS LAISSANT JOUISSANCE DES FAYSSES ET DE PERCEDRAILLE... SOIT LES DEUX TIERS DES ANCIENNES SURFACES. IL EST DONC JUSTE QUE VOUS NE PAYIEZ QUE LES DEUX TIERS DES SOMMES VERSÉES L'AN PASSÉ.
"QUE" LES DEUX TIERS !? MAIS CES TERRES SONT DES CHAMPS DE PIERRAILLES. ELLES NE VALENT PAS LE DIXIÈME DE CELLES QUE VOUS AVEZ PRISES !
ALLONS DONC ! VOS POURCEAUX S'ARRÊTENT-ILS À PAREILS CALCULS ?
ASSEZ RAILLÉ ! VOUS ÊTES ALLÉ TROP LOIN, LANTEUIL : CETTE FOIS, NOUS NE PAIERONS PAS !
TÊTEBLEUE !? C'EST CE QUE NOUS VERRONS, PIAFFARD ! CORNEBOEUF, EMPARE-TOI DE LUI ! IL RÉPONDRA DE SES INSOLENCES AU FOND DE NOS GEÔLES !
32
ALLEZ, BEYNAC, PAS D'ÉCLAT. SUIS-MOI OU JE T'ÉCHARPE !
C'EST ÇA, GROS TAS ! APPROCHE ! VIENS GAGNER LES OS QUE TE BAILLE TON MAÎTRE !
MORDIEU ! CE BÉLITRE VA...
GARDE-TOI, CORNEBOEUF !
32

TOUSSAINT!? NON !
SANG DE DIEU ! CE FOL VA ...
BEYNAAAAAAAAAAACC
SCHOK
33
AAAAAAAAHH!
33

VITE, JANVIER ! PRENDS LE CHEVAL DE CORNEBOEUF ET VA-T'EN !
ET... ET TOI ? TU AS LE FLANC TOUT NAVRÉ
NE T'OCCUPE PAS DE MON FLANC, RASSOTÉ ! TOI, C'EST TA TÊTE QUE TU JOUES ! ALORS VA ! À BRIDE AVALÉE ! À EN FAIRE CREVER TA BÊTE ! VA !
VA!!!
ALLEZ CHERCHER GASCON AU MOULIN ET AIDEZ-MOI À REGAGNER LE CHÂTEAU. QUANT À CET ASSASSIN...
...JE JURE QUE JE LUI PASSERAI MOI-MÊME LA HART AUTOUR DU COL...
34
JUSQU'OÙ Y VA COURIR, MON PETIOT ? QUI C'EST QU'ACCUEILLERA UN MANANT REBECQUÉ ? PFF ! Y POURRA JAMAIS S'ARRÊTER D'FUIR ! JAMAIS...
T'INQUIÈTE PAS, MAHEUX. JE SUIS SÛR QUE SA COURSE VA FINIR TRÈS BIENTÔT...
34

35A
JE SAVAIS QU'ON SE REVERRAIT, LABOUREUR! J'AI VU DE SUITE QUE TU N'ÉTAIS PAS UN DE CES MOUTONS QUI S'ACOISENT DEVANT LEUR MAÎTRE ET SOUFFRENT LA SERVITUDE JUSQU'À LA TOMBE!
COMMENT QU'T'AS FAIT POUR NOUS TROUVER, FILS?
PAS EU DE MAL: VOUS LAISSEZ ASSEZ DE TRACES! AINSI, TOUS CEUX-LÀ SONT DES "VENTRES NOIRS"?
C'EST LE NOM QU'ON NOUS DONNE. MAIS TOUS NE SONT PAS DES JOURNALIERS: NOTRE TROUPE S'EST GROSSIE DE MANOUVRIERS SANS TRAVAIL, DE PAYSANS PRESSURÉS PAR LE FISC...
...MAIS AUSSI DE DÉSERTEURS, DE TIRE-LAINE ET AUTRES BESACIERS!
35

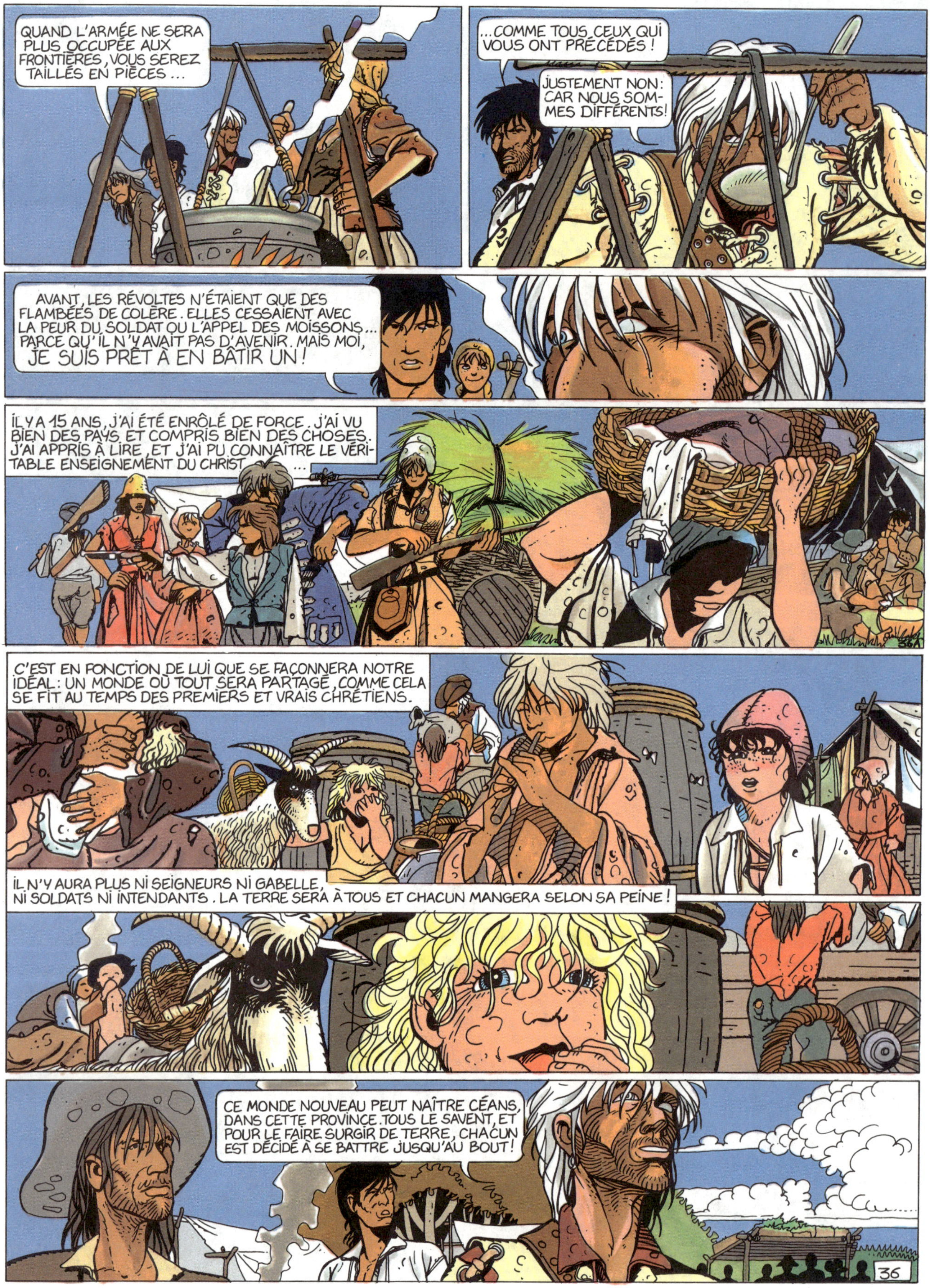
QUAND L'ARMÉE NE SERA PLUS OCCUPÉE AUX FRONTIÈRES, VOUS SEREZ TAILLÉS EN PIÈCES ...
...COMME TOUS CEUX QUI VOUS ONT PRÉCÉDÉS !
JUSTEMENT NON: CAR NOUS SOMMES DIFFÉRENTS !
AVANT, LES RÉVOLTES N'ÉTAIENT QUE DES FLAMBÉES DE COLÈRE. ELLES CESSAIENT AVEC LA PEUR DU SOLDAT OU L'APPEL DES MOISSONS... PARCE QU'IL N'Y AVAIT PAS D'AVENIR. MAIS MOI, JE SUIS PRÊT À EN BÂTIR UN !
IL Y A 15 ANS, J'AI ÉTÉ ENRÔLÉ DE FORCE. J'AI VU BIEN DES PAYS ET COMPRIS BIEN DES CHOSES. J'AI APPRIS À LIRE, ET J'AI PU CONNAÎTRE LE VÉRITABLE ENSEIGNEMENT DU CHRIST ...
C'EST EN FONCTION DE LUI QUE SE FAÇONNERA NOTRE IDÉAL: UN MONDE OÙ TOUT SERA PARTAGÉ, COMME CELA SE FIT AU TEMPS DES PREMIERS ET VRAIS CHRÉTIENS.
IL N'Y AURA PLUS NI SEIGNEURS NI GABELLE, NI SOLDATS NI INTENDANTS. LA TERRE SERA À TOUS ET CHACUN MANGERA SELON SA PEINE !
CE MONDE NOUVEAU PEUT NAÎTRE CÉANS, DANS CETTE PROVINCE. TOUS LE SAVENT, ET POUR LE FAIRE SURGIR DE TERRE, CHACUN EST DÉCIDÉ À SE BATTRE JUSQU'AU BOUT !
36

MAINTENANT!
DANS LES JOURS QUI SUIVIRENT, JANVIER NE PARVINT PAS À SAVOIR SI TOUS LES VENTRES NOIRS PARTAGEAIENT VRAIMENT LES IDÉES DE TAILLEVAL... MAIS IL PUT SE RENDRE COMPTE DE L'IMMENSE POPULARITÉ DONT JOUISSAIENT LES RÉVOLTÉS D'UN BOUT À L'AUTRE DE LA PROVINCE.
J'AIMERAIS BIEN PORTER QUELQUES SACS À VALMÈGES, TAILLEVAL. LÀ-BAS, ILS SONT ENCORE PLUS DÉMUNIS QU'ICI...
ACCORDÉ, LABOUREUR. MAIS LAHUME S'EN OCCUPERA : IL VAUT MIEUX QUE TU N'Y REVIENNES PAS TRAÎNER TOI-MÊME !
MAIS UNE NOUVELLE INQUIÉTANTE VINT BIENTÔT SEMER L'ÉMOI DANS LE CAMP...
TAILLEVAL!
TAILLEVAL ! LES SOLDATS ARRIVENT ! AVANT-HIER ON A VU 2 RÉGIMENTS À USSEL ! AUJOURD'HUI, ILS SONT PEUT-ÊTRE À MOINS DE VINGT LIEUES
LES SOLDATS !? MAIS... ILS NE COMBATTENT PLUS LE HOLLANDAIS ?
LE ROI A NÉGOCIÉ.
HÉLAS, LA PAIX AUX FRONTIÈRES, C'EST LA GUERRE POUR NOUS... EH BIEN, MES AMIS, VOICI SONNÉE L'HEURE DE DÉFENDRE NOTRE ESPOIR !
NOUS ALLONS MONTRER À CES TRAÎNE-SABRE COMMENT LUTTENT DES HOMMES LIBRES !

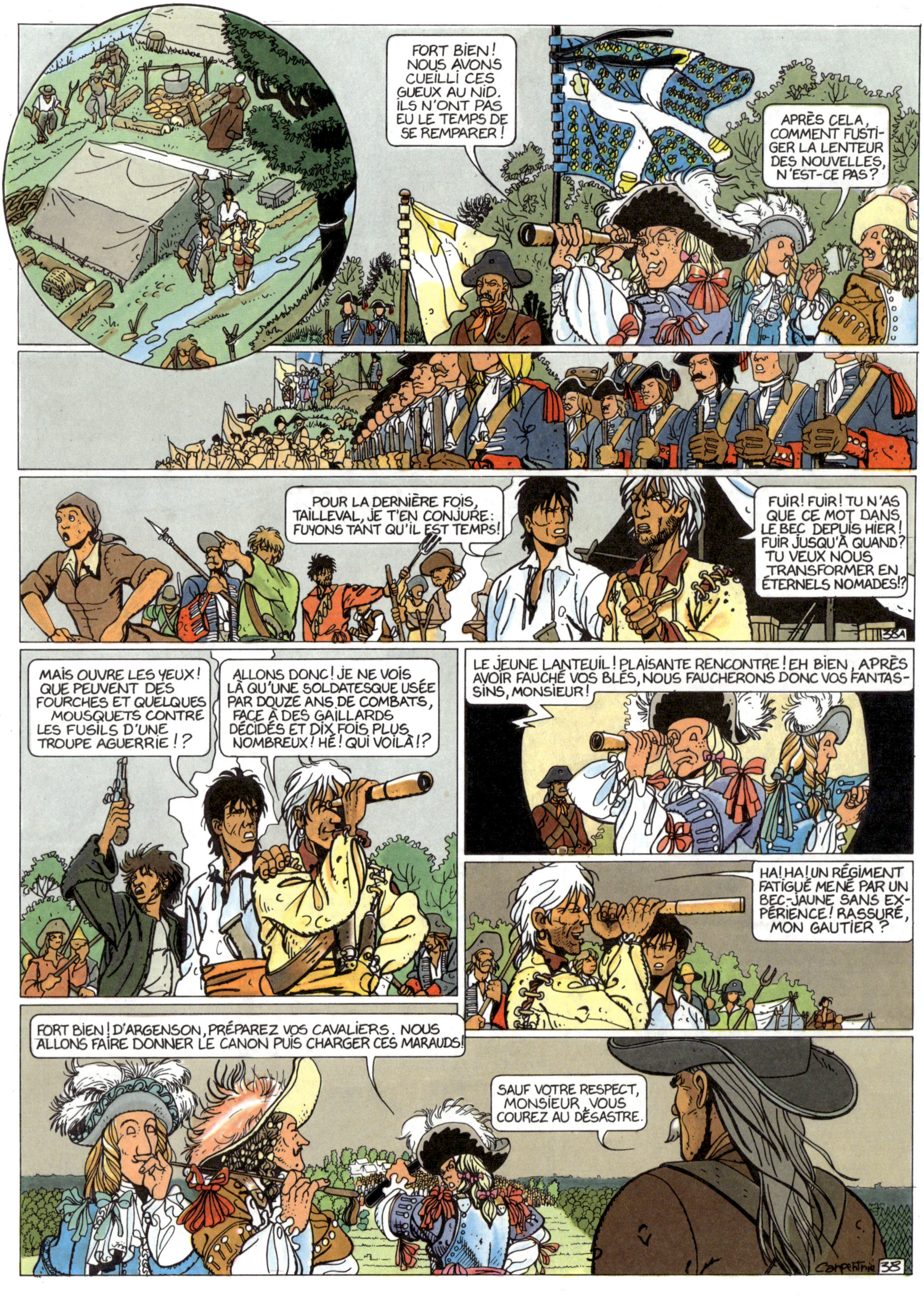

FORT BIEN ! NOUS AVONS CUEILLI CES GUEUX AU NID. ILS N'ONT PAS EU LE TEMPS DE SE REMPARER !
APRÈS CELA, COMMENT FUSTIGER LA LENTEUR DES NOUVELLES, N'EST-CE PAS ?
POUR LA DERNIÈRE FOIS, TAILLEVAL, JE T'EN CONJURE : FUYONS TANT QU'IL EST TEMPS !
FUIR ! FUIR ! TU N'AS QUE CE MOT DANS LE BEC DEPUIS HIER ! FUIR JUSQU'À QUAND ? TU VEUX NOUS TRANSFORMER EN ÉTERNELS NOMADES !?
38A
MAIS OUVRE LES YEUX ! QUE PEUVENT DES FOURCHES ET QUELQUES MOUSQUETS CONTRE LES FUSILS D'UNE TROUPE AGUERRIE !?
ALLONS DONC ! JE NE VOIS LÀ QU'UNE SOLDATESQUE USÉE PAR DOUZE ANS DE COMBATS, FACE À DES GAILLARDS DÉCIDÉS ET DIX FOIS PLUS NOMBREUX ! HÉ ! QUI VOILÀ !?
LE JEUNE LANTEUIL ! PLAISANTE RENCONTRE ! EH BIEN, APRÈS AVOIR FAUCHÉ VOS BLÉS, NOUS FAUCHERONS DONC VOS FANTASSINS, MONSIEUR !
HA ! HA ! UN RÉGIMENT FATIGUÉ MENÉ PAR UN BEC-JAUNE SANS EXPÉRIENCE ! RASSURÉ, MON GAUTIER ?
FORT BIEN ! D'ARGENSON, PRÉPAREZ VOS CAVALIERS. NOUS ALLONS FAIRE DONNER LE CANON PUIS CHARGER CES MARAUDS !
SAUF VOTRE RESPECT, MONSIEUR, VOUS COUREZ AU DÉSASTRE.
Carpentier 38

QUEL EST CE CONTREDIT, MONTAIGUT!? OUBLIERIEZ-VOUS VOTRE RANG?
NON PAS, MONSIEUR, MAIS C'EST LÀ VOTRE PREMIER COMBAT, ET PEUT-ÊTRE L'EXPÉRIENCE D'UN VIEUX SOLDAT VOUS SERA-T-ELLE DE QUELQUE PROFIT...
FORT BIEN, MONTAIGUT. DITES-NOUS DONC VOTRE RATELÉE...
LE TERRAIN EST PENTU ET ENCORE BOUEUX DU DERNIER ORAGE : NOS CHEVAUX PEINERAIENT TROP FACE À UNE DÉFENSE DÉCIDÉE.
QUANT AU CANON, IL EFFRAIERA TANT NOS ADVERSAIRES QU'ILS S'ÉGAILLERONT EN TOUS SENS, NOUS ÔTANT L'OCCASION DE LES RÉDUIRE À QUIA DÉFINITIVEMENT.
CORBLEU! NOUS N'ALLONS TOUT DE MÊME PAS ATTENDRE QUE CES BÉLÎTRES NOUS FONDENT DESSUS!?
SI FAIT, MONSIEUR. MAIS... PAS LES BRAS CROISÉS!
39A
TAILLEVAL, JE...
ASSEZ TORTOGNÉ, BEYNAC!
COMPAGNONS! POUR NOTRE MONDE FUTUR DE JUSTICE, DE PAIX ET D'ABONDANCE!
POUR LA LIBERTÉ...
EN AVANNNNNNNNNT!!!
39

BOM
PREMIÈRE LIGNE DE FUSELIERS... EN POSITION!
PREMIÈRE LIGNE EN POSITION!
FORT BIEN! FORT BIEN!
EN POSITION!
FEU!
BAW

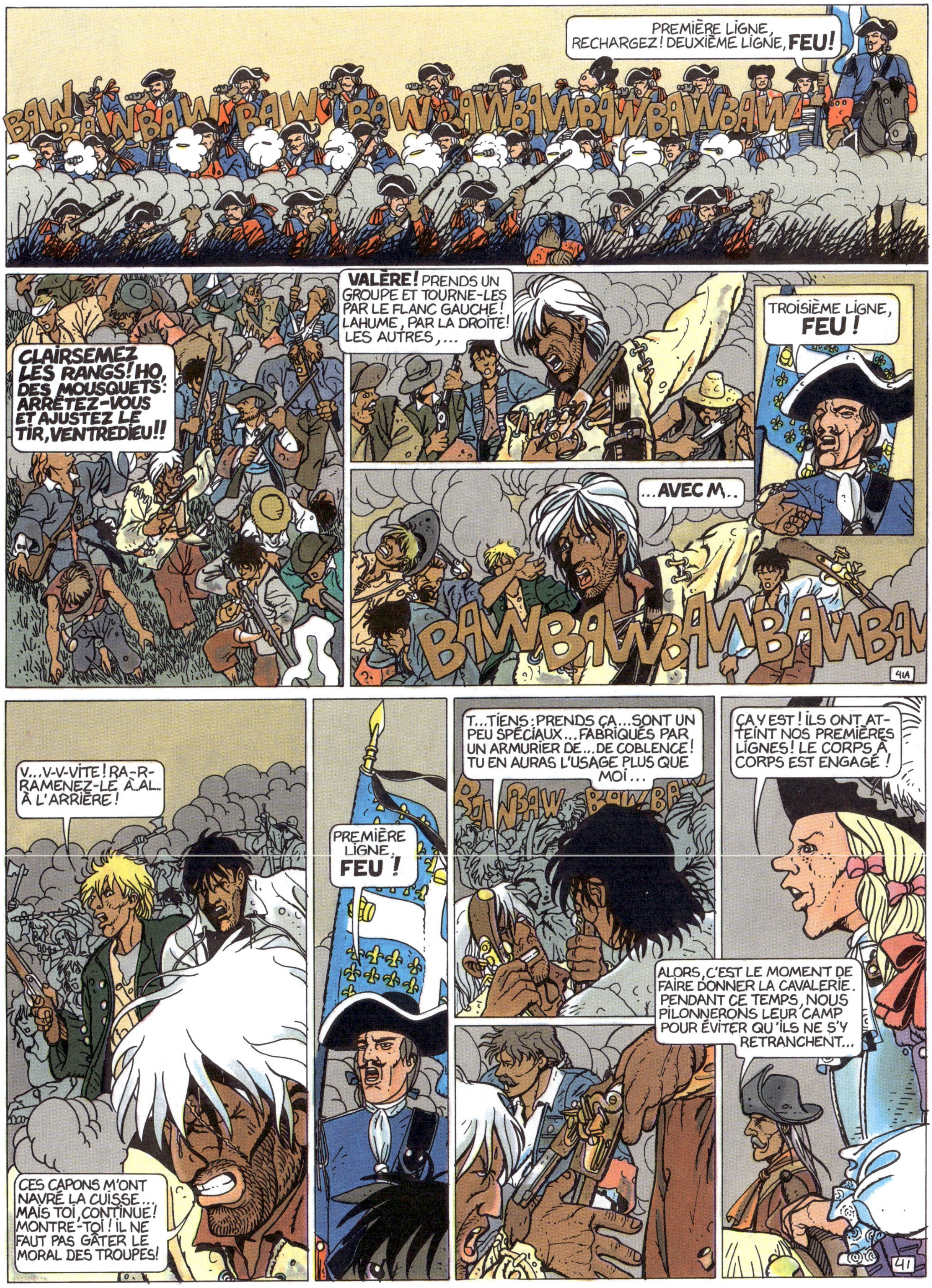
PREMIÈRE LIGNE, RECHARGEZ ! DEUXIÈME LIGNE, FEU !
BAW BAW BAW BAW BAW BAW BAW BAW BAW BAW BAW
CLAIRSEMEZ LES RANGS ! HO, DES MOUSQUETS : ARRÊTEZ-VOUS ET AJUSTEZ LE TIR, VENTREDIEU !!
VALÈRE ! PRENDS UN GROUPE ET TOURNE-LES PAR LE FLANC GAUCHE ! LAHUME, PAR LA DROITE ! LES AUTRES, ...
TROISIÈME LIGNE, FEU !
...AVEC M...
BAW BAW BAW BAW BAW
41A
V...V-V-VITE ! RA-R-RAMENEZ-LE À AL... À L'ARRIÈRE !
CES CAPONS M'ONT NAVRÉ LA CUISSE... MAIS TOI, CONTINUE ! MONTRE-TOI ! IL NE FAUT PAS GÂTER LE MORAL DES TROUPES !
PREMIÈRE LIGNE, FEU !
T...TIENS : PRENDS ÇA... SONT UN PEU SPÉCIAUX... FABRIQUÉS PAR UN ARMURIER DE... DE COBLENCE ! TU EN AURAS L'USAGE PLUS QUE MOI...
BAW BAW BAW BAW
ÇA Y EST ! ILS ONT ATTEINT NOS PREMIÈRES LIGNES ! LE CORPS À CORPS EST ENGAGÉ !
ALORS, C'EST LE MOMENT DE FAIRE DONNER LA CAVALERIE. PENDANT CE TEMPS, NOUS PILONNERONS LEUR CAMP POUR ÉVITER QU'ILS NE S'Y RETRANCHENT...
41

BOOM
BOOM
BOOA
Carpenthie
LÀ! LANTEUIL! DESSUS! C'EST LEUR CAPITAINE!
TREDAME! CE COQUARDEAU S'EST EMPÊTRÉ AU COEUR DE LA MÊLÉE! TU TE SENS DE RENOUVELER TON EXPLOIT DE DENAIN, MANGEBISE?
LAISSEZ-LE-MOI!
POUR VALMÈGES! POUR TOUS LES MISÉREUX, VICTIMES DE TON FRÈRE ET DE TES SEMBLABLES! ADIEU, LANTEUIL!

BLAH
EN... EN ARRIÈRE... J..JANVIER, NOS LIGNES... BALAYÉES... C'EST... C'EST FINI !
JOLI COUP, MANGEBISE. TU AURAS PEUT-ÊTRE DROIT À UN REMERCIEMENT...
ALLONS DONC ! DANS TROIS JOURS, LANTEUIL AURA OUBLIÉ QU'IL NOUS DOIT LA VICTOIRE ET LA VIE... ON N'EST RIEN QUE DE LA VILE ROTURE, NOUS AUTRES !
DES FOIS,..JE M'DEMANDE SI ON EST DANS LE BON CAMP, SERGENT !...
POSE-TOI LA QUESTION CE SOIR, QUAND TU DÎNERAS À TA FAIM...
43B
...ET QUE CEUX-LÀ SERVIRONT DE PÂTURE AUX CORBEAUX !
43

"NOUS SOMMES DIFFÉRENTS" AVAIT DIT TAILLEVAL...
POURTANT, SUR LES GIBETS DE LA RÉPRESSION, LES VENTRES NOIRS ÉTAIENT BIEN SEMBLABLES À TOUS LES PERDANTS DE CES INNOMBRABLES RÉVOLTES QUI AVAIENT ÉMAILLÉ LE RÈGNE DU "GRAND ROI"...
CROA CROAA
CROAA CROAA
44A
LA MENACE VAUT PARTICULIÈREMENT POUR VALMÈGES, DONT LE CAPITAINE LANTEUIL A RECONNU DEUX HABITANTS PENDANT LE COMBAT, AU NOMBRE DESQUELS L'ASSASSIN JANVIER BEYNAC!
QUICONQUE L'APERCEVRA, DE MÊME QUE LE DÉNOMMÉ TAILLEVAL, AUTRE MENEUR DE LA RÉBELLION, EST SOMMÉ DE LE FAIRE SAVOIR INCONTINENT. QU'ON SE LE DISE!
...ET TOUT INDIVIDU SUSPECT D'AVOIR PRÊTÉ LA MAIN À UN FUYARD SERA PENDU SANS JUGEMENT!
44

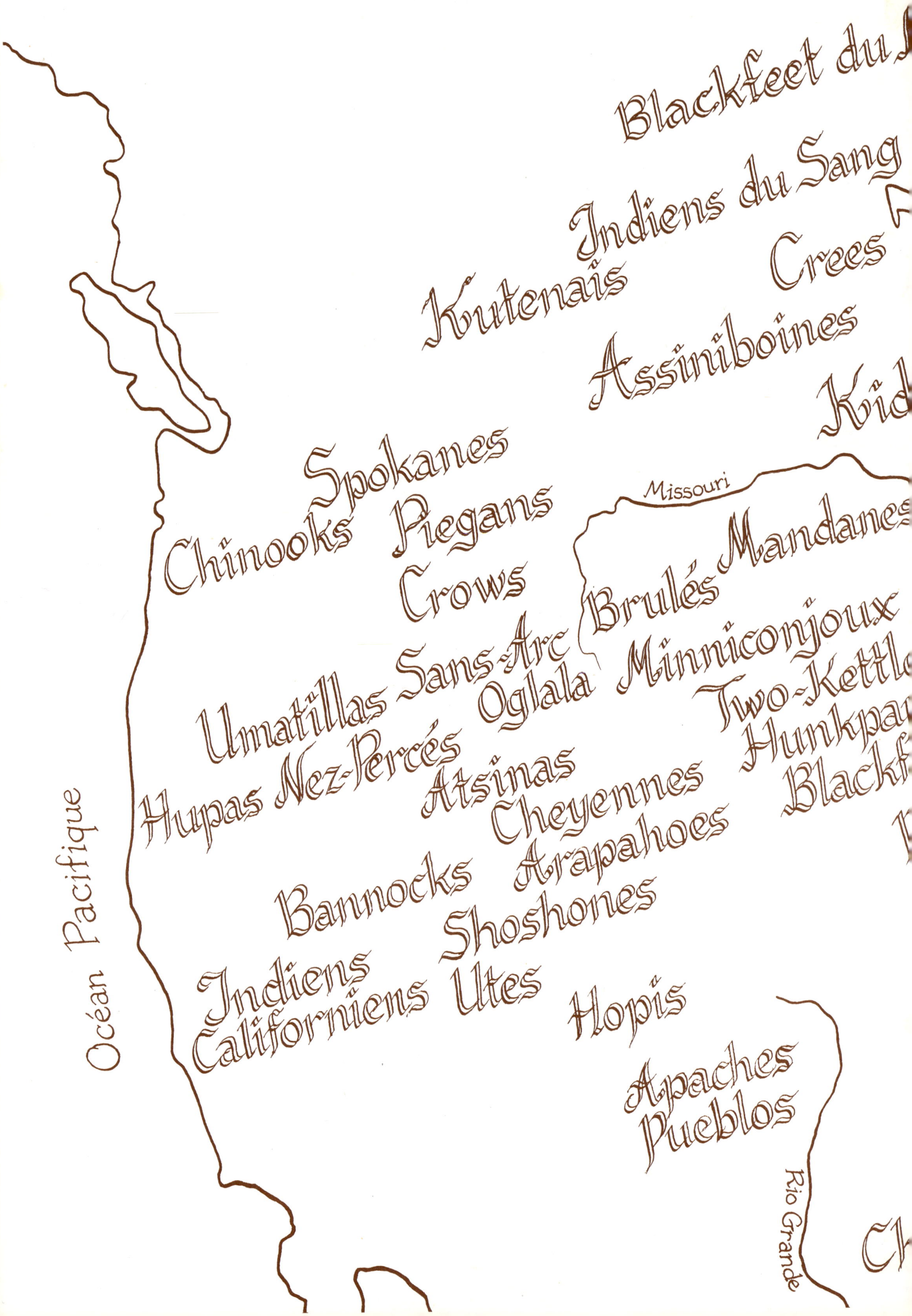
Blackfeet du
Indiens du Sang
Kutenais
Crees
Assiniboines
Spokanes
Missouri
Chinooks
Piegans
Mandanes
Crows
Brulés
Umatillas
Sans-Arc
Minniconjoux
Oglala
Hupas
Nez-Percés
Atsinas
Cheyennes
Arapahoes
Bannocks
Shoshones
Indiens Californiens
Utes
Hopis
Apaches
Pueblos
Océan Pacifique
Rio Grande